한번에 끝내주기!

택시운전
자격시험 총정리문제

대전 충남 충북

대한민국 대표브랜드 | 국가자격 시험문제 전문출판 | 에듀크라운 국가자격시험문제 전문출판 | 최고의 적중률!! 최고의 합격률!! 크라운출판사 자동차운전면허서적사업부
http://www.crownbook.com

택시운전 자격증을 취득하기 전에

택시운전 자격증을 취득하여 취업에 영광이 있으시기를 기원합니다.

여러분들이 취득하려는 택시운전 자격증은 제 1종 및 2종 보통 이상의 운전면허를 소지하고 1년 이상의 운전경험이 있어야만 취득이 가능합니다. 또한 계속해서 얼마나 운전을 안전하게 운행했는지 등의 결격사항이 없어야 택시운전 자격증을 취득할 수 있습니다.

다수의 승객을 승차시키고 영업운전을 해야 하는 택시 여객자동차는 사람의 생명을 가장 소중하게 생각해야 하는 일이기 때문에 반드시 안전하고 신속하게 목적지까지 운송해야 하는 사명감이 있습니다. 따라서 택시운전 자격증을 취득하려고 하면, 법령지식, 차량지식, 운전기술 및 매너 등 그에 따른 운전전문가로서 타의 모범이 되는 운전자여야만 합니다.

이 택시운전 자격시험 문제집은 여러분들이 가장 빠른 시간내에 이 자격증을 쉽게 취득할 수 있게 시험에 출제되는 항목에 맞춰서 법규 요약 및 출제 문제를 이해하기 쉽게 요약·수록하였으며, 출제 문제에 해설을 달아 정답을 찾을 수 있게 하였습니다. 또한 택시운송사업 발전과 국민의 교통편의 증진을 위한 정책으로 「택시운송사업의 발전에 관한 법규」가 제정되면서 택시운전 자격시험에 이 분야도 모두 수록했습니다.

끝으로 이 시험에 누구나 쉽게 합격할 수 있도록 최선의 노력을 기울여 만들었으니 빠른 시일 내에 자격증을 취득하여 가장 모범적인 운전자로서 친절한 서비스와 행복을 제공하는 운전자가 되어 국위선양과 함께 신나는 교통문화질서 정착에 앞장서 주시기를 바랍니다. 감사합니다.

– 엮은이 씀 –

택시운전 자격증 시험문제
차 례

택시운전 자격시험 안내

01. 자격 취득 절차

① 응시 조건/시험 일정 확인 → ② 시험 접수 → ③ 시험 응시
※합격 시 → ④ 자격증 교부, ※불합격 시 → ① 응시 조건/시험 일정 확인

02. 응시 자격안내

1) 1종 및 제2종 ('08.06.22부) 보통 운전면허 이상 소지자
2) 시험 접수일 현재 연령이 만 20세 이상인 자
3) 운전경력이 1년 이상인 자 (시험일 기준 운전면허 보유기간이며, 취소·정지 기간 제외)
4) 택시운전 자격 취소 처분을 받은 지 1년 이상 경과한 자
5) 여객자동차운수사업법 제 24조 제3항 및 제4항에 해당하지 않는 자
6) 운전적성정밀검사 (한국교통안전공단 시행) 적합 판정자

여객자동차운수사업법 제24조 제3항 및 제4항

③ 여객자동차운송사업의 운전자격을 취득하려는 사람이 다음 각 호의 어느 하나에 해당하는 경우 제1항에 따른 자격을 취득할 수 없다.
   1. 다음 각 목의 어느 하나에 해당하는 죄를 범하여 금고(禁錮) 이상의 실형을 선고받고 그 집행이 끝나거나(집행이 끝난 것으로 보는 경우를 포함한다) 면제된 날부터 2년이 지나지 아니한 사람
      ㉮ 「특정강력범죄의 처벌에 관한 특례법」 제2조제1항 각 호에 따른 죄
      ㉯ 「특정범죄 가중처벌 등에 관한 법률」 제5조의2부터 제5조의5까지, 제5조의8, 제5조의9 및 제11조에 따른 죄
      ㉰ 「마약류 관리에 관한 법률」에 따른 죄
      ㉱ 「형법」 제332조(제329조부터 제331조까지의 상습범으로 한정한다), 제341조에 따른 죄 또는 그 각 미수죄, 제363조에 따른 죄
   2. 제1호 각 목의 어느 하나에 해당하는 죄를 범하여 금고 이상의 형의 집행유예를 선고받고 그 집행유예기간 중에 있는 사람
   3. 제2항에 따른 자격시험일 전 5년간 다음 각 목의 어느 하나에 해당하는 사람
      ㉮ 「도로교통법」 제93조제1항제1호부터 제4호까지에 해당하여 운전면허가 취소된 사람
      ㉯ 「도로교통법」 제43조를 위반하여 운전면허를 받지 아니하거나 운전면허의 효력이 정지된 상태로 같은 법 제2조제21호에 따른 자동차등을 운전하여 벌금형 이상의 형을 선고받거나 같은 법 제93조제1항제19호에 따라 운전면허가 취소된 사람
      ㉰ 운전 중 고의 또는 과실로 3명 이상이 사망(사고발생일부터 30일 이내에 사망한 경우를 포함한다)하거나 20명 이상의 사상자가 발생한 교통사고를 일으켜 「도로교통법」 제93조제1항제10호에 따라 운전면허가 취소된 사람
   4. 제2항에 따른 자격시험일 전 3년간 「도로교통법」 제93조제1항제5호 및 제5호의2에 해당하여 운전면허가 취소된 사람
④ 구역 여객자동차운송사업 중 대통령령으로 정하는 여객자동차운송사업의 운전자격을 취득하려는 사람이 다음 각 호의 어느 하나에 해당하는 경우 제3항에도 불구하고 제1항에 따른 자격을 취득할 수 없다. 〈개정 2012. 12. 18., 2016. 12. 2.〉
   1. 다음 각 목의 어느 하나에 해당하는 죄를 범하여 금고 이상의 실형을 선고받고 그 집행이 끝나거나(집행이 끝난 것으로 보는 경우를 포함한다) 면제된 날부터 최대 20년의 범위에서 범죄의 종류·죄질, 형기의 장단 및 재범위험성 등을 고려하여 대통령령으로 정하는 기간이 지나지 아니한 사람

      ㉮ 제3항제1호 각 목에 따른 죄
      ㉯ 「성폭력범죄의 처벌 등에 관한 특례법」 제2조제1항제2호부터 제4호까지, 제3조부터 제9조까지 및 제15조(제13조의 미수범은 제외한다)에 따른 죄
      ㉰ 「아동·청소년의 성보호에 관한 법률」 제2조제2호에 따른 죄
   2. 제1호에 따른 죄를 범하여 금고 이상의 형의 집행유예를 선고받고 그 집행유예기간 중에 있는 사람

03. 시험 접수 및 시험 응시안내

1) 시험 접수
   ① 인터넷 접수 (https://lic2.kotsa.or.kr)
      *인터넷 접수 시, 사진은 그림파일 JPG 로 스캔하여 등록
   ② 방문접수 : 전국 18개 시험장
      *현장 방문접수 시 응시 인원 마감 등으로 시험 접수가 불가할 수 있으니 인터넷으로 시험 접수 현황을 확인하고 방문
   ③ 시험응시 수수료 : 11,500원
   ④ 시험응시 준비물 : 운전면허증, 6개월 이내 촬영한 3.5 x 4.5cm 컬러사진 (미제출자에 한함)

2) 시험 응시
   ① 각 지역 본부 시험장 (시험시작 20분 전까지 입실)
   ② 시험 과목 (4과목, 회차별 70문제)
      1회차 : 09:20 ~ 10:40
      2회차 : 11:00 ~ 12:20
      3회차 : 14:00 ~ 15:20
      4회차 : 16:00 ~ 17:20
      *지역 본부에 따라 시험 횟수가 변경될 수 있음

04. 합격 기준 및 합격 발표

1) 합격기준 : 총점 100점 중 60점 (총 70문제 중 42문제)이상 획득 시 합격
2) 합격 발표 : 시험 종료 후 시험 시행 장소에서 합격자 발표

05. 자격증 발급

1) 신청 대상 및 기간 : 택시운전자격 필기시험에 합격한 사람으로서, 합격자 발표일로부터 30일 이내
2) 자격증 신청 방법 : 인터넷·방문 신청
   ① 인터넷 신청 : 신청일로부터 5~10일 이내 수령 가능 (토·일요일, 공휴일 제외)
   ② 방문 발급 : 한국교통안전공단 전국 14개 지역별 접수·교부 장소
3) 준비물
   ① 운전면허증
   ② 택시운전 자격증 발급신청서 1부 (인터넷의 경우 생략)
   ③ 자격증 교부 수수료 : 10,000원 (인터넷의 경우 우편료를 포함하여 온라인 결제)

06. 시험 과목 및 출제 기준

구 분	과 목	출 제 범 위	문항 수	비고
교통 및 여객자동차 운수사업 법규	여객자동차 운수사업 법령 및 택시운송사업의 발전에 관한 법규	목적 및 정의	20	
		여객자동차운수사업법, 택시운송사업의 발전에 관한 법규 등		
		운수종사자의 자격요건 및 운전자격의 관리		
		보칙 및 벌칙		
	도로교통법령	총칙		
		보행자의 통행방법		
		차마의 통행방법		
		운전자 및 고용주 등의 의무		
		교통안전교육		
		운전면허		
		범칙행위 및 범칙금액		
		안전표지(총칙)		
	교통사고처리특례법령	특례의 적용		
		중대 교통사고 유형 및 대처법		
		교통사고 처리의 이해		
안전운행	안전운전의 기술	인지판단의 기술	20	객관식 70문항
		안전운전의 5가지 기본 기술		
		방어운전의 기본 기술		
		시가지 도로에서의 안전운전		
		지방 도로에서의 안전운전		
		고속도로에서의 안전 운전		
		야간, 악천후 시의 운전		
		경제운전		
		기본 운행 수칙		
		계절별 안전운전		
	자동차의 구조 및 특성	동력전달장치		
		현가장치		
		조향장치		
		제동장치		
	자동차 관리	자동차 점검		
		주행 전후 안전수칙		
		자동차 관리요령		
		LPG 자동차		
		운행 시 자동차 조작 요령		
	자동차 응급조치 요령	상황별 응급조치		
		장치별 응급조치		
	자동차 검사 및 보험	자동차 검사		
		자동차 보험 및 공제		
운송서비스	여객운수종사자의 기본자세	서비스의 개념과 특징	20	
		승객만족		
		승객을 위한 행동 예절		
	운송사업자 및 운수종사자 준수사항	운송사업자 준수사항		
		운수종사자 준수사항		
	운수종사자가 알아야 할 응급처치 방법 등	운전예절		
		운전자 상식		
		응급처치방법		
지리 (16개 지역 중 1개 지역 선택 후 응시)	시(도)내 주요지리	주요 관공서 및 공공건물 위치	10	
		주요 기차역, 고속도로 등 교통시설		
		공원 및 문화유적지		
		유원지 및 위락시설		
		주요 호텔 및 관광 명소 등		

제1장 여객자동차 운수사업법규 및 택시운송사업의 발전에 관한 법규

제1절 목적 및 정의

01. 목적 (법 제1조)

① 여객자동차 운수사업에 관한 질서 확립
② 여객의 원활한 운송
③ 여객자동차 운수사업의 종합적인 발달 도모
④ 공공복리 증진

02. 정의 (법 제2조)

1 자동차(제1호)
자동차관리법 제3조(자동차의 종류)에 따른 승용자동차와 승합자동차 및 특수자동차(자동차대여사업용 캠핑용 자동차)

2 여객자동차운수사업(제2호)
여객자동차운송사업, 자동차대여사업, 여객자동차터미널사업 및 여객자동차운송플랫폼사업

3 여객자동차운송사업(제3호)
다른 사람의 수요에 응하여 자동차를 사용하여 유상으로 여객을 운송하는 사업

4 여객자동차운송플랫폼사업(제7호)
여객의 운송과 관련한 다른 사람의 수요에 응하여 이동 통신 단말 장치, 인터넷 홈페이지 등에서 사용되는 응용 프로그램(운송플랫폼)을 제공하는 사업을 말한다.

5 관할관청(규칙 제2조제1호)
관할이 정해지는 국토교통부장관, 대도시권광역교통위원회나 특별시장·광역시장·특별자치시장·도지사 또는 특별자치도지사

6 정류소(규칙 제2조제2호)
여객이 승차 또는 하차할 수 있도록 노선 사이에 설치한 장소

7 택시 승차대(규칙 제2조제3호)
택시운송사업용 자동차에 승객을 승차·하차시키거나 승객을 태우기 위하여 대기하는 장소 또는 구역을 말한다.

제2절 여객자동차운수사업법

01. 여객자동차운송사업의 종류

1 노선 여객자동차운송사업(영 제3조제1호)
자동차를 정기적으로 운행하려는 구간을 정하여 여객을 운송하는 사업

① 시내버스운송사업 : 주로 특별시·광역시·특별자치시 또는 시의 단일 행정 구역에서 운행 계통을 정하고 국토교통부령으로 정하는 자동차를 사용하여 여객을 운송하는 사업으로 운행 형태에 따라 광역급행형·직행좌석형·좌석형 및 일반형 등으로 구분

② 농·어촌버스운송사업 : 주로 군(광역시의 군은 제외)의 단일 행정 구역에서 운행 계통을 정하고 국토교통부령으로 정하는 자동차를 사용하여 여객을 운송하는 사업으로 운행 형태에 따라 직행좌석형, 좌석형 및 일반형 등으로 구분

③ 마을버스운송사업 : 주로 시·군·구의 단일 행정 구역에서 기점·종점의 특수성이나 사용되는 자동차의 특수성 등으로 인하여 다른 노선여객자동차운송사업자가 운행하기 어려운 구간을 대상으로 국토교통부령으로 정하는 자동차를 사용하여 여객을 운송하는 사업

④ 시외버스운송사업 : 운행 계통을 정하고 국토교통부령으로 정하는 자동차를 사용하여 여객을 운송하는 사업으로서 시내버스운송사업, 농어촌버스운송사업, 마을버스운송사업에 속하지 아니하는 사업으로 운행행태에 따라 고속형·직행형 및 일반형 등으로 구분

2 구역 여객자동차운송사업(영 제3조제2호)
사업구역을 정하여 그 사업구역 안에서 여객을 운송하는 사업

① 전세버스운송사업 : 운행 계통을 정하지 아니하고 전국을 사업구역으로 하여 1개의 운송계약에 따라 국토교통부령으로 정하는 자동차를 사용하여 여객을 운송하는 사업

② 특수여객자동차운송사업 : 운행 계통을 정하지 아니하고 전국을 사업구역으로 하여 1개의 운송 계약에 따라 특수한 자동차를 사용하여 장례에 참여하는 자와 시체(유골 포함)를 운송하는 사업

③ 일반택시운송사업 : 운행 계통을 정하지 아니하고 사업구역에서 1개의 운송 계약에 따라 자동차를 사용하여 여객을 운송하는 사업. 이 경우 경형·소형·중형·대형·모범형 및 고급형으로 구분

④ 개인택시운송사업 : 운행 계통을 정하지 아니하고 사업구역에서 1개의 운송 계약에 따라 자동차 1대를 사업자가 직접 운전 (질병 등 국토교통부령이 정하는 사유가 있는 경우를 제외)하여 여객을 운송하는 사업. 이 경우 경형·소형·중형·대형·모범형 및 고급형으로 구분

02. 택시운송사업의 구분 (규칙 제9조제1항)

① 경형	• 배기량 1,000cc 미만의 승용 자동차 (승차 정원 5인승 이하의 것만 해당한다)를 사용하는 택시운송사업 • 길이 3.6 미터 이하이면서 너비 1.6 미터 이하인 승용 자동차 (승차 정원 5인승 이하의 것만 해당한다)를 사용하는 택시운송사업
② 소형	• 배기량 1,600cc 미만의 승용 자동차 (승차 정원 5인승 이하의 것만 해당한다)를 사용하는 택시운송사업 • 길이 4.7 미터 이하이거나 너비 1.7미터 이하인 승용 자동차 (승차 정원 5인승 이하의 것만 해당한다)를 사용하는 택시운송사업
③ 중형	• 배기량 1,600cc 이상의 승용 자동차 (승차 정원 5인승 이하의 것만 해당한다)를 사용하는 택시운송사업 • 길이 4.7미터 초과이면서 너비 1.7미터를 초과하는 승용 자동차 (승차 정원 5인승 이하의 것만 해당한다)를 사용하는 택시운송사업
④ 대형	• 배기량 2,000cc 이상의 승용 자동차 (승차 정원 6인승 이상 10인승 이하의 것만 해당한다)를 사용하는 택시운송사업 • 배기량 2,000cc 이상이고 승차 정원 13인승 이하인 승합자동차를 사용하는 택시운송사업 (광역시의 군이 아닌 군 지역의 택시운송사업에는 해당하지 않음)
⑤ 모범형	배기량 1,900cc 이상의 승용 자동차 (승차 정원 5인승 이하의 것만 해당한다)를 사용하는 택시운송사업
⑥ 고급형	배기량 2,800cc 이상의 승용 자동차를 사용하는 택시운송사업

03. 택시운송사업의 사업구역 (규칙 제10조)

1 택시운송사업의 사업구역은 특별시·광역시·특별자치시·특별자치도 또는 시·군 단위로 한다. 다만, 대형 택시운송사업과 고급형 택시운송사업의 사업구역은 특별시·광역시·도 단위로 한다. (제1항)

2 택시운송사업자가 다음의 어느 하나에 해당하는 경우에는 해당 사업구역에서 하는 영업으로 본다. (제7항)

① 해당 사업구역에서 승객을 태우고 사업구역 밖으로 운행하는 영업

② 해당 사업구역에서 승객을 태우고 사업구역 밖으로 운행한 후 해당 사업구역으로 돌아오는 도중에 사업구역 밖에서 승객을 태우고 해당 사업구역에서 내리는 일시적인 영업

③ 주요 교통 시설이 소속 사업구역과 인접하여 소속 사업구역에서 승차한 여객을 그 주요 교통 시설에 하차시킨 경우에는 주요 교통 시설 사업 시행자가 여객자동차운송사업의 사업구역을 표시한 승차대를 이용하여 소속 사업구역으로 가는 여객을 운송하는 영업

※ 사업구역과 인접한 주요 교통 시설 및 범위 (규칙 제13조)

① 고속철도 역의 경계선을 기준으로 10킬로미터
② 국제 정기편 운항이 이루어지는 공항의 경계선을 기준으로 50킬로미터
③ 여객이용시설이 설치된 무역항의 경계선을 기준으로 50킬로미터
④ 복합환승센터의 경계선을 기준으로 10킬로미터

04. 택시운송사업의 사업구역 지정·변경 등 (법 제3조의4)

국토교통부장관은 심의위원회의 심의를 거쳐 대통령령으로 정하는 여객자동차운송사업의 사업구역을 지정하거나 변경할 수 있다. 국토교통부장관이 사업구역을 지정하거나 변경하려는 경우에는 관련 지방자치단체의 장과 협의하여야 하며 주민이나 이해 관계자의 의견을 청취할 수 있다.

1 사업구역심의위원회의 기능 (법 제3조의2)
여객자동차운송사업의 사업구역 지정·변경에 관한 사항을 심의한다.

2 사업구역심의위원회의 구성 (영 제3조의3)
사업구역심의위원회의 위원은 다음의 사람 중, 전문 분야와 성별을 고려하여 국토교통부장관이 임명하거나 위촉한다. 임기는 2년이며 한 차례에 한정하여 연임이 가능하다.

① 국토교통부에서 택시운송사업 관련 업무를 담당하는 4급 이상 공무원
② 특별시·광역시·특별자치시·도 또는 특별자치도 (이하 "시·도"라 한다)에서 택시운송사업 관련 업무를 담당하는 4급 이상 공무원
③ 택시운송사업에 5년 이상 종사한 사람
④ 그 밖에 택시운송사업 분야에 관한 학식과 경험이 풍부한 사람

3 사업구역심의위원회가 사업구역 지정·변경을 심의할 때 고려할 사항 (법 제3조의2제2항)

① 지역 주민의 교통 편의 증진에 관한 사항
② 지역 간 교통량 (출근·퇴근 시간대의 교통 수요 포함)에 관한 사항
③ 사업구역 간 운송 사업자 (여객자동차운송사업의 면허를 받거나 등록을 한 자)의 균형적인 발전에 관한 사항
④ 운송 사업자 간 과도한 경쟁 유발 여부에 관한 사항
⑤ 사업구역별 요금·요율에 관한 사항
⑥ 운송 사업자 및 운수 종사자 (자격을 갖추고 운전 업무에 종사하고 있는 자)의 매출 및 소득 수준에 관한 사항
⑦ 사업구역별 총량에 관한 사항

4 시·도지사는 지역 주민의 편의를 위하여 필요하다고 인정하면 지역 여건에 따라 사업구역을 별도로 정할 수 있다. 이 경우 시·도지사는 별도로 정하려는 사업구역이 그 시·도지사의 관할 범위를 벗어나는 경우에는 관련 시·도지사와 협의해야 한다. (규칙 제10조제2항)

05. 여객자동차운송사업의 결격사유 (법 제6조)

다음에 해당하는 자는 여객자동차운수사업의 면허를 받거나 등록을 할 수 없다. 법인의 경우 그 임원 중에 해당하는 자가 있는 경우에도 또한 같다.

① 피성년후견인
② 파산선고를 받고 복권되지 않은 자
③ 이 법을 위반하여 징역 이상의 실형을 선고받고 그 집행이 끝나거나 (집행이 끝난 것으로 보는 경우 포함) 면제된 날부터 2년이 지나지 않은 자
④ 이 법을 위반하여 징역 이상의 형의 집행 유예를 선고받고 그 집행 유예 기간 중에 있는 자
⑤ 여객자동차운송사업의 면허나 등록이 취소된 후 그 취소일부터 2년이 지나지 않은 자. 다만, '피성년후견인' 또는 '파산선고를 받고 복권되지 아니한 자'에 해당하여 면허나 등록이 취소된 경우는 제외한다.

06. 개인택시운송사업의 면허 신청 (규칙 제18조)

개인택시운송사업의 면허를 받으려는 자는 관할관청이 공고하는 기간 내에 다음의 각 서류를 관할관청에 제출해야 한다.

① 개인택시운송사업 면허신청서
② 건강진단서
③ 택시운전자격증 사본
④ 반명함판 사진 1장 또는 전자적 파일 형태의 사진 (인터넷으로 신청하는 경우에 한정)
⑤ 그 밖에 관할관청이 필요하다고 인정하여 공고하는 서류

07. 사업의 상속 신고 (규칙 제37조)

여객자동차운송사업의 상속 신고를 하려는 자는 다음의 각 서류를 관할관청에 제출하여야 한다.
① 여객자동차운송사업 상속 신고서

② 피상속인이 사망하였음을 증명할 수 있는 서류

③ 피상속인과의 관계를 증명할 수 있는 서류

④ 신고인과 같은 순위의 다른 상속인이 있는 경우에는 그 상속인의 동의서

08. 자동차 표시 (법 제17조)

운송사업자는 여객자동차운송사업에 사용되는 자동차의 바깥쪽에 다음 사항을 표시하여야 한다.

1 표시 대상 : 택시운송사업용 자동차(규칙 제39조)

※ 대형(승합자동차를 사용하는 경우로 한정) 및 고급형 택시운송사업용 자동차는 제외한다. (제1항)

① 자동차의 종류(경형, 소형, 중형, 대형, 모범)

② 관할관청(특별시·광역시·특별자치시 및 특별자치도는 제외)

③ 플랫폼 운송가맹사업자 상호(운송가맹점으로 가입한 개인택시운송사업자만 해당)

④ 그 밖에 시·도지사가 정하는 사항(플랫폼 운송가맹점으로 가입한 택시운송사업자는 제외)

2 표시 방법 (제2항)

외부에서 알아보기 쉽도록 차체 면에 인쇄하는 등 항구적인 방법으로 표시하여야 하며, 구체적인 표시 방법 및 위치 등은 관할관청이 정한다.

09. 교통사고 시 조치

1 사업용 자동차의 고장, 교통사고 또는 천재지변으로 인해 다음 상황 발생 시 조치 사항(법 제19조제1항)

① 사상자가 발생하는 경우 : 신속히 유류품 관리

② 사업용 자동차의 운행을 재개할 수 없는 경우 : 대체 운송 수단을 확보하여 여객에게 제공하는 등 필요한 조치를 할 것. 다만, 여객이 동의하는 경우는 그러하지 아니함.

③ 국토교통부령으로 정하는 바에 따른 조치(규칙 제41조제1항)

㉠ 신속한 응급수송수단의 마련

㉡ 가족이나 그 밖의 연고자에 대한 신속한 통지

㉢ 유류품의 보관

㉣ 목적지까지 여객을 운송하기 위한 대체운송수단의 확보와 여객에 대한 편의 제공

㉤ 그 밖에 사상자의 보호 등 필요한 조치

2 중대한 교통사고 (법 제19조제2항, 영 제11조)

① 전복 사고

② 화재가 발생한 사고

③ 사망자가 2명 이상, 사망자 1명과 중상자 3명 이상, 중상자 6명 이상의 사람이 죽거나 다친 사고

3 중대한 교통사고 발생 시 조치 사항(규칙 제41조제2항)

24시간 이내에 사고의 일시·장소 및 피해 사항 등 사고의 개략적인 상황을 관할 시·도지사에게 보고한 후 72시간 이내에 사고보고서를 작성하여 관할 시·도지사에게 제출하여야 함. 다만, 개인택시운송사업자의 경우에는 개략적인 상황 보고를 생략할 수 있음.

10. 운수종사자의 준수사항 (법 제26조제1항)

1 운수종사자는 다음의 어느 하나에 해당하는 행위를 하여서는 아니 된다.

① 정당한 사유 없이 여객의 승차를 거부하거나 여객을 중도에서 내리게 하는 행위. (구역 여객자동차운송사업 중 일반택시운송사업 및 개인택시운송사업은 제외)

② 부당한 운임 또는 요금을 받는 행위 (구역 여객자동차운송사업 중 일반택시운송사업 및 개인택시운송사업은 제외)

③ 일정한 장소에 오랜 시간 정차하여 여객을 유치하는 행위

④ 문을 완전히 닫지 아니한 상태에서 자동차를 출발시키거나 운행하는 행위

⑤ 여객이 승하차하기 전에 자동차를 출발시키거나 승하차할 여객이 있는데도 정차하지 아니하고 정류소를 지나치는 행위

⑥ 안내방송을 하지 아니하는 행위(국토교통부령으로 정하는 자동차 안내방송 시설이 설치되어 있는 경우만 해당)

⑦ 여객자동차운송사업용 자동차 안에서 흡연하는 행위

⑧ 휴식시간을 준수하지 아니하고 운행하는 행위

⑨ 택시요금미터를 임의로 조작 또는 훼손하는 행위

⑩ 그 밖에 안전운행과 여객의 편의를 위하여 운수종사자가 지키도록 국토교통부령으로 정하는 사항을 위반하는 행위

2 운송사업자의 운수종사자는 운송수입금의 전액에 대하여 다음의 각 사항을 준수하여야 한다. (법 제21조제1항제1호, 제2호)

① 1일 근무 시간 동안 택시요금미터에 기록된 운송 수입금의 전액을 운수 종사자의 근무 종료 당일 운송 사업자에게 수납할 것

② 일정 금액의 운송 수입금 기준액을 정하여 수납하지 않을 것

3 운수종사자는 차량의 출발 전에 여객이 좌석안전띠를 착용하도록 음성방송이나 말로 안내하여야 한다. (규칙 제58조의2)

11. 여객자동차운송사업의 운전업무 종사자격

1 여객자동차운송사업의 운전업무에 종사하려는 사람이 갖추어야 할 항목(규칙 제49조제1항)

① 사업용 자동차를 운전하기에 적합한 운전면허를 보유하고 있을 것

② 20세 이상으로서 해당 자동차 운전경력이 1년 이상일 것

③ 국토교통부장관이 정하는 운전 적성에 대한 정밀검사 기준에 맞을 것

④ ①~③의 요건을 갖춘 사람은 운전자격시험에 합격한 후 자격을 취득하거나 교통안전체험교육을 이수하고 자격을 취득할 것 (실시 기관 : 한국교통안전공단)

⑤ 시험의 실시, 교육의 이수 및 자격의 취득 등에 필요한 사항은 국토교통부령으로 정한다.

2 여객자동차운송사업의 운전자격을 취득할 수 없는 사람(법 제24조)

① 다음의 어느 하나에 해당하는 죄를 범하여 금고 이상의 실형을 선고받고 그 집행이 끝나거나 (집행이 끝난 것으로 보는 경우를 포함) 면제된 날부터 2년이 지나지 아니한 사람

㉠ 살인, 약취·유인 및 인신매매, 강간과 추행죄, 성폭력 범죄, 아동·청소년의 성보호 관련 죄, 강도죄, 범죄 단체 등 조직

㉡ 약취·유인, 도주차량운전자, 상습강도·절도죄, 강도상해, 보복범죄, 위험운전 치사상

㉢ 마약류 관리에 관한 법률에 따른 죄, 형법에 따른 상습죄 또는 그 각 미수죄

② ①의 어느 하나에 해당하는 죄를 범하여 금고 이상의 형의 집행유예를 선고받고 그 집행 유예 기간 중에 있는 사람

③ 자격시험일 전 5년간 다음에 해당하여 운전면허가 취소된 사람

㉠ 음주운전 금지 위반

㉡ 무면허운전 금지 위반

㉢ 운전 중 고의 또는 과실로 3명 이상이 사망(사고 발생일부터 30일 이내에 사망한 경우를 포함)하거나 20명 이상의 사상자가 발생한 교통사고를 일으킨 사람

④ 자격시험일 전 3년간 공동 위험 행위 및 난폭운전에 해당하여 운전면허가 취소된 사람

③ 일반택시운송사업 또는 개인택시운송사업의 운전자격을 취득할 수 없는 사람(영 제16조)

① 다음의 죄를 범하여 금고 이상의 실형을 선고받고 그 집행이 끝나거나 (집행이 끝난 것으로 보는 경우를 포함) 면제된 날부터 20년의 범위에서 대통령령으로 정하는 기간이 지나지 아니한 사람

㉠ 위 **②**의 ①에 따른 죄(예시 : 살인죄, 도주차량운전자의 가중처벌)

㉡ 성폭력 범죄의 처벌 등에 관한 특례법 제2조제1항제2호(추행 등 약취ㆍ유인죄)부터 제4호(강도강간)까지, 제3조(특수강도강간 등)부터 제9조(강간 등 살인ㆍ치사)까지 및 제15조(미수범 제외)에 따른 죄

㉢ 아동ㆍ청소년의 성보호에 관한 법률 제2조제2호(아동ㆍ청소년 대상 성범죄)에 따른 죄

② 죄를 범하여 금고 이상의 형의 집행유예를 선고받고 그 집행유예기간 중에 있는 사람

④ 운전적성정밀검사의 대상(규칙 제49조제3항)

① 신규 검사(제1호)

㉠ 신규로 여객자동차운송사업용 자동차를 운전하려는 자

㉡ 여객자동차운송사업용 자동차 또는 화물자동차운송사업용 자동차의 운전 업무에 종사하다가 퇴직한 자로서 신규 검사를 받은 날부터 3년이 지난 후 재취업하려는 자. 다만, 재취업일까지 무사고로 운전한 자는 제외한다.

㉢ 신규 검사의 적합 판정을 받은 자로서 운전적성정밀검사를 받은 날부터 3년 이내에 취업하지 아니한 자. 다만, 신규 검사를 받은 날부터 취업일까지 무사고로 운전한 사람은 제외한다.

② 특별 검사(제2호)

㉠ 중상 이상의 사상 사고를 일으킨 자

㉡ 과거 1년간 도로교통법 시행규칙에 따른 운전면허 행정 처분 기준에 따라 계산한 누산점수가 81점 이상인 자

㉢ 질병, 과로, 그 밖의 사유로 안전 운전을 할 수 없다고 인정되는 자인지 알기 위하여 운송사업자가 신청한 자

③ 자격 유지 검사(제3호)

㉠ 65세 이상 70세 미만인 사람 (자격 유지 검사의 적합 판정을 받고 3년이 지나지 아니한 사람은 제외)

㉡ 70세 이상인 사람 (자격 유지 검사의 적합판정을 받고 1년이 지나지 아니한 사람은 제외)

※ 자격유지검사는 검사 대상이 된 날부터 3개월 이내에 받아야 한다.(규칙 제49조제7항)

12. 택시운전자격의 취득 (규칙 제50조)

일반택시운송사업, 개인택시운송사업 및 수요응답형 여객자동차운송사업(승용자동차를 사용하는 경우만 해당)의 운전업무에 종사할 수 있는 자격을 취득하려는 자는 한국교통안전공단이 시행하는 시험에 합격하여야 한다.

① 자격시험의 실시 방법 및 시험 과목 등(규칙 제52조)

① 실시방법 : 필기시험

② 시험과목 : 교통 및 운수관련 법규, 안전운행 요령, 운송서비스 및 지리에 관한 사항

③ 합격자 결정 : 필기시험 총점의 6할 이상을 얻을 것

② 자격시험의 응시(규칙 제53조)

① 자격시험에 응시하려는 사람은 택시운전자격시험 응시원서에 다음

의 서류를 첨부하여 한국교통안전공단에 제출하여야 한다.

㉠ 운전면허증

㉡ 운전경력증명서

㉢ 운전적성 정밀검사 수검사실 증명서

② 택시운전자격이 취소된 날부터 1년이 지나지 아니한 자는 운전자격시험에 응시할 수 없다. 다만, 정기 적성검사를 받지 아니하였다는 이유로 운전면허가 취소되어 운전자격이 취소된 경우에는 그러하지 아니하다.

③ 자격시험의 특례(규칙 제54조)

① 한국교통안전공단은 다음에 해당하는 자에 대하여는 필기시험의 과목 중 안전운행 요령 및 운송서비스의 과목에 관한 시험을 면제할 수 있다.

㉠ 택시운전자격을 취득한 자가 택시운전자격증명을 발급한 일반택시운송사업조합의 관할구역 밖의 지역에서 택시운전업무에 종사하려고 운전자격시험에 다시 응시하는 자

㉡ 운전자격시험일부터 계산하여 과거 4년간 사업용 자동차를 3년 이상 무사고로 운전한 자

㉢ 무사고 운전자 또는 유공 운전자의 표시장을 받은 자

② 필기시험의 일부를 면제받으려는 자는 응시원서에 이를 증명할 수 있는 서류를 첨부하여 한국교통안전공단에 제출하여야 한다.

④ 택시운전자격의 등록 등(규칙 제55조)

① 한국교통안전공단은 운전자격시험을 실시한 날부터 15일 이내에 한국교통안전공단의 인터넷 홈페이지에 합격자를 공고하여야 한다.

② 운전자격 시험에 합격한 사람은 합격자 발표일 또는 수료일부터 30일 이내에 운전자격증 발급신청서에 사진 2장을 첨부하여 한국교통안전공단에 운전자격증의 발급을 신청해야 한다.

③ 신청을 받은 한국교통안전공단은 택시운전자격 등록대장에 그 사실을 적은 후 택시운전자격증을 발급하여야 한다.

⑤ 운전자격증명의 발급 등(규칙 제55조의2)

① 운송사업자 또는 운수종사자는 운전업무 종사자격을 증명하는 증표(운전자격증명)의 발급을 신청하려면, 운전자 발급 신청서에 사진 2장을 첨부하여 한국안전교통공단, 일반택시운송사업조합 또는 개인택시운송사업조합에 제출하여야 한다.

② 신청을 받은 운전자격증명 발급 기관은 신청인에게 운전자격증명을 발급하여야 한다.

13. 택시운전자격의 게시 및 관리 (규칙 제57조)

① 여객자동차운송사업의 운수종사자는 운전업무 종사자격을 증명하는 증표를 발급받아 해당 사업용 자동차 안에 항상 게시하여야 한다.(법 제24조의2제1항)

② 운전자격증명을 게시할 때는 승객이 쉽게 볼 수 있는 위치에 항상 게시하여야 한다.(규칙 제57조제1항)

③ 택시운전자격증은 취득한 해당 시ㆍ도에서만 재발급할 수 있다.

④ 운수종사자가 퇴직하는 경우에는 본인의 운전자격증명을 운송사업자에게 반납하여야 하며, 운송사업자는 지체 없이 해당 운전자격증명 발급 기관에 그 운전자격증명을 제출하여야 한다.(규칙 제57조제2항)

⑤ 관할관청은 운송사업자에게 다음의 어느 하나에 해당하는 사유가 생긴 경우에는 그 사람으로부터 운전자격 증명을 회수하여 폐기한 후 운전자격증명 발급 기관에 그 사실을 지체 없이 통보하여야 한다.(규칙 제57조제3항)

ⓐ 대리 운전을 시킨 사람의 대리 운전이 끝난 경우에는 그 대리 운전자 (개인택시운송사업자만 해당)
ⓑ 사업의 양도·양수인가를 받은 경우에는 그 양도자
ⓒ 사업을 폐업한 경우에는 그 폐업 허가를 받은 사람
ⓓ 운전 자격이 취소된 경우에는 그 취소 처분을 받은 사람

14. 택시운전자격의 취소 등의 처분 기준 (규칙 제59조)

1 일반 기준 (규칙 별표5 제1호)

① 위반 행위가 둘 이상인 경우로서 그에 해당하는 각각의 처분 기준이 다른 경우에는 그 중 무거운 처분 기준에 따른다. 다만, 둘 이상의 처분 기준이 모두 자격정지인 경우에는 각 처분 기준을 합산한 기간을 넘지 아니하는 범위에서 무거운 처분 기준의 2분의 1 범위에서 가중할 수 있다. 이 경우 그 가중한 기간을 합산한 기간은 6개월을 초과할 수 없다.

② 위반 행위의 횟수에 따른 행정 처분의 기준은 최근 1년간 같은 위반 행위로 행정 처분을 받은 경우에 적용한다. 이 경우 행정 처분 기준의 적용은 같은 위반 행위에 대한 행정 처분일과 그 처분 후의 위반 행위가 다시 적발된 날을 기준으로 한다.

③ 처분관할관청은 자격정지 처분을 받은 사람이 다음의 어느 하나에 해당하는 경우에는 ① 및 ②에 따른 처분을 2분의 1 범위에서 늘리거나 줄일 수 있다. 이 경우 늘리는 경우에도 그 늘리는 기간은 6개월을 초과할 수 없다.

가중 사유	ⓐ 위반 행위가 사소한 부주의나 오류가 아닌 고의나 중대한 과실에 의한 것으로 인정되는 경우 ⓑ 위반의 내용 정도가 중대하여 이용객에게 미치는 피해가 크다고 인정되는 경우
감경 사유	ⓐ 위반 행위가 고의나 중대한 과실이 아닌 사소한 부주의나 오류로 인한 것으로 인정되는 경우 ⓑ 위반의 내용 정도가 경미하여 이용객에게 미치는 피해가 적다고 인정되는 경우 ⓒ 위반 행위를 한 사람이 처음 해당 위반 행위를 한 경우로서 최근 5년 이상 해당 여객자동차운송사업의 모범적인 운수종사자로 근무한 사실이 인정되는 경우 ⓓ 그 밖에 여객자동차운수사업에 대한 정부 정책상 필요하다고 인정되는 경우

④ 처분관할관청은 자격정지 처분을 받은 사람이 정당한 사유 없이 기일 내에 운전 자격증을 반납하지 아니할 때에는 해당 처분을 2분의 1의 범위에서 가중하여 처분하고, 가중 처분을 받은 사람이 기일 내에 운전 자격증을 반납하지 아니할 때에는 자격취소 처분을 한다.

2 개별 기준 (규칙 별표5 제2호 나목)

위반 행위	처분기준	
	1차 위반	2차 이상 위반
택시운전자격의 결격사유에 해당하게 된 경우	자격 취소	–
부정한 방법으로 택시운전자격을 취득한 경우	자격 취소	–
일반택시운송사업 또는 개인택시운송사업의 운전자격을 취득할 수 없는 경우에 해당하게 된 경우	자격 취소	–
다음의 행위로 과태료 처분을 받은 사람이 1년 이내에 같은 위반 행위를 한 경우 ⓐ 정당한 이유 없이 여객의 승차를 거부하거나 여객을 중도에서 내리게 하는 행위 ⓑ 신고하지 않거나 미터기에 의하지 않은 부당한 요금을 요구하거나 받는 행위 ⓒ 일정한 장소에서 장시간 정차하여 여객을 유치하는 행위 [참고] 위의 위반행위로 1년간 3회의 처분을 받은 사람이 같은 위반 행위 시 자격 취소	자격정지 10일	자격정지 20일
운송수입금 납입 의무를 위반하여 운송수입금 전액을 내지 아니하여 과태료 처분을 받은 사람이 그 과태료 처분을 받은 날부터 1년 이내에 같은 위반 행위를 세 번 한 경우	자격정지 20일	자격정지 20일

위반 행위	1차 위반	2차 이상 위반
운송수입금 전액을 내지 아니하여 과태료 처분을 받은 사람이 그 과태료 처분을 받은 날부터 1년 이내에 같은 위반 행위를 네 번 이상 한 경우	자격정지 50일	자격정지 50일
다음의 금지행위 중 어느 하나에 해당하는 행위로 과태료 처분을 받은 사람이 1년 이내에 같은 위반행위를 한 경우		
ⓐ 정당한 이유 없이 여객을 중도에서 내리게 하는 행위	자격정지 10일	자격정지 20일
ⓑ 신고한 운임 또는 요금이 아닌 부당한 운임 또는 요금을 받거나 요구하는 행위	자격정지 10일	자격정지 20일
ⓒ 일정한 장소에서 장시간 정차하거나 배회하면서 여객을 유치하는 행위	자격정지 10일	자격정지 20일
ⓓ 여객의 요구에도 불구하고 영수증 발급 또는 신용카드 결제에 응하지 않은 행위	자격정지 10일	자격정지 10일
[참고] 위의 위반행위로 1년간 3회의 처분을 받은 사람이 같은 위반 행위 시 자격 취소		
중대한 교통사고로 다음의 어느 하나에 해당하는 수의 사상자를 발생하게 한 경우		
ⓐ 사망자 2명 이상	자격정지 60일	자격정지 60일
ⓑ 사망자 1명 및 중상자 3명 이상	자격정지 50일	자격정지 50일
ⓒ 중상자 6명 이상	자격정지 40일	자격정지 40일
교통사고와 관련하여 거짓이나 그 밖의 부정한 방법으로 보험금을 청구하여 금고 이상의 형을 선고받고 그 형이 확정된 경우	자격 취소	–
운전업무와 관련하여 다음의 어느 하나에 해당하는 부정 또는 비위 사실이 있는 경우		
ⓐ 택시운전자격증을 타인에게 대여한 경우	자격취소	–
ⓑ 개인택시운송사업자가 불법으로 타인으로 하여금 대리운전을 하게 한 경우	자격정지 30일	자격정지 30일
택시운전자격정지의 처분 기간 중에 택시운송사업 또는 플랫폼운송사업을 위한 운전 업무에 종사한 경우	자격 취소	–
도로교통법 위반으로 사업용 자동차를 운전할 수 있는 운전면허가 취소된 경우	자격 취소	–
정당한 사유 없이 교육 과정을 마치지 않은 경우	자격정지 5일	자격정지 5일

15. 운수종사자의 교육 등 (법 제25조)

1 교육의 종류 및 교육 대상자 (규칙 제58조 별표4의3)

구 분	내 용	교육시간	주 기
신규교육	새로 채용한 운수종사자 (사업용자동차를 운전하다가 퇴직한 후 2년 이내에 다시 채용된 사람은 제외)	16	
보수교육	무사고·무벌점 기간이 5년 이상 10년 미만인 운수종사자	4	격년
	무사고·무벌점 기간이 5년 미만인 운수종사자		매년
	법령 위반 운수종사자	8	수시
수시교육	국제 행사 등에 대비한 서비스 및 교통안전 증진 등을 위하여 국토교통부장관 또는 시·도지사가 교육을 받을 필요가 있다고 인정하는 운수종사자	4	필요 시

① 무사고·무벌점이란 도로교통법에 따른 교통사고와 같은 법에 따른 교통법규 위반 사실이 모두 없는 것을 말한다.
② 보수 교육 대상자 선정을 위한 무사고·무벌점 기간은 전년도 10월 말을 기준으로 산정한다.
③ 법령 위반 운수종사자는 운수종사자 준수 사항을 위반하여 과태료 처분을 받은 자(개인택시운송사업자는 과징금 또는 사업정지 처분을 받은 경우를 포함)와 특별 검사 대상이 된 자를 말한다.

④ 법령 위반 운수종사자(특별검사 대상이 된 자는 제외)에 대한 보수 교육은 해당 운수종사자가 과태료, 과징금 또는 사업정지 처분을 받은 날부터 3개월 이내에 실시하여야 한다.

⑤ 새로 채용된 운수종사자가 교통안전법 시행규칙에 따른 심화 교육 과정을 이수한 경우에는 신규 교육을 면제한다.

⑥ 해당 연도의 신규 교육 또는 수시 교육을 이수한 운수종사자(법령 위반 운수종사자는 제외)는 해당 연도의 보수 교육을 면제한다.

② 교육 과목

① 여객자동차운수사업 관계 법령 및 도로교통 관계 법령
② 서비스의 자세 및 운송 질서의 확립
③ 교통안전 수칙 (신규 교육의 경우에는 대열 운행, 졸음 운전, 운전 중 휴대폰 사용 등 교통사고 요인과 관련된 교통안전 수칙을 포함)
④ 응급 처치 방법
⑤ 차량용 소화기 사용법 등 차량 화재 예방 및 대처 방법
⑥ 지속가능 교통물류 발전법에 따른 경제 운전
⑦ 그 밖에 운전 업무에 필요한 사항

16. 보칙 및 벌칙

① 사업용 자동차의 차령(영 제40조 별표2)

차종	사업의 구분		차령
승용 자동차	여객자동차 운송사업용	개인 택시	경형·소형	5년
			배기량 2,400cc 미만	7년
			배기량 2,400cc 이상	9년
			환경친화적자동차 (환경친화적 자동차의 개발 및 보급 촉진에 관한 법률에 따른 자동차)	9년
		일반 택시	경형·소형	3년 6개월
			배기량 2,400cc 미만	4년
			배기량 2,400cc 이상	6년
			환경친화적자동차	6년
	자동차 대여사업용	경형·소형·중형	5년
		대형	8년
	특수여객자동차 운송사업용	경형·소형·중형	6년
		대형	10년
	플랫폼 운송사업용	배기량 2,400cc 미만	4년
		배기량 2,400cc 이상	6년
		환경친화적자동차	6년
승합 자동차	특수여객자동차운송사업용 또는 전세버스 운송사업용		11년
	그 밖의 사업용		9년
특수 자동차	자동차 대여 사업용	캠핑용 자동차	9년

② 과징금(영 제46조 별표5)

(단위 : 만원)

구 분	위 반 내 용	위반 횟수	과징금 액수	
			일반택시	개인택시
면허 또는 등록 등	면허·허가를 받거나 등록한 업종의 범위를 벗어나 사업을 한 경우	1차	180	180
		2차	360	360
		3차 이상	540	540
	면허를 받은 사업구역 외의 행정구역에서 사업을 한 경우	1차	40	40
		2차	80	80
		3차 이상	160	160
	면허를 받거나 등록한 차고를 이용하지 않고 차고지가 아닌 곳에서 밤샘 주차를 한 경우	1차	10	10
		2차	15	15
	신고를 하지 않거나 거짓으로 신고를 하고 개인택시를 대리운전 하게 한 경우	1차	–	120
		2차		240

운임 및 요금	운임 및 요금에 대한 신고 또는 변경 신고를 하지 않고 운송을 개시한 경우	1차	40	20
		2차	80	40
		3차 이상	160	80
	미터기를 부착하지 않거나 사용하지 않고 여객을 운송한 경우(구간 운임제 시행 지역은 제외)	1차	40	40
		2차	80	80
		3차 이상	160	160
차령 초과	차령 또는 운행 거리를 초과하여 운행한 경우	1차	180	180
		2차	360	360
자동차의 표시	1년에 3회 이상 사업용 자동차의 표시를 하지 않은 경우		10	10
운전자의 자격요건 등	택시운송사업자가 차내에 운전자격증명을 항상 게시하지 않은 경우		10	10
	자동차 안에 게시해야 할 사항을 게시하지 않은 경우	1차	20	20
		2차	40	40
	운수종사자의 자격요건을 갖추지 않은 사람을 운전업무에 종사하게 한 경우	1차	360	360
		2차	720	720
	운수종사자의 교육에 필요한 조치를 하지 않은 경우	1차	30	
		2차	60	
		3차 이상	90	
운송 시설 및 여객의 안전 확보	정류소에서 주차 또는 정차 질서를 문란하게 한 경우	1차	20	20
		2차	40	40
	속도제한장치 또는 운행기록계가 장착된 운송업용 자동차를 해당 장치 또는 기기가 정상적으로 작동되지 않은 상태에서 운행한 경우	1차	60	60
		2차	120	120
		3차 이상	180	180
	차실에 냉방·난방 장치를 설치하여야 할 자동차에 이를 설치하지 않고 여객을 운송한 경우	1차	60	60
		2차	120	120
		3차 이상	180	180
	차량 정비, 운전자의 과로 방지 및 정기적인 차량 운행 금지 등 안전 수송을 위한 명령을 위반하여 운행한 경우	1차	20	20
		2차	40	40
	그 밖의 설비 기준에 적합하지 않은 자동차를 이용하여 운송한 경우	1차	20	20
		2차	30	30

③ 과태료(영 제49조 별표6)

(단위 : 만원)

위 반 행 위	처분기준		
	1회	2회	3회 이상
사고 시의 조치를 하지 않은 경우	50	75	100
운수종사자 취업 현황을 알리지 않거나 거짓으로 알린 경우			
정당한 사유 없이 검사 또는 질문에 불응하거나 이를 방해 또는 기피한 경우			
운수종사자의 요건을 갖추지 않고 여객자동차운송사업 또는 플랫폼운송사업의 운전 업무에 종사한 경우	50	50	50
중대한 교통사고 발생에 따른 보고를 하지 않거나 거짓 보고를 한 경우	20	30	50
여객이 착용하는 좌석 안전띠가 정상적으로 작동될 수 있는 상태를 유지하지 않은 경우			
운수종사자에게 여객의 좌석 안전띠 착용에 관한 교육을 실시하지 않은 경우			
교통안전 정보의 제공을 거부하거나 거짓의 정보를 제공한 경우			
정당한 사유 없이 여객을 중도에서 내리게 하는 경우	20	20	20
부당한 운임 또는 요금을 받거나 요구하는 경우			
일정한 장소에 오랜 시간 정차하거나 배회하면서 여객을 유치하는 경우			

여객의 요구에도 불구하고 영수증 발급 또는 신용카드 결제에 응하지 않는 경우	20	20	20
문을 완전히 닫지 않은 상태 또는 여객이 승하차하기 전에 자동차를 출발시키는 경우	20	20	20
사업용 자동차의 표시를 하지 않은 경우	10	15	20
자동차 안에서 흡연하는 경우	10	10	10
차량의 출발 전에 여객이 좌석 안전띠를 착용하도록 안내하지 않은 경우	3	5	10

제3절 택시운송사업의 발전에 관한 법규

01. 목적 및 정의

▮ 목적(법 제1조)

택시운송사업의 발전에 관한 사항을 규정함으로써
① 택시운송사업의 건전한 발전을 도모
② 택시운수종사자의 복지 증진
③ 국민의 교통편의 제고에 이바지

▮ 정의(법 제2조)

① 택시운송사업

여객자동차 운수사업법에 따른 구역 여객자동차운송사업 중,

㉠ 일반택시 운송사업 : 운행 계통을 정하지 않고 국토교통부령으로 정하는 사업구역에서 1개의 운송 계약에 따라 국토교통부령으로 정하는 자동차를 사용하여 여객을 운송하는 사업

㉡ 개인택시 운송사업 : 운행 계통을 정하지 않고 국토교통부령으로 정하는 사업구역에서 1개의 운송 계약에 따라 국토교통부령으로 정하는 자동차 1대를 사업자가 직접 운전하여 여객을 운송하는 사업

② 택시운송사업면허 : 택시운송사업을 경영하기 위하여 여객자동차 운수사업법에 따라 받은 면허

③ 택시운송사업자 : 택시운송사업면허를 받아 택시운송사업을 경영하는 자

④ 택시운수종사자 : 여객자동차운수사업법에 따른 운전 업무 종사 자격을 갖추고 택시운송사업의 운전 업무에 종사하는 사람

⑤ 택시공영차고지 : 택시운송사업에 제공되는 차고지로서 특별시장·광역시장·특별자치시장·도지사·특별자치도지사(이하 시·도지사) 또는 시장·군수·구청장(자치구의 구청장)이 설치한 것

⑥ 택시공동차고지 : 택시운송사업에 제공되는 차고지로서 2인 이상의 일반택시 운송사업자가 공동으로 설치 또는 임차하거나 조합 또는 연합회가 설치 또는 임차한 차고지

▮ 국가 등의 책무(법 제3조)

국가 및 지방자치단체는 택시운송사업의 발전과 국민의 교통편의 증진을 위한 정책을 수립하고 시행하여야 한다.

02. 택시정책심의위원회

▮ 설치 목적 및 소속(법 제5조)

택시운송사업의 중요 정책 등에 관한 사항의 심의를 위하여 국토교통부장관 소속으로 위원회를 둔다.

▮ 심의 사항(법 제5조제2항)

① 택시운송사업의 면허 제도에 관한 중요 사항
② 사업구역별 택시 총량에 관한 사항

③ 사업구역 조정 정책에 관한 사항
④ 택시운수종사자의 근로 여건 개선에 관한 중요 사항
⑤ 택시운송사업의 서비스 향상에 관한 중요 사항
⑥ 이 법 또는 다른 법률에서 위원회의 심의를 거치도록 한 사항
⑦ 그 밖에 택시운송사업에 관한 중요한 사항으로서 위원장이 회의에 부치는 사항

▮ 위원회의 구성 : 위원장 1명을 포함한 10명 이내의 위원으로 구성 (법 제5조제3항)

▮ 위원의 위촉(영 제2조제1항)

① 택시운송사업에 5년 이상 종사한 사람
② 교통관련 업무에 공무원으로 2년 이상 근무한 경력이 있는 사람
③ 택시운송사업 분야에 관한 학식과 경험이 풍부한 사람
위의 어느 하나에 해당하는 사람 중, 전문 분야와 성별 등을 고려하여 국토교통부장관이 위촉

▮ 위원의 임기 : 2년(영 제2조제3항)

03. 택시운송사업 발전 기본 계획의 수립

▮ 국토교통부장관은 택시운송사업을 체계적으로 육성·지원하고 국민의 교통편의 증진을 위하여 관계 중앙행정기관의 장 및 시·도지사의 의견을 들어 5년 단위의 택시운송 사업 발전 기본 계획을 5년 마다 수립하여야 한다. (법 제6조제1항)

▮ 택시운송사업 발전 기본 계획에 포함될 사항(법 제2항)

① 택시운송사업 정책의 기본 방향에 관한 사항
② 택시운송사업의 여건 및 전망에 관한 사항
③ 택시운송사업면허 제도의 개선에 관한 사항
④ 택시운송사업의 구조 조정 등 수급 조절에 관한 사항
⑤ 택시운수종사자의 근로 여건 개선에 관한 사항
⑥ 택시운송사업의 경쟁력 향상에 관한 사항
⑦ 택시운송사업의 관리 역량 강화에 관한 사항
⑧ 택시운송사업의 서비스 개선 및 안전성 확보에 관한 사항
⑨ 그 밖에 택시운송사업의 육성 및 발전에 관하여 대통령령으로 정하는 사항

: 대통령령으로 정하는 사항(영 제5조제2항)

㉠ 택시운송사업에 사용되는 자동차 (이하 택시) 수급 실태 및 이용 수요의 특성에 관한 사항
㉡ 차고지 및 택시 승차대 등 택시 관련 시설의 개선 계획
㉢ 기본 계획의 연차별 집행 계획
㉣ 택시운송사업의 재정 지원에 관한 사항
㉤ 택시운송사업의 위반 실태 점검과 지도 단속에 관한 사항
㉥ 택시운송사업 관련 연구·개발을 위한 전문 기구 설치에 관한 사항

04. 재정 지원(법 제7조)

▮ 시·도의 지원(제1항)

특별시·광역시·특별자치시·도·특별자치도(이하 시·도)는 택시운송사업의 발전을 위하여 택시운송사업자 또는 택시운수종사자 단체에 다음의 어느 하나에 해당하는 사업에 대하여 조례로 정하는 바에 따라 필요한 자금의 전부 또는 일부를 보조 또는 융자할 수 있다.

① 택시운송사업자에 대한 지원(제1호, 제5호)

㉠ 합병, 분할, 분할 합병, 양도·양수 등을 통한 구조 조정 또는 경영 개선 사업

ㄴ 사업구역별 택시 총량을 초과한 차량의 감차 사업
ㄷ 택시의 환경 친화적 자동차의 개발 및 보급 촉진에 관한 법률에
따른 친환경 택시로의 대체 사업
ㄹ 택시운송사업의 서비스 향상을 위한 시설 · 장비의 확충 · 개선 ·
운영 사업
ㅁ 서비스 교육 등 택시운수종사자에게 실시하는 교육 및 연수 사업
ㅂ 그 밖에 택시운송사업의 발전을 위해 국토교통부령으로 정하는 사업

국토교통부령으로 정하는 재정 지원 대상 사업의 범위(규칙 제7조)
㉮ 택시운수종사자의 근로여건 개선 사업
㉯ 택시운송사업자의 경영개선 및 연구 개발 사업
㉰ 택시운수종사자의 교육 및 연수 사업
㉱ 택시의 고급화 및 낡은 택시의 교체 사업
㉲ 그 밖에 택시운송사업의 육성 및 발전을 위해 국토교통부장관이 필요하다고 인정하는 사업

② 택시운수종사자 단체에 대한 지원
: 서비스 교육 등 택시운수종사자에게 실시하는 교육 및 연수 사업

2 국가의 지원(법 제7조제2항)
국가는 다음의 어느 하나에 해당하는 자금의 전부 또는 일부를 시 · 도에 지원할 수 있다.
① 시 · 도가 택시운송사업자 또는 택시운수종사자 단체(이하 택시운송사업자등)에 보조한 자금(시설 · 장비의 운영 사업에 보조한 자금은 제외)
② 택시공영차고지 설치에 필요한 자금

3 보조금의 사용 규칙(법 제8조)
① 보조를 받은 택시운송사업자등은 그 자금을 보조받은 목적 외의 용도로 사용하지 못한다.
② 국토교통부장관 또는 시 · 도지사는 보조를 받은 택시운송사업자등이 그 자금을 적정하게 사용하도록 감독해야 한다.
③ 국토교통부장관 또는 시 · 도지사는 택시운송사업자등이 거짓이나 그 밖의 부정한 방법으로 보조금을 교부받거나 목적 외의 용도로 사용한 경우 택시운송사업자 등에게 보조금의 반환을 명해야 한다.
④ 국토교통부장관은 택시운송사업자등이 보조금 반환명령을 받고도 반환하지 않는 경우 국세 또는 지방세 체납처분의 예에 따라 이를 징수해야 한다.

05. 신규 택시운송사업 면허의 제한 등(법 제10조)

1 다음의 각 사업구역에서는 여객자동차운수사업법에도 불구하고 누구든지 신규 택시운송사업 면허를 받을 수 없다. (제1항)
① 사업구역별 택시 총량을 산정하지 아니한 사업구역
② 국토교통부장관이 사업구역별 택시 총량의 재산정을 요구한 사업구역
③ 고시된 사업구역별 택시 총량보다 해당 사업구역 내의 택시의 대수가 많은 사업구역. 다만, 해당 사업구역이 연도별 감차 규모를 초과하여 감차 실적을 달성한 경우 그 초과분의 범위에서 관할 지방자치단체의 조례로 정하는 바에 따라 신규 택시운송사업 면허를 받을 수 있다.

2 1의 사업구역에서 여객자동차운수사업법에 따라 일반택시운송사업자가 사업 계획을 변경하고자 하는 경우 증차를 수반하는 사업 계획의 변경은 할 수 없다. (제2항)

06. 운송비용 전가 금지 등(법 제12조)

1 군(광역시의 군은 제외한다) 지역을 제외한 사업구역의 일반택시운송사업자는 택시의 구입 및 운행에 드는 비용 중 다음의 각 비용을 택시운수종사자에게 부담시켜서는 아니 된다. (제1항)

① 택시 구입비 (신규 차량을 택시운수종사자에게 배차하면서 추가 징수하는 비용 포함)
② 유류비　　　　　　　③ 세차비
④ 택시운송사업자가 차량 내부에 붙이는 장비의 설치비 및 운영비
⑤ 그 밖에 택시의 구입 및 운행에 드는 비용으로서 대통령령으로 정하는 비용 : 대통령령으로 정하는 비용 – 사고로 인한 차량 수리비, 보험료 증가분 등 교통사고 처리에 드는 비용(해당 교통사고가 음주 등 택시운수종사자의 고의 · 중과실로 인하여 발생한 것인 경우는 제외)을 말한다. (영 제19조제2항)

2 택시운송사업자는 소속 택시운수종사자가 아닌 사람(형식상의 근로계약에도 불구하고 실질적으로는 소속 택시운수종사자가 아닌 사람을 포함)에게 택시를 제공해서는 안 된다. (제2항)

3 택시운송사업자는 택시운수종사자가 안전하고 편리한 서비스를 제공할 수 있도록 택시운수종사자의 장시간 근로 방지를 위하여 노력해야 한다. (제3항)

07. 택시 운행 정보의 관리 등(법 제13조)

1 국토교통부장관 또는 시 · 도지사는 택시 정책을 효율적으로 수행하기 위하여 운행 기록 장치와 택시요금미터를 활용하여 국토교통부령으로 정하는 정보를 수집 · 관리하는 택시운행정보관리시스템을 구축 · 운영할 수 있다. (제1항)
① 국토교통부령으로 정하는 정보(규칙 제10조)
ㄱ 운행 기록 장치에 기록된 정보(주행거리, 속도, 위치 정보 등)
ㄴ 택시요금미터에 기록된 정보 (승차 일시, 승차 거리, 요금 정보 등)

2 국토교통부장관 또는 시 · 도지사는 택시운행정보관리시스템을 구축 · 운영하기 위한 정보를 수집 · 이용할 수 있다. (제2항)

3 택시운행정보관리시스템으로 처리된 전산 자료는 교통사고 예방 등 공공의 목적을 위하여 국토교통부령으로 정하는 바에 따라 공동 이용할 수 있다. (규칙 제11조)
① 전산자료의 공동 이용 – 국토교통부장관 또는 시 · 도지사는 택시운행정보관리시스템으로 처리된 전체 자료를 택시운송사업자, 여객자동차운수사업자 조합 및 연합회와 공동 이용할 수 있다.

08. 택시운수종사자 복지 기금의 설치(법 제15조)

1 목적(제1항)
택시운송사업자 단체 또는 택시운수종사자 단체가 택시운수종사자의 근로 여건 개선 등을 위해 설치할 수 있다.

2 기금의 수입 재원(제2항)
① 출연금 (개인 · 단체 · 법인으로부터의 출연금에 한정)
② 복지 기금 운용 수익금
③ 액화석유가스를 연료로 사용하는 차량을 판매하여 발생한 수입 중 일부로서 택시운송사업자가 조성하는 수입금
④ 그 밖에 대통령령으로 정하는 수입금
: 택시 표시 등 이용 광고 사업에 따라 발생하는 광고 수입 중 택시운송사업자가 조성하는 수입금

3 기금의 용도(제3항)
① 택시운수종사자의 건강 검진 등 건강 관리 서비스 지원
② 택시운수종사자 자녀에 대한 장학 사업
③ 기금의 관리 · 운용에 필요한 경비
④ 그 밖에 택시운수종사자의 복지 향상을 위하여 필요한 사업으로서 국토교통부장관이 정하는 사업

09. 택시운수종사자의 준수사항 등 (법 제16조)

1 택시운수종사자는 다음의 어느 하나에 해당하는 행위를 하여서는 아니 된다. (제1항)

① 정당한 사유 없이 여객의 승차를 거부하거나 여객을 중도에서 내리게 하는 행위

② 부당한 운임 또는 요금을 받는 행위

③ 여객을 합승하도록 하는 행위

④ 여객의 요구에도 불구하고 영수증 발급 또는 신용 카드 결제에 응하지 않는 행위 (영수증발급기 및 신용카드결제기가 설치되어 있는 경우에 한정)

※ 여객의 안전·보호조치 이행 등 국토교통부령으로 정하는 기준을 충족한 경우 (규칙 제11조의2)

① 합승을 신청한 여객의 본인 여부를 확인하고 합승을 중개하는 기능

② 탑승하는 시점·위치 및 탑승 가능한 좌석 정보를 탑승 전에 여객에게 알리는 기능

③ 동성(同姓) 간의 합승만을 중개하는 기능(경형, 소형 및 중형 택시운송사업에 사용되는 자동차의 경우만 해당)

④ 자동차 안에서 불쾌감을 유발하는 신체 접촉 등 여객의 신변 안전에 위해를 미칠 수 있는 위험상황 발생 시 그 사실을 고객센터 또는 경찰에 신고하는 방법을 탑승 전에 알리는 기능

2 국토교통부장관은 택시운수종사자가 **1**의 각 사항을 위반하면 여객자동차운수사업법에 따른 운전업무종사자격을 취소하거나 6개월 이내의 기간을 정하여 그 자격의 효력을 정지시킬 수 있다. (제2항)

위반행위	처분기준		
	1차 위반	2차 위반	3차 위반
정당한 사유 없이 여객의 승차를 거부하거나 여객을 중도에서 내리게 하는 행위	경고	자격정지 30일	자격취소
부당한 운임 또는 요금을 받는 행위			
여객을 합승하도록 하는 행위			
여객의 요구에도 불구하고 영수증 발급 또는 신용카드 결제에 응하지 않는 행위		자격정지 10일	자격정지 20일

10. 과태료 (법 제23조, 영 제25조, 별표3)

① 운송비용 전가 금지 조항에 해당하는 비용을 택시운수종사자에게 전가시킨 자에게는 1천만 원 이하의 과태료를 부과한다.

② 다음 각 호의 어느 하나에 해당하는 자에게는 1백만 원 이하의 과태료를 부과한다.

㉠ 택시운수종사자 준수사항을 위반한 자

㉡ 보조금의 사용내역 등에 관한 보고나 서류제출을 하지 않거나 거짓으로 한 자

㉢ 택시운송사업자등의 장부·서류, 그 밖의 물건에 관한 검사를 정당한 사유 없이 거부·방해 또는 기피한 자

③ ①과 ②에 따른 과태료는 대통령령으로 정하는 바에 따라 국토교통부장관이 부과·징수한다.

위반행위	과태료 금액 (만원)		
	1회 위반	2회 위반	3회 위반 이상
운송비용 전가 금지 조항에 해당하는 비용을 택시운수종사자에게 전가시킨 경우	500	1,000	1,000
택시운수종사자 준수사항을 위반한 경우	20	40	60
보조금의 사용내역 등에 관한 보고를 하지 않거나 거짓으로 한 경우	25	50	50
보조금의 사용내역 등에 관한 서류 제출을 하지 않거나 거짓 서류를 제출한 경우	50	75	100
택시운송사업자등의 장부·서류, 그 밖의 물건에 관한 검사를 정당한 사유 없이 거부·방해 또는 기피한 경우	50	75	100

제2장 도로교통법령

제1절 법의 목적 및 용어

01. 목적 (법 제1조)

도로에서 일어나는 교통상의

① 위험과 장해를 방지하고 제거하여

② 안전하고 원활한 교통을 확보

02. 용어의 정의 (법 제2조)

1 도로 (제1호)

① 도로법에 따른 도로   ② 유료도로법에 따른 유료도로

③ 농어촌도로정비법에 따른 농어촌 도로

④ 그 밖에 현실적으로 불특정 다수의 사람 또는 차마가 통행할 수 있도록 공개된 장소로서 안전하고 원활한 교통을 확보할 필요가 있는 장소

2 자동차 전용 도로 (제2호)

자동차만 다닐 수 있도록 설치된 도로

3 고속도로 (제3호)

자동차의 고속 운행에만 사용하기 위하여 지정된 도로

4 차도 (車道) (제4호)

연석선 (차도와 보도를 구분하는 돌 등으로 이어진 선), 안전표지 또는 그와 비슷한 인공 구조물을 이용하여 경계를 표시하여 모든 차가 통행할 수 있도록 설치된 도로의 부분

5 중앙선 (제5호)

차마의 통행 방향을 명확하게 구분하기 위하여 도로에 황색 실선이나 황색 점선 등의 안전표지로 표시한 선 또는 중앙 분리대나 울타리 등으로 설치한 시설물 (다만, 가변차로가 설치된 경우에는 신호기가 지시하는 진행 방향의 가장 왼쪽에 있는 황색 점선)

6 차로 (제6호)

차마가 한 줄로 도로의 정하여진 부분을 통행하도록 차선으로 구분한 차도의 부분

7 차선 (제7호)

차로와 차로를 구분하기 위하여 그 경계지점을 안전표지로 표시한 선

7-1 노면전차 전용로 (제7의2)

도로에서 궤도를 설치하고, 안전표지 또는 인공 구조물로 경계를 표시하여 설치한 도시철도법에 따른 노면전차 전용도로, 노면전차 전용차로를 말한다.

8 자전거 도로 (제8호)

안전표지, 위험 방지용 울타리나 그와 비슷한 인공 구조물로 경계를 표시하여 자전거 및 개인형 이동 장치가 통행할 수 있도록 설치된 자전거 전용도로, 자전거 보행자 겸용도로, 자전거 전용차로, 자전거 우선 도로를 말한다.

9 자전거 횡단도 (제9호)

자전거가 일반도로를 횡단할 수 있도록 안전표지로 표시한 도로의 부분

10 보도 (步道) (제10호)

연석선, 안전표지나 그와 비슷한 인공 구조물로 경계를 표시하여 보행자 (유모차, 보행보조용 의자차, 노약자용 보행기 등 행정안전부령으로 정하는 기구·장치를 이용하여 통행하는 사람 및 실외 이동 로봇을 포함)가 통행할 수 있도록 한 도로의 부분

11 길 가장자리 구역 (제11호)

보도와 차도가 구분되지 아니한 도로에서 보행자의 안전을 확보하기 위하여 안전표지 등으로 경계를 표시한 도로의 가장자리 부분

12 횡단보도 (제12호)

보행자가 도로를 횡단할 수 있도록 안전표지로 표시한 도로의 부분

13 교차로 (제13호)

십자로, T자로나 그 밖에 둘 이상의 도로(보도와 차도가 구분되어 있는 도로에서는 차도)가 교차하는 부분

13-1 회전교차로 (제13의2)

교차로 중 차마가 원형의 교통섬(차마의 안전하고 원활한 교통처리나 보행자 도로횡단의 안전을 확보하기 위하여 교차로 또는 차도의 분기점 등에 설치하는 섬 모양의 시설)을 중심으로 반시계방향으로 통행하도록 한 원형의 도로를 말한다.

14 안전지대 (제14호)

도로를 횡단하는 보행자나 통행하는 차마의 안전을 위하여 안전표지나 이와 비슷한 인공 구조물로 표시한 도로의 부분

15 신호기 (제15호)

문자·기호 또는 등화를 사용하여 진행·정지·방향 전환·주의 등의 신호를 표시하기 위하여 사람이나 전기의 힘으로 조작하는 장치

16 안전표지 (제16호)

주의·규제·지시 등을 표시하는 표지판이나 도로의 바닥에 표시하는 기호·문자 또는 선

17 차마 (제17호)

차와 우마를 말한다.

① 차
　㉠ 자동차　　㉡ 건설기계　　㉢ 원동기 장치 자전거　　㉣ 자전거
　㉤ 사람 또는 가축의 힘이나 그 밖의 동력으로 도로에서 운전되는 것 (단, 철길이나 가설된 선을 이용하여 운전되는 것과 유모차, 보행보조용 의자차, 노약자용 보행기, 실외 이동 로봇 등 행정안전부령으로 정하는 기구·장치를 제외)

② 우마 – 교통이나 운수에 사용되는 가축

17-1 노면전차 (제17의2)

도시철도법에 따른 노면전차로서 도로에서 궤도를 이용하여 운행되는 차를 말한다.

18 자동차 (제18호)

철길이나 가설된 선을 이용하지 않고 원동기를 사용하여 운전되는 차 (견인되는 자동차도 자동차의 일부)

① 자동차관리법에 따른 다음의 자동차 (원동기 장치 자전거 제외)
　㉠ 승용 자동차　　㉡ 승합자동차
　㉢ 화물 자동차　　㉣ 특수 자동차
　㉤ 이륜자동차

② 건설기계관리법에 따른 다음의 건설 기계
　㉠ 덤프 트럭　　㉡ 아스팔트 살포기
　㉢ 노상 안정기　　㉣ 콘크리트 믹서 트럭
　㉤ 콘크리트 펌프　　㉥ 천공기(트럭 적재식)
　㉦ 콘크리트 믹서 트레일러　　㉧ 아스팔트 콘크리트 재생기
　㉨ 도로 보수 트럭　　㉩ 3톤 미만의 지게차

18-1 자율주행시스템 (제18의2)

「자율주행자동차 상용화 촉진 및 지원에 관한 법률」에 따른 자율주행시스템을 말한다. 이 경우 그 종류는 완전 자율주행시스템, 부분 자율주행시스템 등 행정안전부령으로 정하는 바에 따라 세분할 수 있다.

18-2 자율주행자동차 (제18의3)

「자동차관리법」에 따른 자율주행자동차로서 자율주행시스템을 갖추고 있는 자동차를 말한다.

19 원동기 장치 자전거 (제19호)

① 자동차관리법에 따른 이륜자동차 가운데 배기량 125cc 이하(전기를 동력으로 하는 경우에는 최고 정격 출력 11kw 이하)의 이륜자동차

② 그 밖에 배기량 125cc 이하 (전기를 동력으로 하는 경우에는 최고 정격 출력 11kw 이하)의 원동기를 단 차(전기 자전거 및 실외 이동 로봇은 제외)

19-1 개인형 이동장치 (제19의2)

원동기 장치 자전거 중 시속 25킬로미터 이상으로 운행할 경우 전동기가 작동하지 아니하고 차체 중량이 30킬로그램 미만인 것으로서 행정안전부령으로 정하는 것을 말한다.

20 자전거 (제20호)

사람의 힘으로 페달, 손 페달을 사용하여 움직이는 구동 장치와 조향 장치, 제동 장치가 있는 바퀴가 둘 이상인 차(자전거) 및 전기 자전거를 말한다.

21 자동차 등 (제21호)

자동차와 원동기 장치 자전거

21-1 실외 이동 로봇 (제21의3)

지능형 로봇 중 행정안전부령으로 정하는 것을 말한다.

22 긴급 자동차 (제22호)

다음의 자동차로서 그 본래의 긴급한 용도로 사용되고 있는 자동차
① 소방차　　② 구급차　　③ 혈액 공급 차량
④ 그 밖에 대통령령으로 정하는 자동차

23 어린이 통학 버스 (제23호)

다음의 시설 가운데 어린이 (13세 미만인 사람)를 교육 대상으로 하는 시설에서 어린이의 통학 등에 이용되는 자동차와 여객자동차운수사업법에 따른 여객자동차운송사업의 한정 면허를 받아 어린이를 여객 대상으로 하여 운행되는 운송사업용 자동차

① 유아교육법에 따른 유치원, 초·중등교육법에 따른 초등학교 및 특수학교

② 영유아보육법에 따른 어린이 집

③ 학원의 설립·운영 및 과외 교습에 관한 법률에 따라 설립된 학원

④ 체육시설의 설치·이용에 관한 법률에 따라 설립된 체육 시설

24 주차 (제24호)

운전자가 승객을 기다리거나 화물을 싣거나 차가 고장 나거나 그 밖의 사유로 차를 계속 정지 상태에 두는 것 또는 운전자가 차에서 떠나서 즉시 그 차를 운전할 수 없는 상태에 두는 것

25 정차 (제25호)

운전자가 5분을 초과하지 아니하고 차를 정지시키는 것으로서 주차 외의 정지 상태

26 운전 (제26호)

도로(주취 운전, 과로 운전, 교통사고 및 교통사고 발생 시 조치 불이행, 경찰 공무원의 음주 측정 거부 등에 한하여 도로 외의 곳을 포함)에서 차마 또는 노면 전차를 그 본래의 사용 방법에 따라 사용하는 것 (조종 또는 자율주행시스템을 사용하는 것을 포함)

27 초보 운전자 (제27호)

처음 운전면허를 받은 날(2년이 지나기 전에 운전면허의 취소 처분을 받은 경우에는 그 후 다시 운전면허를 받은 날)부터 2년이 지나지 아니한 사람을 말한다. 이 경우 원동기 장치 자전거 면허만 받은 사람이 원동기 장치자전거 면허 외의 운전면허를 받은 경우에는 처음 운전면허를 받은 것으로 본다.

28 서행 (제28호)

운전자가 차 또는 노면전차를 즉시 정지시킬 수 있는 정도의 느린 속도로 진행하는 것

㉙ 앞지르기(제29호)

차 또는 노면전차의 운전자가 앞서가는 다른 차 또는 노면전차의 옆을 지나서 그 차의 앞으로 나가는 것

㉚ 일시정지(제30호)

차 또는 노면전차의 운전자가 그 차 또는 노면전차의 바퀴를 일시적으로 완전히 정지시키는 것

㉛ 보행자 전용도로(제31호)

보행자만 다닐 수 있도록 안전표지나 그와 비슷한 인공 구조물로 표시한 도로

㉛-1 보행자 우선 도로(제31의2)

차도와 보도가 분리되지 아니한 도로에서 보행자 안전과 편의를 보장하기 위하여 보행자 통행이 차마 통행에 우선하도록 지정된 도로를 말한다.

※ 시·도 경찰청장이나 경찰서장은 보행자 우선 도로에서 보행자를 보호하기 위하여 필요하다고 인정하는 경우에는 차마의 통행 속도를 시속 20km 이내로 제한 가능 (법 제28조의2)

㉜ 모범 운전자(제33호)

무사고 운전자 또는 유공 운전자 표시장을 받거나 2년 이상 사업용 자동차 운전에 종사하면서 **교통사고를 일으킨 전력이 없는 사람**으로서 **경찰청장**이 정하는 바에 따라 선발되어 교통안전 봉사 활동에 종사하는 사람

제2절 교통안전시설(법 제4조)

01. 교통신호기

1 신호 또는 지시에 따를 의무(법 제5조)

도로를 통행하는 보행자와 차마 또는 노면전차의 운전자는 교통 안전시설이 표시하는 신호 또는 지시와 교통정리를 하는 경찰 공무원(의무경찰을 포함) 또는 경찰 보조자(자치 경찰 공무원 및 경찰 공무원을 보조하는 사람)의 신호나 지시를 따라야 한다.

> **경찰 공무원을 보조하는 사람의 범위(영 제6조)**
> ① 모범 운전자
> ② 군사 훈련 및 작전에 동원되는 부대의 이동을 유도하는 군사 경찰
> ③ 본래의 긴급한 용도로 운행하는 소방차·구급차를 유도하는 소방 공무원

2 신호의 종류와 의미(규칙 제6조제2항, 별표2)

구분		신호의 종류	신호의 뜻
차량신호등	원형등화	녹색의 등화	㉠ 차마는 직진 또는 우회전할 수 있다. ㉡ 비보호좌회전표지 또는 비보호좌회전표시가 있는 곳에서는 좌회전할 수 있다.
		황색의 등화	㉠ 차마는 정지선이 있거나 횡단보도가 있을 때는 그 직전이나 교차로의 직전에 정지해야 하며, 이미 교차로에 차마의 일부라도 진입한 경우에는 신속히 교차로 밖으로 진행해야 한다. ㉡ 차마는 우회전할 수 있고 우회전하는 경우에는 보행자의 횡단을 방해하지 못한다.
		적색의 등화	㉠ 차마는 정지선, 횡단보도 및 교차로의 직전에서 정지해야 한다. ㉡ 차마는 우회전하려는 경우 정지선, 횡단보도 및 교차로의 직전에서 정지한 후 신호에 따라 진행하는 다른 차마의 교통을 방해하지 않고 우회전할 수 있다. ㉢ ㉡항에도 불구하고 차마는 우회전 삼색등이 적색의 등화인 경우 우회전할 수 없다.
		황색 등화의 점멸	차마는 다른 교통 또는 안전표지의 표시에 주의하면서 진행할 수 있다.
		적색 등화의 점멸	차마는 정지선이나 횡단보도가 있을 때에는 그 직전이나 교차로의 직전에 일시정지 한 후 다른 교통에 주의하면서 진행할 수 있다.

구분		신호의 종류	신호의 뜻
차량신호등	화살표등화	녹색 화살표의 등화	차마는 화살표시 방향으로 진행할 수 있다.
		황색 화살표의 등화	화살표시 방향으로 진행하려는 차마는 정지선이 있거나 횡단보도가 있을 때는 그 직전이나 교차로의 직전에 정지해야 하며, 이미 교차로에 차마의 일부라도 진입한 경우에는 신속히 교차로 밖으로 진행해야 한다.
		적색 화살표의 등화	화살표시 방향으로 진행하려는 차마는 정지선, 횡단보도 및 교차로의 직전에서 정지해야 한다.
		황색 화살표 등화의 점멸	차마는 다른 교통 또는 안전표지의 표시에 주의하면서 화살표시 방향으로 진행할 수 있다.
		적색 화살표 등화의 점멸	차마는 정지선이나 횡단보도가 있을 때는 그 직전이나 교차로의 직전에 일시정지 한 후 다른 교통에 주의하면서 화살표시 방향으로 진행할 수 있다.
	사각형등화	녹색 화살표의 등화 (하향)	차마는 화살표로 지정한 차로로 진행할 수 있다.
		적색 ×표 표시의 등화	차마는 ×표가 있는 차로로 진행할 수 없다.
		적색×표 표시 등화의 점멸	차마는 ×표가 있는 차로로 진입할 수 없고, 이미 차마의 일부라도 진입한 경우에는 신속히 그 차로 밖으로 진로를 변경하여야 한다.
보행신호등		녹색의 등화	보행자는 횡단보도를 횡단할 수 있다.
		녹색 등화의 점멸	보행자는 횡단을 시작하여서는 안 되고, 횡단하고 있는 보행자는 신속하게 횡단을 완료하거나 그 횡단을 중지하고 보도로 되돌아와야 한다.
		적색의 등화	보행자는 횡단보도를 횡단하여서는 안 된다.
자전거신호등	자전거주행신호등	녹색의 등화	자전거 등은 직진 또는 우회전할 수 있다.
		황색의 등화	㉠ 자전거 등은 정지선이 있거나 횡단보도가 있을 때에는 그 직전이나 교차로의 직전에 정지해야 하며, 이미 교차로에 차마의 일부라도 진입한 경우에는 신속히 교차로 밖으로 진행해야 한다. ㉡ 자전거 등은 우회전할 수 있고 우회전하는 경우에는 보행자의 횡단을 방해하지 못한다.
		적색의 등화	㉠ 자전거 등은 정지선, 횡단보도 및 교차로의 직전에서 정지해야 한다. ㉡ 자전거 등은 우회전하려는 경우 정지선, 횡단보도 및 교차로의 직전에서 정지한 후 신호에 따라 진행하는 다른 차마의 교통을 방해하지 않고 우회전할 수 있다. ㉢ ㉡항에도 불구하고 자전거 등은 우회전 삼색등이 적색의 등화인 경우 우회전할 수 없다.
		황색 등화의 점멸	자전거 등은 다른 교통 또는 안전표지의 표시에 주의하면서 진행할 수 있다.
		적색 등화의 점멸	자전거 등은 정지선이나 횡단보도가 있는 때에는 그 직전이나 교차로의 직전에 일시정지한 후 다른 교통에 주의하면서 진행할 수 있다.
	자전거횡단신호등	녹색의 등화	자전거 등은 자전거횡단도를 횡단할 수 있다.
		녹색 등화의 점멸	자전거 등은 횡단을 시작해서는 안 되고, 횡단하고 있는 자전거 등은 신속하게 횡단을 종료하거나 그 횡단을 중지하고 진행하던 차도 또는 자전거 도로로 되돌아와야 한다.
		적색의 등화	자전거 등은 자전거횡단보도를 횡단해서는 안 된다.
버스신호등		녹색의 등화	버스 전용차로에 차마는 직진할 수 있다.
		황색의 등화	버스 전용차로에 있는 차마는 정지선이나 횡단보도가 있을 때에는 그 직전이나 교차로의 직전에 정지해야 하며, 이미 교차로에 차마의 일부라도 진입한 경우에는 신속히 교차로 밖으로 진행해야 한다.
		적색의 등화	버스 전용차로에 있는 차마는 정지선, 횡단보도 및 교차로의 직전에서 정지해야 한다.
		황색 등화의 점멸	버스 전용차로에 있는 차마는 다른 교통 또는 안전표지의 표시에 주의하면서 진행할 수 있다.
		적색 등화의 점멸	버스 전용차로에 있는 차마는 정지선이나 횡단보도가 있을 때에는 그 직전이나 교차로의 직전에 일시정지 한 후 다른 교통에 주의하면서 진행할 수 있다.

구분	신호의 종류	신호의 뜻
노면전차 신호등	황색 T자형의 등화	노면전차가 직진 또는 좌회전·우회전할 수 있는 등화가 점등될 예정이다.
	황색 T자형 등화의 점멸	노면전차가 직진 또는 좌회전·우회전할 수 있는 등화의 점등이 임박하였다.
	백색 가로 막대형의 등화	노면전차는 정지선, 횡단보도 및 교차로의 직전에서 정지해야 한다.
	백색 가로 막대형 등화의 점멸	노면전차는 정지선이나 횡단보도가 있는 경우에는 그 직전이나 교차로의 직전에 일시정지 한 후 다른 교통에 주의하면서 진행할 수 있다.
	백색 점형의 등화	노면전차는 정지선이 있거나 횡단보도가 있는 경우에는 그 직전이나 교차로의 직전에 정지해야 하며, 이미 교차로에 노면전차의 일부가 진입한 경우에는 신속하게 교차로 밖으로 진행해야 한다.
	백색 점형 등화의 점멸	노면전차는 다른 교통 또는 안전표지의 표시에 주의하면서 진행할 수 있다.
	백색 세로 막대형의 등화	노면전차는 직진할 수 있다.
	백색 사선 막대형의 등화	노면전차는 백색사선막대의 기울어진 방향으로 좌회전 또는 우회전할 수 있다.

3 신호기의 신호와 수신호가 다른 때 (법 제5조제2항)

도로를 통행하는 보행자, 차마 또는 노면전차의 운전자는 교통안전시설이 표시하는 신호 또는 지시와 교통정리를 하는 경찰 공무원 또는 경찰 보조자(이하 경찰 공무원 등)의 신호 또는 지시가 서로 다른 경우에는 경찰 공무원 등의 신호 또는 지시에 따라야 한다.

02. 교통안전 표지의 종류 (규칙 제8조)

1 주의 표지

도로 상태가 위험하거나 도로 또는 그 부근에 위험물이 있는 경우에 필요한 안전 조치를 할 수 있도록 이를 도로 사용자에게 알리는 표지

2 규제 표지

도로 교통의 안전을 위하여 각종 제한·금지 등의 규제를 하는 경우에 이를 도로 사용자에게 알리는 표지

3 지시 표지

도로의 통행 방법·통행 구분 등 도로 교통의 안전을 위하여 필요한 지시를 하는 경우에 도로 사용자가 이에 따르도록 알리는 표지

4 보조 표지

주의 표지·규제 표지 또는 지시 표지의 주 기능을 보충하여 도로 사용자에게 알리는 표지

5 노면 표시

도로 교통의 안전을 위하여 각종 주의·규제·지시 등의 내용을 노면에 기호·문자 또는 선으로 도로 사용자에게 알리는 표지

제3절 보행자의 도로 통행 방법

01. 보행자의 통행 (법 제8조)

① 보행자는 보도와 차도가 구분된 도로에서는 언제나 보도로 통행하여야 한다. 다만, 차도를 횡단하는 경우, 도로공사 등으로 보도의 통행이 금지된 경우나 그 밖의 부득이한 경우에는 그러하지 아니하다.

② 보행자는 보도와 차도가 구분되지 아니한 도로 중 중앙선이 있는 도로(일방통행인 경우에는 차선으로 구분된 도로를 포함)에서는 길 가장자리 또는 길 가장자리 구역으로 통행하여야 한다.

③ 보행자는 다음 각 항의 어느 하나에 해당하는 곳에서는 도로의 전부분으로 통행할 수 있다. 이 경우 보행자는 고의로 차마의 진행을 방해하여서는 아니된다.

  ㉠ 보도와 차도가 구분되지 아니한 도로 중 중앙선이 없는 도로 (일방통행인 경우에는 차선으로 구분되지 아니한 도로에 한정)

  ㉡ 보행자 우선 도로

④ 보행자는 보도에서는 우측통행을 원칙으로 한다.

02. 실외 이동 로봇 운용자의 의무

① 실외 이동 로봇을 운용하는 사람(실외 이동 로봇을 조작·관리하는 사람 포함)은 실외 이동 로봇의 운용 장치와 그 밖의 장치를 정확하게 조작하여야 한다.

② 실외 이동 로봇 운용자는 실외 이동 로봇의 운용 장치를 도로의 교통 상황과 실외 이동 로봇의 구조 및 성능에 따라 차, 노면 전차 또는 다른 사람에게 위험과 장해를 주는 방법으로 운용하여서는 아니 된다.

03. 행렬 등의 통행

1 차도의 우측을 통행하여야 하는 경우 (영 제7조)

① 학생의 대열과 그 밖에 보행자의 통행에 지장을 줄 우려가 있다고 인정하는 사람이나 행렬

② 말·소 등의 큰 동물을 몰고 가는 사람

③ 사다리·목재, 그 밖에 보행자의 통행에 지장을 줄 우려가 있는 물건을 운반 중인 사람

④ 도로에서 청소나 보수 등의 작업을 하고 있는 사람

⑤ 기 또는 현수막 등을 휴대한 행렬

⑥ 장의 행렬

2 도로의 중앙을 통행할 수 있는 경우 (법 제9조제2항)

행렬 등은 사회적으로 중요한 행사에 따라 시가를 행진하는 경우에는 도로의 중앙을 통행할 수 있다.

04. 보행자의 도로 횡단 (법 제10조 제2항~제5항)

① 보행자는 횡단보도, 지하도·육교나 그 밖의 도로 횡단 시설이 설치되어 있는 도로에서는 그 곳으로 횡단해야 한다. 다만, 지하도나 육교 등의 도로 횡단 시설을 이용할 수 없는 지체 장애인의 경우에는 다른 교통에 방해가 되지 않는 방법으로 도로 횡단 시설을 이용하지 않고 도로를 횡단할 수 있다.

② 횡단보도가 설치되어 있지 않은 도로에서는 가장 짧은 거리로 횡단해야 한다.

③ 보행자는 모든 차와 노면전차의 바로 앞이나 뒤로 횡단하여서는 안된다. 다만, 횡단보도를 횡단하거나 신호기 또는 경찰 공무원 등의 신호나 지시에 따라 도로를 횡단하는 경우에는 그렇지 않다.

④ 보행자는 안전표지 등에 의하여 횡단이 금지되어 있는 도로의 부분에서는 그 도로를 횡단해서는 안 된다.

제4절 차마의 통행 방법

01. 차마의 통행 구분 (법 제13조)

1 차도 통행의 원칙과 예외 (제1항, 제2항)

① 차마의 운전자는 보도와 차도가 구분된 도로에서는 차도를 통행해야 한다. 다만, 도로 외의 곳으로 출입할 때에는 보도를 횡단하여 통행할 수 있다.

② 차마의 운전자는 보도를 횡단하기 직전에 일시정지 하여 좌측 및 우측 부분 등을 살핀 후 보행자의 통행을 방해하지 않도록 횡단해야 한다.

2 우측통행의 원칙(제3항)
차마의 운전자는 도로(보도와 차도가 구분된 도로에서는 차도)의 중앙(중앙선이 설치되어 있는 경우에는 그 중앙선) 우측 부분을 통행해야 한다.

3 도로의 중앙이나 좌측부분을 통행할 수 있는 경우(제4항)
① 도로가 일방통행인 경우
② 도로의 파손, 도로 공사나 그 밖의 장애 등으로 도로의 우측 부분을 통행할 수 없는 경우
③ 도로의 우측 부분의 폭이 6m가 되지 않는 도로에서 다른 차를 앞지르려는 경우. 다만, 다음의 경우에는 그렇지 않다.
　㉠ 도로의 좌측 부분을 확인할 수 없는 경우
　㉡ 반대 방향의 교통을 방해할 우려가 있는 경우
　㉢ 안전표지 등으로 앞지르기를 금지하거나 제한하고 있는 경우
④ 도로 우측 부분의 폭이 차마의 통행에 충분하지 않은 경우
⑤ 가파른 비탈길의 구부러진 곳에서 교통의 위험을 방지하기 위하여 시·도 경찰청장이 필요하다고 인정하여 구간 및 통행 방법을 지정하고 있는 경우에 그 지정에 따라 통행하는 경우

02. 차로에 따른 통행

1 차로에 따라 통행할 의무(법 제14조제2항)
① 차마의 운전자는 차로가 설치되어 있는 도로에서는 특별한 규정이 있는 경우를 제외하고는 그 차로를 따라 통행해야 한다.
② 시·도 경찰청장이 통행 방법을 따로 지정한 경우에는 그 방법으로 통행해야 한다.

2 차로에 따른 통행 구분(규칙 제16조, 별표9)
① 도로의 중앙에서 오른쪽으로 2이상의 차로(전용차로가 설치되어 운용되고 있는 도로에서는 전용차로를 제외)가 설치된 도로 및 일방통행도로에 있어서 그 차로에 따른 통행차의 기준은 다음의 표와 같다.

도로	차로구분	통행할 수 있는 차종
고속도로 외의 도로	왼쪽 차로	승용 자동차 및 경형·소형·중형 승합 자동차
	오른쪽 차로	대형 승합 자동차, 화물 자동차, 특수 자동차, 건설 기계, 이륜자동차, 원동기 장치 자전거 (개인형 이동장치는 제외)
고속도로	편도 2차로	1차로	앞지르기를 하려는 모든 자동차. 다만, 차량 통행량 증가 등 도로 상황으로 인하여 부득이하게 시속 80킬로미터 미만으로 통행할 수밖에 없는 경우에는 앞지르기를 하는 경우가 아니라도 통행할 수 있다.
		2차로	모든 자동차
	편도 3차로 이상	1차로	앞지르기를 하려는 승용 자동차 및 앞지르기를 하려는 경형·소형·중형 승합자동차. 다만, 차량 통행량 증가 등 도로 상황으로 인하여 부득이하게 시속 80킬로미터 미만으로 통행할 수밖에 없는 경우에는 앞지르기를 하는 경우가 아니라도 통행할 수 있다.
		왼쪽 차로	승용 자동차 및 경형·소형·중형 승합 자동차
		오른쪽 차로	대형 승합 자동차, 화물 자동차, 특수 자동차, 건설 기계

② 모든 차의 운전자는 통행하고 있는 차로에서 느린 속도로 진행하여 다른 차의 정상적인 통행을 방해할 우려가 있는 때에는 그 통행하던 차로의 오른쪽 차로로 통행하여야 한다. (제2항)
③ 차로의 순위는 도로의 중앙선 쪽에 있는 차로부터 1차로로 한다. 다만, 일방통행도로에서는 도로의 왼쪽부터 1차로로 한다. (제3항)

3 전용차로 통행 금지(법 제15조제3항, 영 제10조, 별표1)
전용 차로로 통행할 수 있는 차가 아닌 차는 전용차로로 통행하여서는 아니 된다. 다만, 다음의 경우에는 그렇지 않다. (영 제10조)
① 긴급 자동차가 그 본래의 긴급한 용도로 운행되고 있는 경우
② 전용차로 통행차의 통행에 장해를 주지 아니하는 범위에서 택시가 승객을 태우거나 내려주기 위하여 일시 통행하는 경우
③ 도로의 파손·공사, 그 밖의 부득이한 장애로 인하여 전용차로가 아니면 통행할 수 없는 경우

전용차로의 종류	통행할 수 있는 차	
	고속도로	고속도로 외의 도로
버스 전용차로	9인승 이상 승용 자동차 및 승합 자동차(승용 자동차 또는 12인승 이하의 승합 자동차는 6명 이상이 승차한 경우로 한정한다)	㉠ 36인승 이상의 대형 승합자동차 ㉡ 36인승 미만의 시내·시외·농어촌 사업용 승합자동차 ㉢ 어린이 통학 버스 (신고필증 교육차에 한함) ㉣ 노선을 지정하여 운행하는 통학·통근용 승합자동차 중 16인승 이상 승합자동차 ㉤ 국제행사 참가인원 수송 등 특히 필요하다고 인정되는 승합자동차 (시·도 경찰청장이 정한 기간 이내로 한정) ㉥ 25인승 이상의 외국인 관광객 수송용 승합자동차 (외국인 관광객이 승차한 경우만 해당)
다인승 전용차로	3명 이상 승차한 승용·승합자동차 (다인승 전용차로와 버스 전용차로가 동시에 설치되는 경우에는 버스 전용차로를 통행할 수 있는 차는 제외)	
자전거 전용차로	자전거 등	

4 차량의 운행 속도(규칙 제19조)
① 운행 속도(제1항)

도로 구분		최고 속도	최저 속도
일반도로	주거 지역·상업 지역 및 공업 지역	매시 50km 이내 (단, 시·도경찰청장이 지정한 노선 구간 : 매시 60km 이내)	–
	이 외의 일반도로	매시 60km 이내 (단, 편도 2차로 이상 : 80km/h)	
자동차 전용 도로		매시 90km	매시 30km
고속도로	편도 1차로	매시 80km	매시 50km
	편도 2차로 이상	매시 100km 승용·승합·화물자동차 (적재중량 1.5톤 이하)	매시 50km
		매시 80km (적재 중량 1.5톤을 초과하는 화물 자동차, 특수 자동차, 위험물 운반 자동차, 건설 기계)	
	경찰청장이 지정·고시한 노선 또는 구간	매시 120km 이내 승용·승합·화물자동차 (적재중량 1.5톤 이하)	매시 50km
		매시 90km (적재중량 1.5톤을 초과하는 화물 자동차, 특수 자동차, 위험물 운반 자동차, 건설 기계)	

② 악천후 시의 감속 운행 속도(제2항)

최고 속도의 20/100을 감속 운행	최고 속도의 50/100을 감속 운행
㉠ 비가 내려 노면이 젖어있는 경우 ㉡ 눈이 20mm 미만 쌓인 경우	㉠ 폭우·폭설·안개 등으로 가시거리가 100m 이내인 경우 ㉡ 노면이 얼어붙은 경우 ㉢ 눈이 20mm 이상 쌓인 경우

③ 경찰청장 또는 시·도 경찰청장이 가변형 속도 제한 표지로 최고 속도를 정한 경우에는 이에 따라야 하며, 가변형 속도 제한 표지로

정한 최고 속도와 그 밖의 안전표지로 정한 최고 속도가 다를 때에는 가변형 속도 제한 표지에 따라야 한다. (제3항)

03. 안전거리의 확보 등(법 제19조)
① 모든 차의 운전자는 같은 방향으로 가고 있는 앞차의 뒤를 따르는 경우에는 앞차가 갑자기 정지하게 되는 경우 그 앞차와의 충돌을 피할 수 있는 필요한 거리를 확보해야 한다. (제1항)
② 자동차 등의 운전자는 같은 방향으로 가고 있는 자전거 등의 운전자에 주의하여야 하며, 그 옆을 지날 때에는 자전거 등과의 충돌을 피할 수 있는 필요한 거리를 확보해야 한다. (제2항)
③ 모든 차의 운전자는 차의 진로를 변경하려는 경우에 그 변경하려는 방향으로 오고 있는 다른 차의 정상적인 통행에 장애를 줄 우려가 있을 때는 진로를 변경하여서는 안 된다. (제3항)
④ 모든 차의 운전자는 위험 방지를 위한 경우와 그 밖의 부득이한 경우가 아니면 운전하는 차를 갑자기 정지시키거나 속도를 줄이는 등의 급제동을 하여서는 안 된다. (제4항)

04. 진로 양보의 의무(법 제20조)
① 모든 차 (긴급 자동차는 제외)의 운전자는 뒤에서 따라오는 차보다 느린 속도로 가려는 경우에는 도로의 우측 가장자리로 피하여 진로를 양보해야 한다. 다만, 통행 구분이 설치된 도로의 경우에는 그렇지 않다. (제1항)
② 좁은 도로에서 긴급 자동차 외의 자동차가 서로 마주보고 진행할 때에는 다음의 각 구분에 따른 자동차가 도로의 우측 가장자리로 피하여 진로를 양보해야 한다. (제2항)
㉠ 비탈진 좁은 도로에서 자동차가 서로 마주보고 진행하는 경우에는 올라가는 자동차
㉡ 비탈진 좁은 도로 외의 좁은 도로에서 사람을 태웠거나 물건을 실은 자동차와 동승자가 없고 물건을 싣지 아니한 자동차가 서로 마주보고 진행하는 경우에는 동승자가 없고 물건을 싣지 아니한 자동차

05. 앞지르기 방법 등(법 제21조)
1 모든 차의 운전자는 다른 차를 앞지르려면 앞차의 좌측으로 통행해야 한다. (제1항)
2 자전거 등의 운전자는 서행하거나 정지한 다른 차를 앞지르려면 앞차의 우측으로 통행할 수 있다. 이 경우 자전거 등의 운전자는 정지한 차에서 승차하거나 하차하는 사람의 안전에 유의하여 서행하거나 필요한 경우 일시정지 해야 한다. (제2항)
3 앞지르려고 하는 모든 차의 운전자는 다음 사항에 충분히 주의를 기울여야 한다. (제3항)
① 반대 방향의 교통   ② 앞차 앞쪽의 교통   ③ 앞차의 속도·진로
④ 그 밖의 도로 상황에 따라 방향 지시기·등화 또는 경음기를 사용하는 등 안전한 속도와 방법 사용
4 모든 차의 운전자는 앞지르기를 하는 차가 있을 때에는 속도를 높여 경쟁하거나 그 차의 앞을 가로막는 등의 방법으로 앞지르기를 방해해서는 안 된다. (제4항)
5 앞지르기 금지 시기(법 제22조)
① 앞차를 앞지르지 못하는 경우(제1항)
㉠ 앞차의 좌측에 다른 차가 앞차와 나란히 가고 있는 경우
㉡ 앞차가 다른 차를 앞지르고 있거나 앞지르려고 하는 경우
② 다른 차를 앞지르지 못하는 경우(제2항)
㉠ 도로교통법이나 이 법에 따른 명령에 따라 정지하거나 서행하고

있는 차
㉡ 경찰 공무원의 지시에 따라 정지하거나 서행하고 있는 차
㉢ 위험을 방지하기 위하여 정지하거나 서행하고 있는 차
6 앞지르기 금지 장소(제3항)
모든 차의 운전자는 다음의 어느 하나에 해당하는 곳에서는 다른 차를 앞지르지 못한다.
① 교차로   ② 터널 안   ③ 다리 위
④ 도로의 구부러진 곳, 비탈길의 고갯마루 부근 또는 가파른 비탈길의 내리막 등 시·도 경찰청장이 도로에서의 위험을 방지하고 교통의 안전과 원활한 소통을 확보하기 위하여 필요하다고 인정하는 곳으로서 안전표지로 지정한 곳

06. 철길 건널목의 통과(법 제24조)
1 일시정지와 안전 확인(제1항)
① 모든 차 또는 노면전차의 운전자는 철길 건널목(이하 건널목)을 통과하려는 경우에는 건널목 앞에서 일시 정지하여 안전한지 확인한 후에 통과해야 한다.
② 신호기 등이 표시하는 신호에 따르는 경우에는 정지하지 않고 통과할 수 있다.
2 차단기, 경보기에 의한 진입 금지(제2항)
모든 차 또는 노면전차의 운전자는 건널목의 차단기가 내려져 있거나 내려지려고 하는 경우 또는 건널목의 경보기가 울리고 있는 동안에는 그 건널목으로 들어가서는 안 된다.
3 건널목에서 운행할 수 없게 된 때의 조치(제3항)
모든 차 또는 노면전차의 운전자는 건널목을 통과하다가 고장 등의 사유로 건널목 안에서 차 또는 노면전차를 운행할 수 없게 된 경우 다음과 같이 조치해야 한다.
① 즉시 승객을 대피시키기
② 비상 신호기 등을 사용하거나 그 밖의 방법으로 철도공무원 또는 경찰공무원에게 그 사실을 알리기

07. 교차로 통행 방법(법 제25조, 제25조의2)
① 모든 차의 운전자는 교차로에서 우회전을 하려는 경우에는 미리 도로의 우측 가장자리를 서행하면서 우회전해야 한다. 이 경우 우회전하는 차의 운전자는 신호에 따라 정지하거나 진행하는 보행자 또는 자전거 등에 주의해야 한다. (제1항)
② 모든 차의 운전자는 교차로에서 좌회전을 하려는 경우에는 미리 도로의 중앙선을 따라 서행하면서 교차로의 중심 안쪽을 이용하여 좌회전해야 한다. 다만, 시·도 경찰청장이 교차로의 상황에 따라 특히 필요하다고 인정하여 지정한 곳에서는 교차로의 중심 바깥쪽을 통과할 수 있다. (제2항)
③ 자전거 등의 운전자는 교차로에서 좌회전하려는 경우 미리 도로의 우측 가장자리로 붙어 서행하면서 교차로의 가장자리 부분을 이용하여 좌회전해야 한다. (제3항)
④ 우회전이나 좌회전을 하기 위하여 손이나 방향지시기 또는 등화로써 신호를 하는 차가 있는 경우에 그 뒤차의 운전자는 신호를 한 앞차의 진행을 방해해서는 안 된다. (제4항)
⑤ 모든 차 또는 노면전차의 운전자는 신호기로 교통정리를 하고 있는 교차로에 들어가려는 경우에는 진행하려는 진로의 앞쪽에 있는 차 또는 노면전차의 상황에 따라 교차로(정지선이 설치되어 있는 경우에는 그 정지선을 넘은 부분)에 정지하게 되어 다른 차 또는 노면전차의 통행에 방해가 될 우려가 있는 경우에는 그 교차로에 들어가서는 안 된다. (제5항)

⑥ 모든 차의 운전자는 **교통정리를 하고 있지 않고** 일시정지나 양보를 표시하는 안전표지가 설치되어 있는 교차로에 들어가려고 할 때에는 다른 차의 진행을 방해하지 않도록 **일시정지하거나 양보**해야 한다.(제6항)

⑦ 교통정리가 없는 교차로에서의 양보 운전(법 제26조)
  ㉠ **이미 교차로에 들어가 있는** 다른 차가 있을 때에는 그 차에 진로를 양보해야 한다.(제1항)
  ㉡ 통행하고 있는 **도로의 폭보다 교차하는 도로의 폭이 넓은 경우**에는 서행해야 하며, 폭이 넓은 도로로부터 교차로에 들어가려고 하는 다른 차가 있을 때는 그 차에 **진로를 양보**해야 한다.(제2항)
  ㉢ 우선순위가 같은 차가 동시에 들어가려고 하는 경우에는 **우측도로의 차**에 진로를 양보해야 한다.(제3항)
  ㉣ **좌회전하고자 하는 차**의 운전자는 그 교차로에서 직진하거나 우회전하려는 다른 차가 있을 때는 그 차에 진로를 양보해야 한다.(제4항)

⑧ 회전교차로 통행방법(제25조의2)
  ㉠ 모든 차의 운전자는 회전교차로에서는 **반시계방향**으로 통행하여야 한다.
  ㉡ 모든 차의 운전자는 회전교차로에 진입하려는 경우에는 서행하거나 일시정지하여야 하며, 이미 진행하고 있는 다른 차가 있는 때에는 그 차에 진로를 양보하여야 한다.
  ㉢ ㉠ 및 ㉡에 따라 회전교차로 통행을 위하여 손이나 방향지시기 또는 등화로써 신호를 하는 차가 있는 경우 그 뒤차의 운전자는 신호를 한 앞차의 진행을 방해하여서는 아니 된다.

08. 보행자의 보호(법 제27조)

① 모든 차 또는 노면 전차의 운전자는 보행자가 횡단보도를 통행하고 있거나 통행하려고 하는 때에는 보행자의 횡단을 방해하거나 위험을 주지 않도록 그 횡단보도 앞에서 **일시정지**해야 한다.

② 모든 차 또는 노면 전차의 운전자는 교통정리를 하고 있는 교차로에서 좌회전이나 우회전을 하려는 경우에는 신호기 또는 경찰 공무원 등의 신호나 지시에 따라 도로를 횡단하는 보행자의 통행을 방해해서는 안 된다.

③ 모든 차의 운전자는 교통정리를 하고 있지 않은 교차로 또는 그 부근의 도로를 횡단하는 보행자의 통행을 방해해서는 안 된다.

④ 모든 차의 운전자는 도로에 설치된 안전지대에 보행자가 있는 경우와 **차로가 설치되지 않은 좁은 도로**에서 보행자의 옆을 지나는 경우 안전한 거리를 두고 서행해야 한다.

⑤ 모든 차 또는 노면 전차의 운전자는 보행자가 횡단보도가 설치되어 있지 않은 도로를 횡단하고 있을 때는 안전거리를 두고 일시정지하여 보행자가 안전하게 횡단할 수 있도록 해야 한다.

⑥ 모든 차 또는 노면 전차의 운전자는 다음 각 항의 어느 하나에 해당하는 곳에서 보행자의 옆을 지나는 경우에는 안전한 거리를 두고 서행하여야 하며, 보행자의 통행에 방해가 될 때에는 서행하거나 일시정지하여 보행자가 안전하게 통행할 수 있도록 하여야 한다.
  ㉠ 보도와 차도가 구분되지 아니한 도로 중 중앙선이 없는 도로
  ㉡ 보행자 우선 도로   ㉢ 도로 외의 곳

⑦ 모든 차 또는 노면전차의 운전자는 어린이 보호구역 내에 설치된 횡단보도 중 신호기가 설치되지 아니한 횡단보도 앞(정지선이 설치된 경우에는 그 정지선)에서는 보행자의 횡단 여부와 관계없이 일시정지하여야 한다.

09. 긴급 자동차의 우선 및 특례

1 긴급 자동차의 우선 통행(법 제29조)
긴급 자동차는 긴급하고 부득이한 경우에는 다음과 같이 통행할 수 있다.

① 도로의 중앙이나 좌측 부분을 통행할 수 있다.(제1항)
② 정지하여야 하는 경우에도 불구하고 긴급하고 부득이한 경우에는 정지하지 않을 수 있다. 이 경우 교통의 안전에 특히 주의하면서 통행해야 한다. (제2항, 제3항)

2 긴급 자동차에 대한 특례(법 제30조)
긴급 자동차에 대하여는 다음을 적용하지 아니한다.
① 자동차 등의 속도제한. 다만, 긴급 자동차에 대해 속도를 규정한 경우에는 적용한다.
② 앞지르기의 금지
③ 끼어들기의 금지

3 긴급 자동차가 접근할 때의 피양 방법(법 제29조)
① 교차로나 그 부근에서 긴급 자동차가 접근하는 경우에는 교차로를 피하여 일시 정지해야 한다.(제4항)
② 교차로나 그 부근 외의 곳에서 긴급 자동차가 접근한 경우에는 긴급 자동차가 우선 통행할 수 있도록 **진로를 양보**해야 한다.(제5항)
③ 긴급 자동차의 운전자는 긴급 자동차를 그 본래의 긴급한 용도로 운행하지 아니하는 경우에는 경광등을 켜거나, 사이렌을 작동해서는 안 된다. 다만, 범죄 및 화재 예방 등을 위한 순찰·훈련 등을 실시하는 경우에는 제외한다.(제6항)

10. 서행 또는 일시정지 할 장소(법 제31조)

1 서행할 장소(제1항)
① 교통정리를 하고 있지 않은 교차로
② 도로가 구부러진 부근
③ 비탈길의 고갯마루 부근
④ 가파른 비탈길의 내리막
⑤ 시·도 경찰청장이 도로에서의 위험을 방지하고 교통의 안전과 원활한 소통을 확보하기 위해 필요하다고 인정하여 안전표지로 지정한 곳

2 일시정지 할 장소(제2항)
① 교통정리를 하고 있지 않고 좌우를 확인할 수 없거나 교통이 빈번한 교차로
② 시·도 경찰청장이 도로에서의 위험을 방지하고 교통의 안전과 원활한 소통을 확보하기 위해 필요하다고 인정하여 안전표지로 지정한 곳

11. 정차 및 주차(법 제32조)

1 정차 및 주차 금지 장소(제1항)
모든 차의 운전자는 다음의 어느 하나에 해당하는 곳에서는 차를 정차하거나 주차해서는 안 된다. 다만, 법에 따른 명령 또는 경찰 공무원의 지시에 따르는 경우와 위험 방지를 위하여 일시정지 하는 경우에는 그렇지 않다.
① 교차로·횡단보도·건널목이나 보도와 차도가 구분된 도로의 보도(주차장법에 따라 차도와 보도에 걸쳐서 설치된 노상 주차장은 제외)
② 교차로의 가장자리 또는 도로의 모퉁이로부터 **5m 이내**인 곳
③ 안전지대가 설치된 도로에서는 그 안전지대의 사방으로부터 각각 **10m 이내**인 곳
④ 버스 여객 자동차의 정류지임을 표시하는 기둥이나 표지판 또는 선이 설치된 곳으로부터 **10m 이내**인 곳. 다만, 버스 여객 자동차의 운전자가 그 버스 여객 자동차의 운행 시간 중에 운행 노선에 따르는 정류장에서 승객을 태우거나 내리기 위하여 차를 정차하거나 주차하는 경우에는 그렇지 않다.
⑤ 건널목의 가장자리 또는 횡단보도로부터 **10m 이내**인 곳
⑥ 다음의 각 장소로부터 **5m 이내**인 곳
  ㉠ 소방용수시설 또는 비상 소화 장치가 설치된 곳

ⓛ 소방시설로서 대통령령으로 정하는 시설이 설치된 곳

⑦ 시 · 도 경찰청장이 도로에서의 위험을 방지하고 교통의 안전과 원활한 소통을 확보하기 위해 필요하다고 인정하여 지정한 곳

⑧ 시장 등이 어린이 보호구역으로 지정한 곳

2 주차 금지 장소(법 제33조)

모든 차의 운전자는 다음의 어느 하나에 해당하는 곳에서 차를 주차해서는 안 된다.

① 터널 안 및 다리 위

② 다음의 각 곳으로부터 5m 이내인 곳
　㉠ 도로공사를 하고 있는 경우에는 그 공사 구역의 양쪽 가장자리
　㉡ 다중이용업소의 영업장이 속한 건축물로 소방본부장의 요청에 의하여 시 · 도 경찰청장이 지정한 곳

③ 시 · 도 경찰청장이 도로에서의 위험을 방지하고 교통의 안전과 원활한 소통을 확보하기 위해 필요하다고 인정하여 지정한 곳

12. 차와 노면 전차의 등화

1 밤에 켜야 할 등화(영 제19조제1항)

① 자동차 : 자동차 안전 기준에서 정하는 전조등, 미등, 번호등과 실내 조명등 (실내 조명등은 승합자동차와 여객자동차운수사업법에 따른 여객자동차운송사업용 승용 자동차만 해당)

② 원동기 장치 자전거 : 전조등 및 미등

③ 견인되는 차 : 미등 · 차폭등 및 번호등

④ 노면전차 : 전조등, 차폭등, 미등 및 실내조명등

⑤ 그 외의 차 : 시 · 도 경찰청장이 정하여 고시하는 등화

2 도로에서 정차하거나 주차할 때 켜야 하는 등화(제2항)

① 자동차(이륜자동차는 제외) : 자동차 안전 기준에서 정하는 미등 및 차폭등

② 이륜자동차 및 원동기 장치 자전거 : 미등(후부 반사기를 포함)

③ 노면전차 : 차폭등 및 미등

④ 그 외의 차 : 시 · 도 경찰청장이 정하여 고시하는 등화

3 등화를 켜야 하는 시기(법 제37조제1항)

① 밤 (해가 진 후 부터 해가 뜨기 전까지)에 도로에서 차 또는 노면 전차를 운행하거나 고장이나 그 밖의 부득이한 사유로 도로에서 차를 정차 또는 주차시키는 경우

② 안개가 끼거나 비 또는 눈이 올 때에 도로에서 차 또는 노면 전차를 운행하거나 고장이나 그 밖의 부득이한 사유로 도로에서 차 또는 노면 전차를 정차 또는 주차하는 경우

③ 터널 안을 운행하거나 고장 또는 그 밖의 부득이한 사유로 터널 안 도로에서 차 또는 노면 전차를 정차 또는 주차하는 경우

※ 차의 신호 : 모든 차의 운전자는 좌회전 · 우회전 · 횡단 · 유턴 · 서행 · 정지 또는 후진을 하거나 같은 방향으로 진행하면서 진로를 바꾸려고 하는 경우와 회전교차로에 진입하거나 회전교차로에서 진출하는 경우에는 손이나 방향지시기 또는 등화로써 그 행위가 끝날 때까지 신호를 하여야 한다.(법 제38조제1항)

4 밤에 마주보고 진행하는 경우의 등화 조작(영 제20조)

① 밤에 차가 서로 마주보고 진행하는 경우(제1항제1호)
　㉠ 전조등의 밝기 줄이기
　㉡ 불빛의 방향을 아래로 향하기
　㉢ 잠시 전조등 끄기(도로의 상황으로 보아 마주보고 진행하는 차 또는 노면 전차의 교통을 방해할 우려가 없는 경우는 제외)

② 앞의 차 또는 노면 전차의 바로 뒤를 따라가는 경우(제2호)
　㉠ 전조등 불빛의 방향을 아래로 향하게 하기
　㉡ 전조등 불빛의 밝기를 함부로 조작하여 앞의 차 또는 노면 전차의 운전을 방해하지 않을 것

5 모든 차 또는 노면 전차의 운전자는 교통이 빈번한 곳에서 운행할 때에는 전조등 불빛의 방향을 계속 아래로 유지해야 한다. 다만, 시 · 도 경찰청장이 교통의 안전과 원활한 소통을 확보하기 위해 필요하다고 인정하여 지정한 지역에서는 그렇지 않다. (영 제20조제2항)

13. 신호의 시기 및 방법(영 제21조, 별표2)

신호를 하는 경우	신호를 하는 시기
좌회전 · 횡단 · 유턴 또는 같은 방향으로 진행하면서 진로를 왼쪽으로 바꾸려는 때	그 행위를 하려는 지점(좌회전할 경우에는 그 교차로의 가장자리)에 이르기 전 30미터(고속도로에서는 100미터) 이상의 지점에 이르렀을 때
우회전 또는 같은 방향으로 진행하면서 진로를 오른쪽으로 바꾸려는 때	그 행위를 하려는 지점(우회전할 경우에는 그 교차로의 가장자리)에 이르기 전 30미터(고속도로에서는 100미터) 이상의 지점에 이르렀을 때
정지할 때	그 행위를 하려는 때
후진할 때	그 행위를 하려는 때
뒤차에게 앞지르기를 시키려는 때	그 행위를 시키려는 때
서행할 때	그 행위를 하려는 때
회전교차로에 진입하려는 때	그 행위를 하려는 지점에 이르기 전 30미터 이상의 지점에 이르렀을 때
회전교차로에서 진출하려는 때	그 행위를 하려는 때

제5절 **운전자, 고용주 등의 의무**

01. 운전자의 금지(법 제43조부터 제46조의3 까지)

① 무면허 운전 등의 금지

② 술에 취한 상태(혈중알코올농도가 0.03% 이상)에서의 운전 금지

③ 과로, 질병 또는 약물 등 정상적인 운전이 불가능한 때의 운전 금지

④ 공동 위험 행위의 금지 : 도로에서 2명 이상이 공동으로 2대 이상의 자동차 등을 정당한 사유 없이 앞뒤로 또는 좌우로 줄지어 통행하면서 다른 사람에게 위해를 끼치거나 교통상의 위험을 발생하게 하는 행위의 금지

⑤ 교통단속용 장비의 기능 방해 금지

⑥ 난폭 운전 금지

02. 운전자의 준수 사항(법 제49조제1항)

모든 차 또는 노면 전차의 운전자는 다음 사항을 지켜야 한다.

1 물이 고인 곳을 운행하는 때에는 고인 물을 튀게 하여 다른 사람에게 피해를 주는 일이 없도록 할 것

2 다음의 어느 하나에 해당하는 때에는 일시정지할 것

① 어린이가 보호자 없이 도로를 횡단하는 때, 어린이가 도로에 앉아 있거나 서 있을 때 또는 어린이가 도로에서 놀이를 할 때 등 어린이에 대한 교통사고의 위험이 있는 것을 발견한 경우

② 앞을 보지 못하는 사람이 흰색 지팡이를 가지거나 장애인보조견을 동반하는 등의 조치를 하고 도로를 횡단하고 있는 경우

③ 지하도나 육교 등 도로 횡단시설을 이용할 수 없는 지체장애인이나 노인 등이 도로를 횡단하고 있는 경우

3 자동차의 앞면 창유리와 운전석 좌우 옆면 창유리의 가시광선의 투과율이 대통령령으로 정하는 기준보다 낮아 교통안전 등에 지장을 줄 수 있는 차를 운전하지 않을 것. (요인 경호용, 구급용 및 장의용 자동차는 제외)

대통령령이 정하는 자동차 창유리 가시광선 투과율의 금지 기준(영 제28조)

앞면 창유리 : 70% 미만 / 운전석 좌우 옆면 창유리 : 40% 미만

4 교통 단속용 장비의 기능을 방해하는 장치를 한 차나 그 밖에 안전 운전에 지장을 줄 수 있는 것으로서 행정안전부령으로 정하는 기준에 적합하지 않은 장치를 한 차를 운전하지 않을 것. (다만 자율 주행 자동차의 신기술 개발을 위한 장치를 장착하는 경우는 제외)

> 🚗 **행정안전부령이 정하는 기준에 적합하지 않은 장치(규칙 제29조)**
> ㉠ 경찰관서에서 사용하는 무전기와 동일한 주파수의 무전기
> ㉡ 긴급 자동차가 아닌 자동차에 부착된 경광등, 사이렌 또는 비상등
> ㉢ 자동차 및 자동차 부품의 성능과 기준에 관한 규칙에서 정하지 아니한 것으로서 안전 운전에 현저히 장애가 될 정도의 장치

5 도로에서 자동차 등(개인형 이동장치는 제외) 또는 노면전차를 세워둔 채 시비·다툼 등의 행위를 하여 다른 차마의 통행을 방해하지 않을 것

6 운전자가 차 또는 노면전차를 떠나는 경우에는 교통사고를 방지하고 다른 사람이 함부로 운전하지 못하도록 필요한 조치를 할 것

7 운전자는 안전을 확인하지 않고 차 또는 노면전차의 문을 열거나 내려서는 안 되며, 동승자가 교통의 위험을 일으키지 않도록 필요한 조치를 할 것

8 운전자는 정당한 사유 없이 다음의 어느 하나에 해당하는 행위를 하여 다른 사람에게 피해를 주는 소음을 발생시키지 않을 것
① 자동차 등을 급히 출발시키거나 속도를 급격히 높이는 행위
② 자동차 등의 원동기의 동력을 차의 바퀴에 전달시키지 아니하고 원동기의 회전수를 증가시키는 행위
③ 반복적이거나 연속적으로 경음기를 울리는 행위

9 운전자는 승객이 차 안에서 안전 운전에 현저히 장해가 될 정도로 춤을 추는 등 소란 행위를 하도록 내버려두고 차를 운행하지 않을 것

10 운전자는 자동차 등 또는 노면전차의 운전 중에는 휴대용 전화(자동차용 전화를 포함)를 사용하지 않을 것. 다만, 다음의 어느 하나에 해당하는 경우에는 그렇지 않다.
① 자동차 등 또는 노면전차가 정지하고 있는 경우
② 긴급 자동차를 운전하는 경우
③ 각종 범죄 및 재해 신고 등 긴급한 필요가 있는 경우
④ 안전 운전에 장애를 주지 아니하는 장치로서 손으로 잡지 않고도 휴대용 전화(자동차용 전화를 포함)를 사용할 수 있도록 해 주는 장치를 이용하는 경우

11 자동차 등 또는 노면전차의 운전 중에는 방송 등 영상물을 수신하거나 재생하는 장치(운전자가 휴대하는 것을 포함, 이하 영상 표시 장치)를 통하여 운전자가 운전 중 볼 수 있는 위치에 영상이 표시되지 않도록 할 것. 다만, 다음의 어느 하나에 해당하는 경우에는 그렇지 않다.
① 자동차 등 또는 노면전차가 정지하고 있는 경우
② 자동차 등 또는 노면전차에 장착하거나 거치하여 놓은 영상 표시 장치에 다음의 영상이 표시되는 경우
㉠ 지리 안내 영상 또는 교통 정보 안내 영상
㉡ 국가 비상사태·재난 상황 등 긴급한 상황을 안내하는 영상
㉢ 운전을 할 때 자동차 등 또는 노면전차의 좌우 또는 전후방을 볼 수 있도록 도움을 주는 영상

12 자동차 등 또는 노면전차의 운전 중에는 영상 표시 장치를 조작하지 않을 것. 다만, 다음의 어느 하나에 해당하는 경우에는 그렇지 않다.
① 자동차 등과 노면전차가 정지하고 있는 경우
② 노면전차 운전자가 운전에 필요한 영상 표시 장치를 조작하는 경우

13 운전자는 자동차의 화물 적재함에 사람을 태우고 운행하지 않을 것

14 그 밖에 시·도 경찰청장이 교통안전과 교통질서 유지에 필요하다고 인정하여 지정·공고한 사항에 따를 것

03. 특정 운전자의 준수 사항 (법 제50조, 규칙 제31조)

자동차(이륜자동차는 제외)를 운전하는 때에는 좌석 안전띠를 매야 하며, 모든 좌석의 동승자에게도 좌석 안전띠(영유아인 경우에는 유아 보호용 장구를 장착한 후의 좌석 안전띠)를 매도록 해야 한다. 다만, 질병 등으로 인하여 좌석 안전띠를 매는 것이 곤란하거나 다음의 사유가 있는 경우에는 그렇지 않다.
① 부상·질병·장애 또는 임신 등으로 인하여 좌석 안전띠의 착용이 적당하지 않다고 인정되는 자가 자동차를 운전하거나 승차하는 때
② 자동차를 후진시키기 위하여 운전하는 때
③ 신장·비만, 그 밖의 신체의 상태에 의하여 좌석 안전띠의 착용이 적당하지 않다고 인정되는 자가 자동차를 운전하거나 승차하는 때
④ 긴급 자동차가 그 본래의 용도로 운행되고 있는 때
⑤ 경호 등을 위한 경찰용 자동차에 의하여 호위되거나 유도되고 있는 자동차를 운전하거나 승차하는 때
⑥ 국민 투표 운동·선거 운동 및 국민 투표·선거 관리 업무에 사용되는 자동차를 운전하거나 승차하는 때
⑦ 우편물의 집배, 폐기물의 수집 그 밖에 빈번히 승강하는 것을 필요로 하는 업무에 종사하는 자가 해당 업무를 위하여 자동차를 운전하거나 승차하는 때
⑧ 여객자동차운수사업법에 의한 여객자동차운송사업용 자동차의 운전자가 승객의 주취·약물 복용 등으로 좌석 안전띠를 매도록 할 수 없거나 승객에게 좌석 안전띠 착용을 안내하였음에도 불구하고 승객이 착용하지 않는 때

04. 어린이 통학 버스의 특별 보호 (법 제51조)

① 어린이 통학 버스가 도로에 정차하여 어린이나 영유아가 타고 내리는 중임을 표시하는 점멸등 등의 장치를 작동 중일 때에는 어린이 통학버스가 정차한 차로와 그 차로의 바로 옆 차로로 통행하는 차의 운전자는 어린이 통학 버스에 이르기 전에 일시정지하여 안전을 확인한 후 서행해야 한다. (제1항)
② 중앙선이 설치되지 않은 도로와 편도 1차로인 도로에서는 반대 방향에서 진행하는 차의 운전자도 어린이 통학 버스에 이르기 전에 일시정지하여 안전을 확인한 후 서행해야 한다. (제2항)
③ 모든 차의 운전자는 어린이나 영유아를 태우고 있다는 표시를 한 상태로 도로를 통행하는 어린이 통학 버스를 앞지르지 못한다. (제3항)

05. 사고 발생 시의 조치 (법 제54조)

1 차 또는 노면 전차의 운전 등 교통으로 인하여 사람을 사상하거나 물건을 손괴(이하 교통사고)한 경우에는 그 차 또는 노면 전차의 운전자나 그 밖의 승무원(이하 운전자 등)은 즉시 정차하여 다음의 각 조치를 해야 한다. (제1항)
① 사상자를 구호하는 등 필요한 조치
② 피해자에게 인적 사항(성명·전화번호·주소 등) 제공

2 그 차 또는 노면 전차의 운전자 등은 경찰 공무원이 현장에 있을 때는 그 경찰 공무원에게, 경찰 공무원이 현장에 없을 때는 가장 가까운 국가경찰관서(지구대·파출소 및 출장소 포함)에 다음의 각 사항을 지체 없이 신고해야 한다. 다만, 차 또는 노면전차만 손괴된 것이 분명하고 도로에서의 위험 방지와 원활한 소통을 위해 필요한 조치를 한 경우는 제외한다. (제2항)
① 사고가 일어난 곳
② 사상자 수 및 부상 정도
③ 손괴한 물건 및 손괴 정도
④ 그 밖의 조치 사항 등

❸ 고장 자동차의 표지(규칙 제40조)

① 자동차의 운전자는 고장이나 그 밖의 사유로 고속도로 또는 자동차 전용 도로(이하 고속도로 등)에서 자동차를 운행할 수 없게 되었을 때는 다음 각 호의 표지를 설치하여야 한다.

㉠ 안전 삼각대

㉡ 사방 500미터 지점에서 식별할 수 있는 적색의 섬광 신호·전기 제등 또는 불꽃 신호. 다만, 밤에 고장이나 그 밖의 사유로 고속 도로 등에서 자동차를 운행할 수 없게 되었을 때로 한정한다.

② 자동차의 운전자는 ①에 따른 표지를 설치하는 경우 그 자동차의 후방에서 접근하는 자동차의 운전자가 확인할 수 있는 위치에 설치 해야 한다.

제6절 고속도로 등 통행 방법

01. 갓길 통행 금지 등(법 제60조)

① 자동차의 운전자는 고속도로 등에서 자동차의 고장 등 부득이한 사 정이 있는 경우를 제외하고는 행정안전부령으로 정하는 차로에 따 라 통행해야 하며, 갓길(「도로법」에 따른 길어깨)로 통행해서는 안 된다. 다만, 다음의 어느 하나에 해당하는 경우에는 그렇지 않다.

㉠ 긴급 자동차와 고속도로 등의 보수·유지 등의 작업을 하는 자동 차를 운전하는 경우

㉡ 차량 정체 시 신호기 또는 경찰 공무원 등의 신호나 지시에 따라 갓길에서 자동차를 운전하는 경우

② 자동차의 운전자는 고속도로에서 다른 차를 앞지르려면 방향 지시 기, 등화 또는 경음기를 사용하여 행정안전부령으로 정하는 차로로 안전하게 통행해야 한다.

02. 횡단·통행 등의 금지 등(법 제62조, 제63조)

① 자동차의 운전자는 그 차를 운전하여 고속도로 등을 횡단하거나 유 턴 또는 후진해서는 안 된다. 다만, 긴급 자동차 또는 도로의 보 수·유지 등의 작업을 하는 자동차 가운데 고속도로 등에서의 위험 을 방지·제거하거나 교통사고에 대한 응급 조치 작업을 위한 자동 차로서 그 목적을 위하여 반드시 필요한 경우에는 그렇지 않다.

② 자동차(이륜자동차는 긴급 자동차만 해당) 외의 차마의 운전자 또 는 보행자는 고속도로 등을 통행하거나 횡단해서는 안 된다.

03. 정차 및 주차의 금지(법 제64조)

자동차의 운전자는 고속도로 등에서 차를 정차 또는 주차시켜서는 안 된다. 다만, 다음의 어느 하나에 해당하는 경우에는 그렇지 않다.

① 법령의 규정 또는 경찰 공무원의 지시에 따르거나 위험을 방지하기 위하여 일시 정차 또는 주차시키는 경우

② 정차 또는 주차할 수 있도록 안전표지를 설치한 곳이나 정류장에서 정차 또는 주차시키는 경우

③ 고장이나 그 밖의 부득이한 사유로 길 가장자리 구역(갓길 포함)에 정차 또는 주차시키는 경우

④ 통행료를 내기 위해 통행료를 받는 곳에서 정차하는 경우

⑤ 도로의 관리자가 고속도로 등을 보수·유지 또는 순회하기 위해 정 차 또는 주차시키는 경우

⑥ 경찰용 긴급 자동차가 고속도로 등에서 범죄 수사, 교통 단속이나 그 밖의 경찰 임무를 수행하기 위해 정차 또는 주차시키는 경우

⑦ 소방차가 고속도로 등에서 화재 진압 및 인명 구조·구급 등 소방 활동, 소방 지원 활동 및 생활 안전 활동을 수행하기 위해 정차 또

는 주차시키는 경우

⑧ 경찰용 긴급 자동차 및 소방차를 제외한 긴급 자동차가 사용 목적을 달성하기 위해 정차 또는 주차시키는 경우

⑨ 교통이 밀리거나 그 밖의 부득이한 사유로 움직일 수 없을 때에 고 속도로 등의 차로에 일시 정차 또는 주차시키는 경우

04. 고속도로 등에서의 준수 사항(법 제67조)

고속도로 등을 운행하는 자동차의 운전자는 교통의 안전과 원활한 소통 을 확보하기 위하여 고장 자동차의 표지를 항상 비치하며, 고장이나 그 밖의 부득이한 사유로 자동차를 운행할 수 없게 되었을 때는 자동차를 도로의 우측 가장자리에 정지시키고 그 표지를 설치해야 한다.

제7절 교통안전 교육

01. 특별 교통안전 의무 교육 대상(법 제73조제2항)

❶ 운전면허취소 처분을 받은 사람으로서 운전면허를 다시 받으려는 사람

※ 다음의 경우에 해당하여 운전면허취소 처분을 받은 사람은 제외

① 적성(정기, 수시) 검사를 받지 아니하거나 불합격한 경우(법 제93 조제1항제9호)

② 운전면허를 실효시킬 목적으로 자진하여 운전면허를 반납하는 경우 (제20호)

❷ 다음의 경우에 해당하여 운전면허효력정지 처분을 받게 되거나 받은 사람으로서 그 정지 기간이 끝나지 않은 사람

① 술에 취한 상태에서 자동차 등을 운전한 경우(법 제93조제1항제1호)

② 공동 위험 행위를 한 경우(제5호)

③ 난폭 운전을 한 경우(제5의2)

④ 운전 중 고의 또는 과실로 교통사고를 일으킨 경우(제10호)

⑤ 자동차 등을 이용하여 특수 상해·특수 폭행·특수 협박 또는 특수 손괴를 위반하는 행위를 한 경우(제10의2)

❸ 운전면허취소 처분 또는 운전면허효력정지 처분(❷의 ①∼⑤까지 위 반자)이 면제된 사람으로서 면제된 날부터 1개월이 지나지 않은 사람

❹ 운전면허효력정지 처분을 받게 되거나 받은 초보 운전자로서 그 정지 기간이 끝나지 않은 사람

❺ 어린이 보호 구역에서 운전 중 어린이를 사상하는 사고를 유발하여 벌점을 받은 날부터 1년 이내의 사람

02. 특별 교통안전 교육(영 제38조)

❶ 특별 교통안전 의무 교육 및 특별 교통안전 권장 교육은 다음의 각 사 항에 대하여 강의·시청각 교육 또는 현장 체험 교육 등의 방법으로 3시간 이상 48시간 이하로 각각 실시한다. (제2항)

① 교통질서   ② 교통사고와 그 예방

③ 안전 운전의 기초   ④ 교통 법규와 안전

⑤ 운전면허 및 자동차 관리

⑥ 그 밖에 교통안전의 확보를 위하여 필요한 사항

❷ 특별 교통안전 의무 교육 및 특별 교통안전 권장 교육은 도로교통공 단에서 실시한다. (제3항)

03. 특별 교통안전 의무 교육의 연기(제5항)

01의 ❷∼❺까지의 규정에 해당하는 사람이 다음의 어느 하나에 해당 하는 사유로 특별 교통안전 의무 교육을 받을 수 없을 때에는 특별 교

통안전 의무 교육 연기 신청서에 그 연기 사유를 증명할 수 있는 서류를 첨부하여 경찰서장에게 제출해야 한다. 이 경우 특별 교통안전 의무 교육을 연기 받은 사람은 그 사유가 없어진 날부터 30일 이내에 특별교통안전 의무 교육을 받아야 한다.

① 질병이나 부상으로 인하여 거동이 불가능한 경우
② 법령에 따라 신체의 자유를 구속당한 경우
③ 그 밖에 부득이하다고 인정할 만한 상당한 이유가 있는 경우

04. 특별 교통안전 권장 교육(법 제73조제3항)

다음의 어느 하나에 해당하는 사람이 시·도 경찰청장에게 신청하는 경우에는 특별 교통안전 권장 교육을 받을 수 있다. 이 경우 권장 교육을 받기 전 1년 이내에 해당 교육을 받지 않은 사람에 한정한다.

① 교통법규 위반 등 위 앞의 **01**의 **②~④**에 따른 사유 외의 사유로 인하여 운전면허효력정지 처분을 받게 되거나 받은 사람
② 교통 법규 위반 등으로 인하여 운전면허효력정지 처분을 받을 가능성이 있는 사람
③ 특별 교통안전 의무 교육을 받은 사람
④ 운전면허를 받은 사람 중 교육을 받으려는 날에 65세 이상인 사람

제8절 운전면허

01. 운전면허 종별에 따라 운전할 수 있는 차량
(규칙 제53조, 별표18)

운전면허		운전할 수 있는 차량
종별	구분	
제1종	대형 면허	① 승용 자동차 ② 승합자동차 ③ 화물 자동차 ④ 건설 기계 　㉠ 덤프 트럭, 아스팔트 살포기, 노상 안정기 　㉡ 콘크리트믹서 트럭, 콘크리트 펌프, 천공기(트럭 적재식) 　㉢ 콘크리트믹서 트레일러, 아스팔트콘크리트 재생기 　㉣ 도로보수 트럭, 3톤 미만의 지게차 ⑤ 특수 자동차 (대형 견인차, 소형 견인차 및 구난차는 제외) ⑥ 원동기 장치 자전거
제1종	보통 면허	① 승용 자동차 ② 승차 정원 15명 이하의 승합자동차 ③ 적재 중량 12톤 미만의 화물 자동차 ④ 건설 기계 (도로를 운행하는 3톤 미만의 지게차로 한정) ⑤ 총중량 10톤 미만의 특수 자동차 (구난차 등은 제외) ⑥ 원동기 장치 자전거
제1종	소형 면허	① 3륜 화물 자동차 ② 3륜 승용 자동차 ③ 원동기 장치 자전거
제1종	특수 면허 / 대형 견인차	① 견인형 특수 자동차 ② 제2종 보통 면허로 운전할 수 있는 차량
제1종	특수 면허 / 소형 견인차	① 총중량 3.5톤 이하의 견인형 특수 자동차 ② 제2종 보통 면허로 운전할 수 있는 차량
제1종	특수 면허 / 구난차	① 구난형 특수 자동차 ② 제2종 보통 면허로 운전할 수 있는 차량
제2종	보통면허	① 승용자동차 ② 승차정원 10명 이하의 승합자동차 ③ 적재중량 4톤 이하의 화물자동차 ④ 총중량 3.5톤 이하의 특수자동차(구난차등은 제외한다) ⑤ 원동기장치자전거
제2종	소형면허	① 이륜자동차(측차부를 포함한다) ② 원동기 장치 자전거
제2종	원동기 장치 자전거 면허	원동기 장치 자전거

02. 운전면허를 받을 수 없는 사람(법 제82조, 영 제42조)

① 18세 미만(원동기 장치 자전거의 경우에는 16세 미만)인 사람
② 교통상의 위험과 장해를 일으킬 수 있는 정신 질환자 또는 뇌전증 환자로서 대통령령으로 정하는 사람
③ 듣지 못하는 사람(제1종 운전면허 중 대형 면허·특수 면허만 해당), 앞을 보지 못하는 사람(한쪽 눈만 보지 못하는 사람의 경우에는 제1종 운전면허 중 대형 면허·특수 면허만 해당)이나 그 밖에 대통령령으로 정하는 신체장애인
④ 양쪽 팔의 팔꿈치관절 이상을 잃은 사람이나 양쪽 팔을 전혀 쓸 수 없는 사람. 다만, 본인의 신체장애 정도에 적합하게 제작된 자동차를 이용하여 정상적인 운전을 할 수 있는 경우에는 그렇지 않다.
⑤ 교통상의 위험과 장해를 일으킬 수 있는 마약·대마·향정신성 의약품 또는 알코올 중독자로서 대통령령으로 정하는 사람
⑥ 제1종 대형 면허 또는 제1종 특수 면허를 받으려는 경우로서 19세 미만이거나 자동차(이륜자동차는 제외)의 운전 경험이 1년 미만인 사람
⑦ 대한민국의 국적을 가지지 않은 사람 중 외국인 등록을 하지 않은 사람(외국인 등록이 면제된 사람은 제외)이나 국내 거소 신고를 하지 않은 사람

03. 응시 제한 기간(법 제82조제2항)

제한 기간	사유
운전면허가 취소된 날부터 5년간	주취 중 운전, 과로 운전, 공동 위험 행위 운전(무면허 운전 또는 운전면허 결격 기간 중 운전 위반 포함)으로 사람을 사상한 후 구호 및 신고 조치를 하지 않아 취소된 경우
	주취 중 운전 (무면허 운전 또는 운전면허 결격 기간 중 운전 포함)으로 사람을 사망에 이르게 하여 취소된 경우
운전면허가 취소된 날부터 4년간	무면허 운전, 주취 중 운전, 과로 운전, 공동 위험 행위 운전 외의 다른 사유로 사람을 사상한 후 구호 및 신고 조치를 하지 않아 취소된 경우
그 위반한 날부터 3년간	• 주취 중 운전 (무면허 운전 또는 운전면허 결격 기간 중 운전을 위반한 경우 포함)을 하다가 2회 이상 교통사고를 일으켜 운전면허가 취소된 경우 • 자동차를 이용하여 범죄 행위를 하거나 다른 사람의 자동차를 훔치거나 빼앗은 사람이 무면허로 그 자동차를 운전한 경우
운전면허가 취소된 날부터 2년간	• 주취 중 운전 또는 주취 중 음주운전 불응 2회 이상(무면허 운전 또는 운전면허 결격 기간 중 운전을 위반한 경우 포함) 위반하여 취소된 경우 • 위의 경우로 교통사고를 일으킨 경우 • 공동 위험 행위 금지 2회 이상 위반(무면허 운전 또는 운전면허 결격 기간 중 운전 포함) • 무자격자 면허 취득, 거짓이나 부정 면허 취득, 운전면허효력정지 기간 중 운전면허증 또는 운전면허증을 갈음하는 증명서를 발급받아 운전을 하다가 취소된 경우 • 다른 사람의 자동차 등을 훔치거나 빼앗아 운전면허가 취소된 경우 • 운전면허 시험에 대신 응시하여 운전면허가 취소된 경우
그 위반한 날부터 2년간	무면허 운전 등의 금지, 운전면허 응시 제한 기간 규정을 3회 이상 위반하여 자동차등을 운전한 경우
운전면허가 취소된 날부터 1년간	상기 경우가 아닌 다른 사유로 면허가 취소된 경우(원동기 장치 자전거 면허를 받으려는 경우는 6개월로 하되, 공동 위험 행위 운전 위반으로 취소된 경우에는 1년)
그 위반한 날부터 1년간	무면허 운전 등의 금지, 운전면허 응시 제한 기간 규정을 위반하여 자동차등을 운전한 경우
제한 없음	• 적성 검사를 받지 않거나 그 적성 검사에 불합격하여 운전면허가 취소된 사람 • 제1종 운전면허를 받은 사람이 적성 검사에 불합격하여 다시 제2종 운전면허를 받으려는 경우
그 정지 기간	• 운전면허효력정지 처분을 받고 있는 경우
그 금지 기간	• 국제 운전면허증 또는 상호 인정 면허증으로 운전하는 운전자가 운전 금지 처분을 받은 경우

제9절 운전면허의 행정 처분 및 범칙 행위

01. 벌점의 관리 (규칙 제91조, 별표28)

1 누산 점수의 관리

법규 위반 또는 교통사고로 인한 벌점은 행정 처분 기준을 적용하고자 하는 당해 위반 또는 사고가 있었던 날을 기준으로 하여 과거 3년간의 모든 벌점을 누산하여 관리한다.

2 무위반·무사고 기간 경과로 인한 벌점 소멸

처분 벌점이 40점 미만인 경우에 최종의 위반일 또는 사고일로부터 위반 및 사고 없이 1년이 경과한 때에는 그 처분 벌점은 소멸한다.

3 벌점 공제

다음의 경우, 특혜점수가 부여되며 기간에 관계없이 정지 또는 취소처분을 받게 될 경우 누산점수에서 공제된다.

① 인적피해가 있는 교통사고를 야기하고 도주한 차량의 운전자(교통사고의 피해자가 아닌 경우로 한정)를 검거하거나 신고 : 40점(40점 단위 공제)

② 경찰청장이 정하여 고시하는 바에 따라 무위반·무사고 서약을 하고 1년간 이를 실천한 운전자 : 10점(10점 단위 공제)

㉠ 다만, 교통사고로 사람을 사망에 이르게 하거나, 음주운전, 난폭운전, 특수상해, 특수폭행, 특수협박, 특수손괴 등 자동차 등을 이용한 범죄 중 어느 하나에 해당하는 사유로 정지처분을 받게 될 경우에는 공제할 수 없다.

02. 벌점 등 초과로 인한 운전면허의 취소·정지

1 면허취소

1회의 위반·사고로 인한 벌점 또는 연간 누산 점수가 다음의 벌점 또는 누산 점수에 도달한 때에는 그 운전면허를 취소

기간	벌점 또는 누산 점수
1년간	121점 이상
2년간	201점 이상
3년간	271점 이상

2 면허정지

운전면허정지 처분은 1회의 위반·사고로 인한 벌점 또는 처분 벌점이 40점 이상이 된 때부터 결정하여 집행하되, 원칙적으로 1점을 1일로 계산하여 집행한다.

03. 취소 처분 개별 기준

위반 사항	내 용
교통사고를 일으키고 구호 조치를 하지 않은 때	교통사고로 사람을 죽게 하거나 다치게 하고, 구호조치를 하지 아니한 때
술에 취한 상태에서 운전한 때	• 술에 취한 상태의 기준(혈중알코올농도 0.03% 이상)을 넘어서 운전을 하다가 교통사고로 사람을 죽게 하거나 다치게 한 때 • 혈중알코올농도 0.08% 이상에서 운전한 때 • 술에 취한 상태의 기준을 넘어 운전하거나 술에 취한 상태의 측정에 불응한 사람이 다시 술에 취한 상태(혈중알코올농도 0.03% 이상)에서 운전한 때
술에 취한 상태의 측정에 불응한 때	술에 취한 상태에서 운전하거나 술에 취한 상태에서 운전하였다고 인정할 만한 상당한 이유가 있음에도 불구하고 경찰공무원의 측정 요구에 불응한 때

위반 사항	내용
다른 사람에게 운전면허증 대여 (도난, 분실 제외)	• 면허증 소지자가 다른 사람에게 면허증을 대여하여 운전하게 한 때 • 면허 취득자가 다른 사람의 면허증을 대여 받거나 그 밖에 부정한 방법으로 입수한 면허증으로 운전한 때
결격 사유에 해당	• 교통상의 위험과 장해를 일으킬 수 있는 정신 질환자 또는 뇌전증 환자로서 정상적인 운전을 할 수 없다고 해당분야 전문의가 인정하는 사람 • 앞을 보지 못하는 사람 (한쪽 눈만 보지 못하는 사람의 경우에는 제1종 운전면허 중 대형 면허·특수 면허로 한정) • 듣지 못하는 사람 (제1종 운전면허 중 대형 면허·특수 면허로 한정) • 양팔의 팔꿈치관절 이상을 잃은 사람, 또는 양팔을 전혀 쓸 수 없는 사람. 다만, 본인의 신체장애 정도에 적합하게 제작된 자동차를 이용하여 정상적으로 운전할 수 있는 경우에는 그러하지 아니하다. • 다리, 머리, 척추 그 밖의 신체장애로 인하여 앉아 있을 수 없는 사람 • 교통상의 위험과 장해를 일으킬 수 있는 마약, 대마, 향정신성 의약품 또는 알코올 중독자로서 정상적인 운전을 할 수 없다고 해당분야 전문의가 인정하는 사람
약물을 사용한 상태에서 자동차 등을 운전한 때	약물 투약·흡연·섭취·주사 등으로 정상적인 운전을 하지 못할 염려가 있는 상태에서 자동차 등을 운전한 때
공동 위험 행위	공동 위험 행위로 구속된 때
난폭 운전	난폭 운전으로 구속된 때
속도 위반	최고 속도보다 100km/h를 초과한 속도로 3회 이상 운전한 때
정기 적성 검사 불합격 또는 정기 적성 검사 기간 1년 경과	정기 적성 검사에 불합격하거나 적성 검사 기간 만료일 다음 날부터 적성 검사를 받지 않고 1년을 초과한 때
수시 적성 검사 불합격 또는 수시 적성 검사 기간 경과	수시 적성 검사에 불합격하거나 수시 적성 검사 기간을 초과한 때
운전면허 행정 처분 기간 중 운전 행위	운전면허 행정 처분 기간 중에 운전한 때
허위 또는 부정한 수단으로 운전면허를 받은 경우	• 허위·부정한 수단으로 운전면허를 받은 때 • 운전면허 결격 사유에 해당하여 운전면허를 받을 자격이 없는 사람이 운전면허를 받은 때 • 운전면허 효력의 정지 기간 중에 면허증 또는 운전면허증에 갈음하는 증명서를 교부받은 사실이 드러난 때
등록 또는 임시운행 허가를 받지 않은 자동차를 운전한 때	자동차관리법에 따라 등록되지 않거나 임시 운행 허가를 받지 않은 자동차(이륜자동차 제외)를 운전한 때
자동차 등을 이용하여 형법상 특수 상해 등을 행할 때 (보복 운전)	자동차 등을 이용하여 형법상 특수 상해, 특수 폭행, 특수 협박, 특수 손괴를 행하여 구속된 때
다른 사람을 위하여 운전면허 시험에 응시한 때	운전면허를 가진 사람이 다른 사람을 부정하게 합격시키기 위하여 운전면허 시험에 응시한 때
운전자가 단속 경찰 공무원 등에 대한 폭행	단속하는 경찰 공무원 등 및 시·군·구 공무원을 폭행하여 형사 입건된 때
연습면허 취소 사유가 있었던 경우	제1종 보통 및 제2종 보통 면허를 받기 이전에 연습 면허의 취소 사유가 있었던 때 (연습 면허에 대한 취소 절차 진행 중 제1종 보통 및 제2종 보통면허를 받은 경우를 포함)

04. 정지 처분 개별 기준

1 도로교통법이나 도로교통법에 의한 명령을 위반한 때

위반 사항	벌 점
• 속도위반 (100km/h 초과) • 술에 취한 상태의 기준을 넘어서 운전한 때 (혈중알코올농도 0.03% 이상 0.08% 미만) • 자동차 등을 이용하여 형법상 특수상해 등 (보복 운전)을 하여 입건된 때	100
• 속도위반 (80km/h 초과 100km/h 이하)	80

• 속도위반 (60km/h 초과 80km/h 이하)	60
• 정차·주차 위반에 대한 조치 불응 (단체에 소속되거나 다수인에 포함되어 경찰 공무원의 3회 이상의 이동 명령에 따르지 않고 교통을 방해한 경우에 한함) • 공동 위험 행위로 형사 입건된 때 • 난폭 운전으로 형사 입건된 때 • 안전운전 의무 위반 (단체에 소속되거나 다수인에 포함되어 경찰 공무원의 3회 이상의 안전운전 지시에 따르지 않고 타인에게 위험과 장해를 주는 속도나 방법으로 운전한 경우에 한함) • 승객의 차내 소란 행위 방치 운전 • 출석 기간 또는 범칙금 납부 기간 만료일부터 60일이 경과될 때까지 즉결 심판을 받지 않은 때	40
• 통행 구분 위반 (중앙선 침범에 한함) • 속도위반 (40km/h 초과 60km/h 이하) • 철길 건널목 통과 방법 위반 • 회전 교차로 통행 방법 위반(통행 방향 위반에 한정) • 어린이 통학 버스 특별 보호 위반 • 어린이 통학 버스 운전자의 의무 위반 (좌석 안전띠를 매도록 하지 않은 운전자는 제외) • 고속도로·자동차 전용 도로 갓길 통행 • 고속도로 버스 전용 차로·다인승 전용 차로 통행 위반 • 운전면허증 등의 제시 의무 위반 또는 운전자 신원 확인을 위한 경찰 공무원의 질문에 불응	30
• 신호·지시 위반 • 속도위반 (20km/h 초과 40km/h 이하) • 속도위반 (어린이 보호 구역 안에서 오전 8시부터 오후 8시까지 사이에 제한 속도를 20km/h 이내에서 초과한 경우에 한정) • 앞지르기 금지 시기·장소 위반 • 적재 제한 위반 또는 적재물 추락 방지 위반 • 운전 중 휴대용 전화 사용 • 운전 중 운전자가 볼 수 있는 위치에 영상 표시 • 운전 중 영상 표시 장치 조작 • 운행 기록계 미설치 자동차 운전 금지 등의 위반	15
• 통행 구분 위반 (보도 침범, 보도 횡단 방법 위반) • 차로 통행 준수 의무 위반, 지정차로 통행 위반 (진로 변경 금지 장소에서의 진로 변경 포함) • 일반도로 전용차로 통행 위반 • 안전거리 미확보 (진로 변경 방법 위반 포함) • 앞지르기 방법 위반 • 보행자 보호 불이행 (정지선 위반 포함) • 승객 또는 승하차자 추락 방지 조치 위반 • 안전운전 의무 위반 • 노상 시비·다툼 등으로 차마의 통행 방해 행위 • 자율주행자동차 운전자의 준수 사항 위반 • 돌·유리병·쇳조각이나 그 밖에 도로에 있는 사람이나 차마를 손상시킬 우려가 있는 물건을 던지거나 발사하는 행위 • 도로를 통행하고 있는 차마에서 밖으로 물건을 던지는 행위	10

② 자동차 등의 운전 중 교통사고를 일으킨 때

구분		벌점	내용
인적 피해 교통 사고	사망 1명마다	90	사고 발생 시부터 72시간 이내에 사망한 때
	중상 1명마다	15	3주 이상의 치료를 요하는 의사의 진단이 있는 사고
	경상 1명마다	5	3주 미만 5일 이상의 치료를 요하는 의사의 진단이 있는 사고
	부상신고 1명마다	2	5일 미만의 치료를 요하는 의사의 진단이 있는 사고

① 교통사고 발생 원인이 불가항력이거나 피해자의 명백한 과실인 때에는 행정 처분을 하지 않음
② 자동차 등 대 사람의 교통사고의 경우 **쌍방과실**인 때에는 그 벌점을 2분의 1로 감경
③ 자동차 등 대 자동차 등의 교통사고의 경우 그 사고 원인 중 중한 위반 행위를 한 운전자만 적용
④ 교통사고로 인한 벌점 산정에 있어서 **처분 받을 운전자 본인의 피해**에 대하여는 벌점을 산정하지 않음

05. 범칙 행위 및 범칙 금액(영 제93조, 별표8)

범칙 행위	범칙 금액
• 속도위반 (60km/h 초과) • 어린이 통학 버스 운전자의 의무 위반 (좌석 안전띠를 매도록 하지 않은 경우는 제외) • 인적 사항 제공 의무 위반 (주·정차된 차만 손괴한 것이 분명한 경우에 한정)	1) 승합 자동차 등 : 13만원 2) 승용 자동차 등 : 12만원
• 속도위반 (40km/h 초과 60km/h 이하) • 승객의 차 안 소란 행위 방치 운전 • 어린이 통학버스 특별 보호 위반	1) 승합 자동차 등 : 10만원 2) 승용 자동차 등 : 9만원
• 안전표지가 설치된 곳에서의 정차·주차 금지 위반	1) 승합 자동차 등 : 9만원 2) 승용 자동차 등 : 8만원
• 신호·지시 위반 • 중앙선 침범, 통행 구분 위반 • 속도위반 (20km/h 초과 40km/h 이하) • 횡단·유턴·후진 위반 • 앞지르기 방법 위반 • 앞지르기 금지 시기·장소 위반 • 철길 건널목 통과 방법 위반 • 회전교차로 통행방법 위반 • 횡단보도 보행자 횡단 방해 (신호 또는 지시에 따라 도로를 횡단하는 보행자의 통행 방해와 어린이 보호 구역에서의 일시 정지 위반을 포함) • 보행자 전용 도로 통행 위반 (보행자 전용 도로 통행 방법 위반을 포함한다) • 긴급 자동차에 대한 양보·일시정지 위반 • 긴급한 용도나 그 밖에 허용된 사항 외에 경광등이나 사이렌 사용 • 승차 인원 초과, 승객 또는 승하차자 추락 방지 조치 위반 • 어린이·앞을 보지 못하는 사람 등의 보호 위반 • 운전 중 휴대용 전화사용 • 운전 중 운전자가 볼 수 있는 위치에 영상 표시 • 운전 중 영상 표시 장치 조작 • 운행기록계 미설치 자동차 운전 금지 등의 위반 • 고속도로·자동차 전용 도로 갓길 통행 • 고속도로 버스 전용 차로·다인승 전용 차로 통행 위반	1) 승합 자동차 등 : 7만원 2) 승용 자동차 등 : 6만원
• 통행 금지 제한 위반 • 일반도로 전용 차로 통행 위반 • 노면전차 전용로 통행 위반 • 고속도로·자동차 전용 도로 안전 거리 미확보 • 앞지르기의 방해 금지 위반 • 교차로 통행 방법 위반 • 회전 교차로 진입·진행 방법 위반 • 교차로에서의 양보 운전 위반 • 보행자의 통행 방해 또는 보호 불이행 • 정차·주차 금지 위반 (안전표지가 설치된 곳에서의 정차·주차 금지 위반은 제외) • 주차 금지 위반 • 정차·주차 방법 위반 • 경사진 곳에서의 정차·주차 방법 위반 • 정차·주차 위반에 대한 조치 불응 • 적재 제한 위반, 적재물 추락 방지 위반 또는 영유아나 동물을 안고 운전하는 행위 • 안전 운전 의무 위반 • 도로에서의 시비·다툼 등으로 인한 차마의 통행 방해 행위 • 급발진, 급가속, 엔진 공회전 또는 반복적·연속적인 경음기 울림으로 인한 소음 발생 행위 • 화물 적재함에의 승객 탑승 운행 행위 • 자율주행자동차 운전자의 준수 사항 위반 • 고속도로 지정차로 통행 위반 • 고속도로·자동차 전용 도로 횡단·유턴·후진 위반 • 고속도로·자동차 전용 도로 정차·주차 금지 위반 • 고속도로 진입 위반 • 고속도로·자동차 전용 도로에서의 고장 등의 경우 조치 불이행	1) 승합 자동차 등 : 5만원 2) 승용 자동차 등 : 4만원

• 혼잡 완화 조치 위반 • 차로 통행 준수 의무 위반, 지정차로 통행 위반, 차로 너비보다 넓은 차 통행 금지 위반(진로 변경 금지 장소에서의 진로 변경을 포함) • 속도위반 (20km/h 이하) • 진로 변경 방법 위반 • 급제동 금지 위반 • 끼어들기 금지 위반 • 서행 의무 위반 • 일시정지 위반 • 방향 전환 · 진로 변경 및 회전 교차로 진입 · 진출 시 신호 불이행 • 운전석 이탈 시 안전 확보 불이행 • 동승자 등의 안전을 위한 조치 위반 • 시 · 도 경찰청 지정 · 공고 사항 위반 • 좌석 안전띠 미착용 • 이륜자동차 · 원동기 장치 자전거(개인형 이동 장치는 제외) 인명 보호 장구 미착용 • 등화 점등 불이행 · 발광 장치 미착용(자전거 운전자는 제외) • 어린이 통학 버스와 비슷한 도색 · 표지 금지 위반	1) 승합 자동차 등 : 3만원 2) 승용 자동차 등 : 3만원
• 최저 속도위반 • 일반 도로 안전 거리 미확보 • 등화 점등 · 조작 불이행 (안개가 끼거나 비 또는 눈이 올 때는 제외) • 불법부착장치 차 운전(교통단속용 장비의 기능을 방해하는 장치를 한 차의 운전은 제외) • 사업용 승합자동차 또는 노면전차의 승차 거부 • 택시의 합승(장기 주차 · 정차하여 승객을 유치하는 경우로 한정) · 승차 거부 · 부당 요금 징수 행위	1) 승합 자동차 등 : 2만원 2) 승용 자동차 등 : 2만원
• 돌, 유리병, 쇳조각, 그 밖에 도로에 있는 사람이나 차마를 손상시킬 우려가 있는 물건을 던지거나 발사하는 행위 • 도로를 통행하고 있는 차마에서 밖으로 물건을 던지는 행위	모든 차마 : 5만원
• 특별 교통안전 교육의 미이수 – 과거 5년 이내에 술에 취한 상태에서의 운전 금기 규정을 1회 이상 위반하였던 사람으로서 다시 같은 조를 위반하여 운전면허효력정지 처분을 받게 되거나 받은 사람이 그 처분 기간이 끝나기 전에 특별 교통안전 교육을 받지 않은 경우 – 위의 항목 외의 경우	차종 구분 없음 : 15만원 10만원
• 경찰관의 실효된 면허증 회수에 대한 거부 또는 방해	차종 구분 없음 : 3만원

제3장 교통사고 처리 특례법령

제1절 특례의 적용

01. 교통사고 처리 특례법의 목적 (법 제1조)

교통사고 처리 특례법은 업무상 과실(業務上過失) 또는 중대한 과실로 교통사고를 일으킨 운전자에 관한 형사처벌 등의 특례를 정함으로써 교통사고로 인해 피해의 신속한 회복을 촉진하고 국민 생활의 편익을 증진함을 목적으로 한다.

02. 교통사고 운전자의 처벌

차의 교통으로 인한 사고가 발생하여 운전자를 형사 처벌하여야 하는 경우에 적용되는 법이다.
① 업무상 과실 또는 중과실로 사람을 사상한 때에는 5년 이하의 금고 또는 2천만 원 이하의 벌금에 처한다.(형법 제268조)
② 건조물 또는 재물을 손괴한 때에는 2년 이하의 금고나 5백만 원 이하의 벌금에 처한다.(도로 교통법 제151조)

③ 교통사고의 조건 : ㉠ 차에 의한 사고, ㉡ 피해의 결과 발생(사람 사상 또는 물건 손괴), ㉢ 교통으로 인하여 발생한 사고

03. 교통사고 처벌의 특례

피해자와 합의(불벌 의사)하거나 종합 보험 또는 공제에 가입한 경우, 다음의 죄에는 특례의 적용을 받아 형사 처벌을 하지 않는다.(공소권 없음, 반의사 불벌죄)
① 업무상 과실 치상죄
② 중과실 치상죄
③ 다른 사람의 건조물이나 그 밖의 재물을 손괴한 경우
※ 보험 또는 공제에 가입된 사실은 보험 회사, 또는 공제 사업자가 작성한 서면에 의하여 증명되어야 한다.(법 제4조제3항)

04. 특례 적용 제외자 (형사 처벌 대상이 되는 경우 = 공소권 있음)

종합 보험(공제)에 가입되었고, 피해자가 처벌을 원하지 않아도 다음의 경우에는 특례의 적용을 받지 못하고 형사 처벌을 받는다.
① 사망 사고
② 교통사고 야기 후 도주 또는 사고 장소로부터 옮겨 유기하고 도주한 경우
③ 차의 교통으로 업무상 과실 치상죄 또는 중과실 치상죄를 범하고, 음주 측정에 불응한 경우(운전자가 채혈 측정을 요청하거나 동의한 경우는 제외)
④ 신호 · 지시 위반 사고
⑤ 중앙선 침범 사고(고속도로 등에서 횡단, 유턴 또는 후진 사고)
⑥ 과속(제한 속도 20km/h 초과) 사고
⑦ 앞지르기 방법 · 금지 시기 · 장소 또는 끼어들기의 금지를 위반하거나 고속도로에서의 앞지르기 방법 위반 사고
⑧ 철길 건널목 통과 방법 위반 사고
⑨ 횡단보도에서 보행자 보호 의무 위반 사고
⑩ 무면허 운전 중 사고
⑪ 주취 · 약물 복용 운전 사고
⑫ 보도 침범 · 통행 방법 위반 사고
⑬ 승객 추락 방지 의무 위반 사고
⑭ 어린이 보호 구역 내 어린이 보호 의무 위반 사고
⑮ 자동차의 화물이 떨어지지 아니하도록 필요한 조치를 하지 아니하고 운전한 경우
⑯ 민사상 손해 배상을 하지 않은 경우
⑰ 중상해 사고를 유발하고 형사상 합의가 안 된 경우

> **중상해의 범위**
> ① 생명에 대한 위험 : 뇌 또는 주요 장기에 중대한 손상
> ② 불구 : 사지 절단 등 또는 시각 · 청각 · 언어 · 생식 기능 등 중요한 신체 기능의 영구적 상실
> ③ 불치(不治)나 난치(難治)의 질병 : 중증의 정신 장애 · 하반신 마비 등 중대 질병

05. 사고 운전자 가중 처벌 (특정 범죄 가중 처벌 등에 관한 법률 제5조의3, 제5조의11)

1 사고 운전자가 피해자를 구호하는 등의 조치를 하지 아니하고 도주한 경우
① 피해자를 사망에 이르게 하고 도주하거나, 도주 후에 피해자가 사망한 경우 : 무기 또는 5년 이상의 징역
② 피해자를 상해에 이르게 한 경우 : 1년 이상의 유기 징역 또는 5백만 원 이상 3천만 원 이하의 벌금

2 사고 운전자가 피해자를 사고 장소로부터 옮겨 유기하고 도주한 경우

① 피해자를 사망에 이르게 하고 도주하거나, 도주 후에 피해자가 사망한 경우 : 사형, 무기 또는 5년 이상의 징역

② 피해자를 상해에 이르게 한 경우 : 3년 이상의 유기 징역

3 위험 운전 치 · 사상의 경우

① 음주 또는 약물의 영향으로 정상적인 운전이 곤란한 상태에서 자동차(원동기 장치 자전거 포함)를 운전하여 사람을 사망에 이르게 한 경우 : 무기 또는 3년 이상의 징역

② 사람을 상해에 이르게 한 경우 : 1년 이상 15년 이하의 징역 또는 1천만 원 이상 3천만 원 이하의 벌금

제2절　중대 교통사고 유형 및 대처 방법

01. 사망 사고 정의

① 교통사고에 의한 사망은 교통사고가 주된 원인이 되어 교통사고 발생 시부터 30일 이내에 사람이 사망한 사고를 말한다.

② 도로 교통법상 교통사고 발생 후 72시간 내 사망하면 벌점 90점이 부과되며, 교통사고 처리 특례법상 형사적 책임이 부과된다.

02. 도주 (뺑소니)인 경우

① 피해자 사상 사실을 인식하거나 예견됨에도 가버린 경우

② 피해자를 사고 현장에 방치한 채 가버린 경우

③ 현장에 도착한 경찰관에게 거짓으로 진술한 경우

④ 사고 운전자를 바꿔치기 신고 및 연락처를 거짓 신고한 경우

⑤ 자신의 의사를 제대로 표시하지 못한 나이 어린 피해자가 '괜찮다'라고 하여 조치 없이 가버린 경우 등

03. 신호·지시 위반 사고 사례

① 신호가 변경되기 전에 출발하여 인적 피해를 야기한 경우

② 황색 주의 신호에 교차로에 진입하여 인적 피해를 야기한 경우

③ 신호 내용을 위반하고 진행하여 인적 피해를 야기한 경우

④ 적색 차량 신호에 진행하다 정지선과 횡단보도 사이에서 보행자를 충격한 경우

04. 속도에 대한 정의

① 규제 속도 : 법정 속도(도로 교통법에 따른 도로별 최고 · 최저 속도)와 제한 속도(시 · 도 경찰청장에 의한 지정 속도)

② 설계 속도 : 도로 설계의 기초가 되는 자동차의 속도

③ 주행 속도 : 정지 시간을 제외한 실제 주행 거리의 평균 주행 속도

④ 구간 속도 : 정지 시간을 포함한 주행 거리의 평균 주행 속도

05. 과속에 따른 행정 처분(승합차·승용차의 범칙금 및 벌점)

① 60km/h 초과 : 승합차 – 13만 원, 승용차 – 12만 원, 60점

② 40km/h 초과 ~ 60km/h 이하 : 승합차 – 10만 원, 승용차 – 9만 원, 30점

③ 20km/h 초과 ~ 40km/h 이하 : 승합차 – 7만 원, 승용차 – 6만 원, 15점

④ 20km/h 이하 : 승합차 – 3만 원, 승용차 – 3만 원, 벌점 없음

06. 앞지르기 방법·금지 위반 사고

1 앞지르기 방법

모든 차의 운전자는 다른 차를 앞지르고자 하는 때에는 앞차의 좌측으로 통행하여야 한다.

2 앞지르기가 금지되는 경우 및 장소

① 앞차의 좌측에 다른 차가 앞차와 나란히 가고 있는 경우

② 앞차가 다른 차를 앞지르고 있거나 앞지르고자 하는 경우

③ 경찰 공무원의 지시를 따르거나 위험을 방지하기 위하여 정지하거나 서행하고 있는 경우

④ 교차로, 터널 안, 다리 위

⑤ 도로의 구부러진 곳, 비탈길의 고갯마루 부근 또는 가파른 비탈길의 내리막 등 시 · 도 경찰청장이 필요하다고 인정하여 안전표지로 지정한 곳

3 끼어들기의 금지

모든 차의 운전자는 도로 교통법에 의한 명령 또는 경찰 공무원의 지시에 따르거나, 위험 방지를 위하여 정지 또는 서행하고 있는 다른 차 앞에 끼어들지 못 한다.

4 갓길 통행금지 등

자동차 운전자는 고속도로에서 다른 차를 앞지르고자 하는 때에는 방향 지시기 · 등화 또는 경음기를 사용하여 행정안전부령이 정하는 차로로 안전하게 통행해야 한다.

07. 철길 건널목 통과 방법 위반 사고

1 철길 건널목의 종류

① 제1종 건널목 : 차단기, 건널목 경보기 및 교통안전 표지가 설치되어 있는 경우

② 제2종 건널목 : 건널목 경보기 및 교통안전 표지가 설치되어 있는 경우

③ 제3종 건널목 : 교통안전 표지만 설치되어 있는 경우

> 🚃 철길 건널목 통과 위반 사고 시 행정 처분(범칙금, 벌점)
>
> 승합자동차 – 7만 원, 승용 자동차 – 6만 원, 벌점 30점

08. 보행자 보호 의무 위반 사고

1 횡단보도 보행자인 경우

① 횡단보도를 걸어가는 사람

② 횡단보도에서 원동기 장치 자전거를 끌고 가는 사람

③ 횡단보도에서 원동기 장치 자전거나 자전거를 타고 가다 이를 세우고 한발은 페달에 다른 한발은 지면에 서 있는 사람

④ 세발자전거를 타고 횡단보도를 건너는 어린이

⑤ 손수레를 끌고 횡단보도를 건너는 사람

09. 주취·약물 복용 운전 중 사고

1 음주 운전인 경우

불특정 다수인이 이용하는 도로와 특정인이 이용하는 주차장 또는 학교 경내 등에서의 음주 운전도 형사 처벌 대상. (단, 특정인만이 이용하는 장소에서의 음주 운전으로 인한 운전면허 행정 처분은 불가)

① 공개되지 않은 통행로에서의 음주 운전도 처벌 대상 : 공장이나 관공서, 학교, 사기업 등의 정문 안쪽 통행로와 같이 문 차단기에 의해 도로와 차단되고 별도로 관리되는 장소의 통행로에서의 음주 운전도 처벌 대상

② 술을 마시고 주차장(주차선 안 포함)에서 음주 운전하여도 처벌 대상
③ 호텔, 백화점, 고층 건물, 아파트 내 주차장 안의 통행로뿐만 아니라 주차선 안에서 음주 운전하여도 처벌 대상

2 음주 운전이 아닌 경우
혈중 알코올 농도 0.03% 미만에서의 음주 운전은 처벌 불가

10. 수사 기관의 교통사고 처리 기준 (피해자와 손해 배상 합의 기간)

교통사고 조사관은 부상자로써 교통사고 처리 특례법 제3조제2항 단서에 해당하지 아니한 사고를 일으킨 운전자가 보험 등에 가입되지 아니한 경우 또는 중상해 사고를 야기한 운전자에게는 특별한 사유가 없는 한 사고를 접수한 날부터 2주간 합의할 수 있는 기간을 준다.

제3절 주요 교통사고 유형

01. 안전거리 미확보 사고

1 안전거리 개념
같은 방향으로 가고 있는 앞차가 갑자기 정지하게 되는 경우 그 앞차와의 추돌을 피할 수 있는 거리로 정지거리보다 약간 긴 정도의 거리를 말한다.

2 정지거리는 공주거리와 제동 거리를 합한 거리
① 공주거리 : 운전자가 위험을 느끼고 브레이크를 밟았을 때 자동차가 제동되기 전까지 주행한 거리
② 제동거리 : 제동되기 시작하여 정지될 때까지 주행한 거리

3 안전거리 미확보
① 성립하는 경우 : 앞차가 정당한 급정지, 과실 있는 급정지를 하더라도 사고를 방지할 주의 의무는 뒤차에게 있으므로, 앞차에 과실이 있는 경우에는 손해 보상할 때 과실 상계하여 처리
② 성립하지 않는 경우 : 앞차가 고의적으로 급정지하는 경우에는 뒤차의 불가항력적 사고로 인정하여 앞차에게 책임 부과

02. 후진에 따른 사고

1 후진 위반
후진하기 위하여 주의를 기울였음에도 불구하고 다른 보행자나 차량의 정상적인 통행을 방해하여 다른 보행자나 차량을 충돌한 경우(일반 도로에서 주로 발생)

2 안전 운행 불이행
주의를 기울이지 않은 채 후진하여 다른 보행자나 차량을 충돌한 경우(골목길, 주차장 등에서 주로 발생)

3 통행 구분 위반
대로상에서 뒤에 있는 일정한 장소나 다른 길로 진입하기 위해 상당한 구간을 계속 후진하다가 정상 진행 중인 차량과 충돌한 경우(역진으로 보아 중앙선 침범과 동일하게 취급)

03. 교차로 통행 방법 위반 사고

1 앞지르기 금지와 교차로 통행 방법 위반 사고의 차이점
① 앞지르기 금지 위반 사고 : 뒤차가 교차로에서 앞차의 측면을 통과한 후 앞차의 그 앞으로 들어가는 도중에 발생한 사고
② 교차로 통행 방법 위반 사고 : 뒤차가 교차로에서 앞차의 앞으로 들어가지 않고 앞차의 측면을 접촉하는 사고

2 가해자와 피해자 구분
① 앞차가 가해자인 사고 : 앞차가 너무 넓게 우회전하여 앞·뒤차가 아닌 좌·우차의 개념으로 보는 상태에서 충돌한 경우에는 앞차가 가해자이다.
② 뒤차가 가해자인 사고 : 앞차가 일부 간격을 두고 우회전 중인 상태에서 뒤차가 무리하게 끼어들며 진행하여 충돌한 경우에는 뒤차가 가해자이다.

04. 신호등 없는 교차로 사고 가해자 판독 방법

1 교차로 진입 전 일시정지 또는 서행하지 않은 경우
① 충돌 직전(충돌 당시, 충돌 후) 노면에 스키드마크가 형성되어 있는 경우
② 충돌 직전(충돌 당시, 충돌 후) 노면에 요마크가 형성되어 있는 경우
③ 상대 차량의 측면을 정면으로 충돌한 경우
④ 가해 차량의 진행 방향으로 상대 차량을 밀고 가거나, 전도(전복)시킨 경우

2 교차로 진입 전 일시정지 또는 서행하며 교차로 앞·좌·우 교통 상황을 확인하지 않은 경우
① 충돌 직전에 상대 차량을 보았다고 진술한 경우
② 교차로에 진입할 때 상대 차량을 보지 못했다고 한 경우
③ 가해 차량이 정면으로 상대 차량 측면을 충돌한 경우

3 교차로 진입할 때 통행 우선권을 이행하지 않은 경우
① 교차로에 이미 진입하여 진행하고 있는 차량이 있거나, 교차로에 들어가고 있는 차량과 충돌한 경우
② 통행 우선 순위가 같은 상태에서 우측 도로에서 진입한 차량과 충돌한 경우
③ 교차로에 동시 진입한 상태에서 폭이 넓은 도로에서 진입한 차량과 충돌한 경우
④ 교차로에 진입하여 좌회전하는 상태에서 직진 또는 우회전하는 차량과 충돌한 경우

05. 안전 운전 불이행 사고

1 안전 운전과 난폭 운전과의 차이
① 안전 운전 : 도로의 교통 상황과 차의 구조 및 성능에 따라 다른 사람에게 위험과 장애를 주지 않는 속도나 방법으로 운전하는 경우
② 난폭 운전
㉠ 고의나 인식할 수 있는 과실로 타인에게 현저한 위해를 초래하는 운전을 한 경우
㉡ 타인의 통행을 현저히 방해하는 운전을 한 경우
③ 난폭 운전 사례 : 급차로 변경, 지그재그 운전, 좌·우로 핸들을 급조작하는 운전, 지선 도로에서 간선 도로로 진입할 때 일시정지 없이 급진입하는 운전

1 여객자동차운수사업법의 주요 목적은?

① 여객자동차 운수종사자의 수익성 제고
② 자동차 운수사업의 질서 확립
③ 일반택시운송사업의 종합적인 발달 도모
④ 여객자동차 생산기술의 발전 도모

2 택시운송사업은 무슨 사업인가?

① 구역 여객자동차운송사업
② 노선 여객자동차운송사업
③ 전세버스운송사업
④ 마을버스운송사업

3 구역 여객자동차운송사업이 아닌 것은?

① 전세버스운송사업   ② 시내버스운송사업
③ 일반택시운송사업   ④ 개인택시운송사업

4 사업면허를 받은 자가 직접 운전하여 여객을 운송하는 사업은?

① 전세버스운송사업   ② 시내버스운송사업
③ 일반택시운송사업   ④ 개인택시운송사업

5 일정한 사업구역 내에서 지정 노선을 정하지 아니하고 여객을 운송하는 사업은?

① 여객자동차운송사업   ② 자동차대여사업
③ 시외버스 운송사업   ④ 일반택시운송사업

6 개인택시운송사업의 면허 신청에 필요한 서류가 아닌 것은?

① 차고지 증명서류
② 택시운전자격증 사본
③ 건강진단서
④ 개인택시운송사업 면허신청서

7 지역 주민의 편의를 위해 택시운송사업구역을 별도로 정할 수 있는 사람은?

① 시·도지사
② 시·도경찰청장
③ 택시공제조합장
④ 국토교통부장관

8 택시 영업의 사업구역 제한 범위에 해당하는 구역은?

① 시·도   ② 읍·면
③ 시·군   ④ 생활권역

9 택시운전자격제도의 법적 근거는?

① 도로교통법
② 여객자동차운수사업법
③ 택시관리법
④ 교통사고처리특례법

10 택시운송사업에 대한 설명으로 틀린 것은?

① 구역 여객자동차운송사업이다.
② 여객자동차운수사업법에 의해 운행하고 있다.
③ 정해진 사업구역 안에서 운행하는 것이 원칙이다.
④ 국토교통부장관이 택시 요금을 인가한다.

11 택시에 대한 설명 중 틀린 것은?

① 택시는 소형·중형·대형·모범형 및 고급형으로 구분한다.
② 택시는 주로 승용 자동차로 영업한다.
③ 택시는 전국 어디서나 상주하여 영업할 수 있다.
④ 택시에는 요금 미터기, 빈차 표시기, 안전벨트를 설치해야 한다.

12 일반택시운송사업에 대한 설명으로 올바른 것은?

① 1개의 운송 계약으로 자동차를 이용하여 사업자가 직접 운전하여 여객을 운송하는 사업
② 일정한 노선에 따라 자동차를 이용하여 여객을 운송하는 사업
③ 1개의 운송 계약으로 자동차를 이용하여 여객을 운송하는 사업
④ 자동차를 이용하여 승객에게 차량을 대여하는 사업

13 다음 중 택시운송사업을 구분하는 기준으로 틀린 것은?

① 소형 : 배기량 1,600cc 미만(5인 이하)의 것
② 중형 : 배기량 1,600cc 이상(5인 이하)의 것
③ 대형 : 배기량 2,000cc 이상(6인승~10인승)의 것
④ 모범형 : 배기량 3,000cc 이상의 것

➕ 해설
배기량 1,900cc 이상의 승용 자동차를 사용하는 택시운송사업

정답 1 ② 2 ① 3 ② 4 ④ 5 ④ 6 ① 7 ① 8 ③ 9 ② 10 ④ 11 ③ 12 ③ 13 ④

14 자동차배기량이 1,600cc 이상 1,900cc 미만인 승용차로 운행할 수 있는 사업형태는?

① 소형　　　　　　② 중형
③ 대형　　　　　　④ 고급형

15 사업용 택시를 소형, 중형, 대형, 고급형으로 구분하는 기준은?

① 자동차의 넓이　　② 자동차 생산년도
③ 자동차의 배기량　④ 자동차의 크기

16 여객자동차운수사업법상 사업용 택시 중 고급형의 배기량은?

① 1,800cc　　　　② 2,000cc
③ 2,800cc　　　　④ 1,900cc

17 다음 여객자동차운송사업의 종류 중 나머지와 다른 하나는?

① 전세버스운송사업　② 개인택시운송사업
③ 마을버스운송사업　④ 일반택시운송사업

해설
마을버스운송사업은 노선 여객자동차운송사업이다.

18 자동차에 표시하는 택시운송사업용 자동차의 종류가 아닌 것은?

① 모범　　　　　　② 경형
③ 일반　　　　　　④ 중형

19 다음 중 택시의 불법 영업에 해당되는 것은?

① 자신의 사업구역에서 승객을 태우고 사업구역 밖으로 운행한 후, 그 시·도 내에서 일시적으로 영업한 경우
② 자신의 사업구역에서 승객을 태우고 사업구역 밖으로 운행한 후, 다시 사업구역으로 돌아오는 길에 사업구역 밖에서 승객을 태우고 자신의 사업구역에서 내려주는 경우
③ 자신의 사업구역에서 승객을 태우고 사업구역 밖으로 운행하는 경우
④ 자신의 사업 구역이 광명시인데 서울시 금천·구로구에서 영업한 경우

해설
②, ③의 경우 자신의 사업구역에서 하는 영업으로 간주한다. ④의 경우, 광명시와 서울시 금천·구로구는 택시통합사업구역이다. 광명시 택시는 서울시 금천·구로구에서도 영업이 가능하다.

20 다른 사람의 수요에 응하여 자동차를 사용해 여객을 유상으로 운송하는 사업은?

① 여객자동차대여산업
② 화물자동차운수사업
③ 여객자동차운수사업
④ 여객자동차운송사업

21 여객자동차운송사업의 면허를 받거나 등록을 할 수 없는 사람이 아닌 것은?

① 파산선고를 받고 복권되지 않은 자
② 여객자동차운송사업의 면허나 등록이 취소된 후 그 취소일부터 2년이 지나지 않은 자.
③ 징역 이상의 형의 집행 유예를 선고받고 그 집행 유예 기간이 지난 자
④ 징역 이상의 실형을 선고받고 그 집행이 끝나거나 면제된 날부터 2년이 지나지 않은 자

해설
징역 이상의 형의 집행 유예를 선고받고 그 집행 유예 기간이 지나지 않은 자는 여객자동차운송사업의 면허를 받거나 등록을 할 수 없다.

22 택시운송사업자가 특별시·광역시 구역의 사업자인 경우 자동차의 바깥쪽에 표시해야 하는 것으로 옳지 않은 것은?

① 시·도지사가 정하는 사항　② 관할관청
③ 운송사업자의 명칭, 기호　④ 자동차의 종류

해설
택시운송사업자가 자동차의 바깥쪽에 표시해야 하는 사항 중, 관할관청 표시에 관해서 특별시·광역시·특별자치시 및 특별자치도는 제외한다.

23 택시운행정보관리시스템을 구축·운영하는 사람으로서 여객자동차운송사업자가 운임과 요금을 정하여 신고해야 하는 사람은?

① 교통관리공단
② 대통령
③ 여객자동차운수조합
④ 국토교통부장관 또는 시·도지사

해설
운임·요금의 신고 또는 변경신고는 국토교통부장관 또는 시·도지사에게 하나, 운송사업자가 직접 하는 것이 아니라 소속 조합을 통하여 할 수 있다.

24 여객자동차운수사업법에서 정의한 중대한 교통사고 항목에 해당하지 않는 것은?

① 중상자 5명 이상이 발생한 사고
② 전복 사고
③ 사망자 1명과 중상자 3명 이상이 발생한 사고
④ 화재가 발생한 사고

해설
여객자동차운수사업법에서 정의한 중대한 교통사고는 '전복 사고', '화재가 발생한 사고', '사망자가 2명 이상', '사망자 1명과 중상자 3명 이상', '중상자 6명 이상'이 발생한 사고를 말한다.

25 다음은 중대한 교통사고 발생 시의 조치사항이다. 괄호 안에 들어갈 말로 옳게 짝지어진 것은?

* 중대한 교통사고 발생 시 조치 사항
(　)시간 이내에 사고의 일시·장소 및 피해 사항 등 사고의 개략적인 상황을 관할 시·도지사에게 보고 후 (　)시간 이내에 사고보고서를 작성하여 관할 시·도지사에게 제출해야 함. 다만, 개인택시운송사업자의 경우에는 개략적인 상황 보고를 생략할 수 있음.

① 12 – 24　　　　② 24 – 72
③ 48 – 24　　　　④ 24 – 12

26 여객자동차운송사업의 운전업무에 종사하려는 사람이 갖추어야 할 항목 중 틀린 것은?

① 대통령령으로 정하는 운전 적성에 대한 정밀검사 기준에 맞을 것
② 운전자격시험에 합격 후 자격을 취득하거나 교통안전체험교육을 이수하고 자격을 취득할 것
③ 20세 이상으로서 해당 운전 경력이 1년 이상일 것
④ 사업용 자동차를 운전하기에 적합한 운전면허를 보유하고 있을 것

해설
대통령령이 아닌, 국토교통부장관이 정하는 운전 적성에 대한 정밀검사 기준에 맞아야 한다.

27 성폭력 범죄의 처벌 등에 관한 특례법에 따라 해당 죄를 범하여 금고 이상의 실형 집행을 끝내고, 몇 년의 범위 내에서 대통령령으로 정하는 기간이 지나야 택시운송사업의 운전업무 종사자격을 취득할 수 있는가?

① 5년　② 10년
③ 15년　④ 20년

해설
다음의 죄를 범하여 금고 이상의 실형을 선고받고 그 집행이 끝나거나 (집행이 끝난 것으로 보는 경우를 포함) 면제된 날부터 20년의 범위에서 대통령령으로 정하는 기간이 지나지 않은 사람은 일반택시운송사업 또는 개인택시운송사업의 운전자격을 취득할 수 없다.
㉠ 살인, 인신매매, 약취, 강도상해, 마약류 범죄 등
㉡ 성폭력 범죄의 처벌 등에 관한 특례법에 따른 죄
㉢ 아동·청소년의 성보호에 관한 법률에 따른 죄

28 운전적성정밀검사 중 특별 검사 대상으로 틀린 것은?

① 중상 이상의 사상 사고를 일으킨 자
② 과거 1년간 도로교통법 시행규칙에 따른 운전면허 행정 처분 기준에 따라 계산한 누산점수가 81점 이상인 자
③ 운전 업무에 종사하다가 퇴직한 자로서 신규 검사를 받은 날부터 3년이 지난 후 재취업하려는 자
④ 질병, 과로, 그 밖의 사유로 안전 운전이 불가능하다고 인정되는 자인지 알기 위하여 운송사업자가 신청한 자

해설
③은 신규 검사에 해당한다.

29 다음 중 운전적성정밀검사를 받을 필요가 없는 경우는 무엇인가?

① 65세 이상 70세 미만의 사람이 자격 유지 검사의 적합 판정을 받은 뒤 1년이 지난 경우
② 신규 검사의 적합 판정을 받은 후, 검사를 받은 날부터 3년 이내에 취업하지 않은 경우
③ 중상 이상의 사상 사고를 일으킨 경우
④ 신규로 여객자동차운송사업용 자동차를 운전하려는 경우

해설
65세 이상 70세 미만인 사람은 자격 유지 검사를 받아야 하지만, 자격 유지 검사의 적합 판정을 받고 3년이 지나지 않은 사람은 제외한다.

30 택시운전자격을 취소하거나 정지시킬 수 있는 사람은 누구인가?

① 해당 지역의 국회의원
② 국토교통부장관
③ 시·도 경찰관
④ 국무총리

해설
국토교통부장관이나 시·도지사는 택시운전자격을 취소하거나 정지시키는 등의 행정처분을 할 수 있다.

31 택시운전자격시험에 대한 설명으로 옳은 것은?

① 필기시험 총점의 5할 이상을 얻어야 한다.
② 무사고운전자 또는 유공운전자의 표시장을 받았더라도 '안전운행 요령 및 운송서비스'에 관한 시험을 면제받을 수는 없다.
③ 택시운전자격이 취소된 날부터 1년이 지나지 않은 사람은 응시할 수 없다.
④ 운전자격시험일부터 과거 4년간 사업용 자동차를 2년 이상 무사고로 운전한 사람은 '안전운행 요령 및 운송서비스'에 관한 시험을 면제받을 수 있다.

해설
① 필기시험 총점의 6할 이상을 얻어야 한다.
②, ④ 무사고운전자 또는 유공운전자의 표시장을 받은 사람과 운전자격시험일부터 과거 4년간 사업용 자동차를 3년 이상 무사고로 운전한 사람은 '안전운행 요령 및 운송서비스'에 관한 시험을 면제받을 수 있다.

32 택시운전자격 게시와 관리에 관한 사항 중 옳지 않은 것은?

① 운수종사자가 퇴직하는 경우 본인의 운전자격증명을 운송사업자에게 반납해야 한다.
② 택시운전자격증은 다른 시·도에서도 갱신이 가능하다.
③ 운전자격증명을 게시할 시 승객이 쉽게 볼 수 있는 위치에 항상 게시해야 한다.
④ 운수종사자는 운전업무 종사자격을 증명하는 증표를 발급받아 해당 사업용 자동차 안에 항상 게시해야 한다.

해설
② 택시운전자격증은 취득한 해당 시·도에서만 갱신이 가능하다.

33 다음 중 택시운전 자격 취소 사유에 해당되지 않는 것은?

① 택시운전자격증을 타인에게 대여한 경우
② 신고한 운임 또는 요금이 아닌 부당한 운임 또는 요금을 받거나 요구하는 경우
③ 도로교통법 위반으로 사업용 자동차를 운전할 수 있는 운전면허가 취소된 경우
④ 부정한 방법으로 택시운전자격을 취득한 경우

해설
②는 자격정지 10일에 해당한다.

34 다음 중 택시운전 자격 정지 사유에 해당되는 것은?

① 택시운전자격정지의 처분 기간 중에 택시운송사업 또는 플랫폼운송사업을 위한 운전 업무에 종사한 경우

② 일반택시운송사업 또는 개인택시운송사업의 운전자격을 취득할 수 없는 경우에 해당하게 된 경우

③ 교통사고와 관련하여 거짓이나 그 밖의 부정한 방법으로 보험금을 청구하여 금고 이상의 형을 선고받고 그 형이 확정된 경우

④ 중대한 교통사고로 법령이 규정한 수의 사상자를 발생하게 한 경우

⊕ 해설
①, ②, ③은 모두 자격 취소 사유이다.

35 개인택시운송사업자가 불법으로 타인으로 하여금 대리운전을 하게 한 경우에 해당하는 처분 기준은?

① 자격정지 10일 ② 자격정지 15일
③ 자격정지 30일 ④ 자격취소

36 중대한 교통사고의 처분 기준에 해당하지 않는 것은?

① 자격정지 60일 ② 자격정지 50일
③ 자격정지 40일 ④ 자격취소

⊕ 해설
㉠ 사망자 2명 이상 : 자격정지 60일
㉡ 사망자 1명 및 중상자 3명 이상 : 자격정지 50일
㉢ 중상자 6명 이상 : 자격정지 40일

37 자격정지 처분을 받은 사람의 감경 사유로 옳지 않은 것은?

① 고의나 중대한 과실이 아닌 사소한 부주의나 오류로 인한 것으로 인정되는 경우

② 위반의 정도가 경미하여 이용객에게 미치는 피해가 적다고 인정되는 경우

③ 이전에 해당 위반 행위를 한 적이 없고 최근 6년 이상 해당 여객자동차운송사업의 모범적인 운수종사자로 근무한 사실이 인정되는 경우

④ 여객자동차운수사업에 대한 정부 정책상 필요하다고 인정되는 경우

⊕ 해설
위반 행위를 한 사람이 처음 해당 위반 행위를 한 경우로서 최근 5년 이상 해당 여객자동차운송사업의 모범적인 운수종사자로 근무한 사실이 인정되는 경우

38 다음 중 자격 정지 30일에 해당하는 위반 행위는?

① 일정한 장소에서 장시간 정차하거나 배회하면서 여객을 유치하는 행위

② 정당한 이유 없이 여객을 중도에 내리게 하는 행위

③ 정당한 사유 없이 교육 과정을 마치지 않은 경우

④ 개인택시운송사업자가 불법으로 타인으로 하여금 대리운전을 하게 한 경우

⊕ 해설
① 일정한 장소에서 장시간 정차하거나 배회하면서 여객을 유치하는 행위 : 자격정지 10일
② 정당한 이유 없이 여객을 중도에서 내리게 하는 행위 : 자격정지 10일
③ 정당한 사유 없이 교육 과정을 마치지 않은 경우 : 자격정지 5일

39 택시운전자격의 취소 등의 처분 기준 중 일반 기준에 대한 설명으로 옳지 않은 것은?

① 처분관할관청은 자격정지 처분을 받은 사람이 정당한 사유 없이 기일 내에 운전 자격증을 반납하지 않을 시 해당 처분을 2분의 1의 범위에서 가중하여 처분할 수 있다.

② 위반 행위가 둘 이상인 경우, 그에 해당하는 각각의 처분 기준이 다를 때 경우에 따라 그 둘의 처분 기준을 중복하는 것이 가능하다.

③ 처분관할관청은 자격정지 처분을 받은 사람이 가중·감경 사유에 해당할 시, 그 처분을 2분의 1 범위에서 늘리거나 줄일 수 있다.

④ 위반 행위의 횟수에 따른 행정 처분의 기준은 최근 1년간 같은 위반 행위로 행정 처분을 받은 경우에 적용한다.

⊕ 해설
② 위반 행위가 둘 이상인 경우로서 그에 해당하는 각각의 처분 기준이 다른 경우에는 그중 무거운 처분 기준에 따른다. 다만, 둘 이상의 처분 기준이 모두 자격정지인 경우에는 각 처분 기준을 합산한 기간을 넘지 아니하는 범위에서 무거운 처분 기준의 2분의 1 범위에서 가중할 수 있다. 이 경우 그 가중한 기간을 합산한 기간은 6개월을 초과할 수 없다.

40 운수종사자 교육에 관한 설명으로 옳지 않은 것은?

① 새로 채용한 운수종사자의 교육 시간은 16시간이다.

② 해당 연도의 신규 교육 또는 수시 교육을 이수한 운수종사자는 해당 연도의 보수 교육을 면제한다.

③ 새로 채용된 운수종사자가 교통안전법 시행규칙에 따른 심화 교육 과정을 이수한 경우에는 신규 교육을 면제한다.

④ 보수 교육 대상자 선정을 위한 무사고·무벌점 기간은 전년도 11월 말을 기준으로 산정한다.

⊕ 해설
④ 보수 교육 대상자 선정을 위한 무사고·무벌점 기간은 전년도 10월 말을 기준으로 산정한다.

41 운수종사자 교육 대상과 시간이 올바르게 연결 되지 않은 것은?

① 새로 채용한 운수종사자 - 16시간

② 무사고·무벌점 기간이 5년 이상 10년 미만인 운수종사자 - 8시간

③ 법령 위반 운수종사자 - 8시간

④ 무사고·무벌점 기간이 5년 미만인 운수종사자 - 4시간

⊕ 해설 무사고·무벌점 기간이 5년 이상 10년 미만인 운수종사자 - 4시간

42 사업용 자동차 중 2,400cc 미만 일반택시의 차령은 어느 것인가?

① 4년 ② 6년
③ 5년 ④ 8년

43 다음 중 사업용 자동차의 차령이 올바르게 연결되지 않은 것은?

① 개인택시 배기량 2,400cc 미만 - 4년

② 일반택시 배기량 2,400cc 이상 - 6년

③ 개인택시 배기량 2,400cc 이상 - 9년

④ 일반택시 환경친화적자동차 - 6년

⊕ 해설 개인택시 배기량 2,400cc 미만 - 7년

44 운수종사자의 교육에 필요한 조치를 하지 않은 경우 1차 과징금의 액수는?

① 20만 원　　　　　　② 60만 원
③ 30만 원　　　　　　④ 90만 원

45 미터기를 부착하지 않거나 사용하지 않고 여객을 운송한 경우 1차 과징금의 액수는?

① 80만 원　　　　　　② 40만 원
③ 10만 원　　　　　　④ 100만 원

46 정류소에서 주차 또는 정차 질서를 문란하게 한 경우 1차 과징금의 액수는?

① 60만 원　　　　　　② 80만 원
③ 20만 원　　　　　　④ 10만 원

47 면허를 받은 사업구역 외의 행정 구역에서 사업을 한 경우 1차 과징금의 액수는?

① 20만 원　　　　　　② 100만 원
③ 60만 원　　　　　　④ 40만 원

48 차량 정비, 운전자의 과로 방지 및 정기적인 차량 운행 금지 등 안전 수송을 위한 명령을 위반하여 운행한 경우 1차 과징금의 액수는?

① 10만 원　　　　　　② 60만 원
③ 20만 원　　　　　　④ 30만 원

49 자동차 안에 게시해야 할 사항을 게시하지 않은 경우 1차 과징금의 액수는?

① 50만 원　　　　　　② 10만 원
③ 20만 원　　　　　　④ 30만 원

50 면허를 받거나 등록한 차고를 이용하지 않고 차고지가 아닌 곳에서 밤샘 주차를 한 경우 1차 과징금의 액수는?

① 10만 원　　　　　　② 50만 원
③ 30만 원　　　　　　④ 15만 원

51 운수종사자에게 여객의 좌석 안전띠 착용에 관한 교육을 실시하지 않은 경우 1차 과태료 액수는?

① 10만 원　　　　　　② 5만 원
③ 20만 원　　　　　　④ 25만 원

52 문을 완전히 닫지 않은 상태 또는 여객이 승하차하기 전에 자동차를 출발시키는 경우 1차 과태료 액수는?

① 10만 원　　　　　　② 20만 원
③ 3만 원　　　　　　④ 30만 원

53 자동차 안에서 흡연하는 경우 1차 과태료 액수는?

① 12만 원　　　　　　② 15만 원
③ 10만 원　　　　　　④ 5만 원

54 여객의 요구에도 불구하고 영수증 발급 또는 신용카드 결제에 응하지 않는 경우 1차 과태료 액수는?

① 30만 원　　　　　　② 20만 원
③ 25만 원　　　　　　④ 10만 원

55 차실에 냉방·난방 장치를 설치하여야 할 자동차에 이를 설치하지 않고 여객을 운송한 경우 2차 과징금 액수는?

① 60만 원　　　　　　② 50만 원
③ 120만 원　　　　　④ 180만 원

56 신고를 하지 않거나 거짓으로 신고를 하고 개인택시를 대리운전하게 한 경우 1차 과징금액수는?

① 100만 원　　　　　② 120만 원
③ 80만 원　　　　　　④ 150만 원

57 면허·허가를 받거나 등록한 업종의 범위를 벗어나 사업을 한 경우 1차 과징금 액수는?

① 90만 원　　　　　　② 100만 원
③ 150만 원　　　　　④ 180만 원

58 차령 또는 운행 거리를 초과하여 운행한 경우 2차 과징금 액수는?

① 100만 원　　　　　② 180만 원
③ 360만 원　　　　　④ 120만 원

59 중대한 교통사고 발생에 따른 보고를 하지 않거나 거짓 보고를 한 경우 1차 과태료 액수는?

① 30만 원　　　　　　② 20만 원
③ 60만 원　　　　　　④ 100만 원

60 운수종사자 취업 현황을 알리지 않거나 거짓으로 알린 경우 1차 과태료 액수는?

① 70만 원　　　　　　② 50만 원
③ 20만 원　　　　　　④ 10만 원

61 택시운송사업의 발전에 관한 법규의 목적으로 옳지 않은 것은?

① 택시운송사업의 건전한 발전을 도모
② 택시운수종사자의 복지 증진
③ 여객자동차운수사업의 종합적인 발달을 통해 공공복리를 증진
④ 국민의 교통편의 제고에 이바지

🔾해설 ③ 여객자동차운수사업법의 목적이다.

정답 **44** ③　**45** ②　**46** ③　**47** ④　**48** ③　**49** ③　**50** ①　**51** ③　**52** ②　**53** ③　**54** ④　**55** ③　**56** ②　**57** ④　**58** ③
59 ②　**60** ②　**61** ③

62 다음 행위들을 처벌 시 그 근거가 되는 법령이 다른 하나는?

① 여객의 요구에도 불구하고 영수증 발급 또는 신용 카드 결제에 응하지 않는 행위
② 정당한 사유 없이 여객의 승차를 거부하거나 여객을 중도에서 내리게 하는 행위
③ 일정한 장소에서 장시간 정차하거나 배회하면서 여객을 유치하는 행위
④ 여객을 합승하도록 하는 행위

해설
③ 일정한 장소에서 장시간 정차하거나 배회하면서 여객을 유치하는 행위에 대한 처벌의 근거가 되는 법령은 여객자동차운수사업법이다.

63 다음 중 택시정책심의위원회에 대한 설명 중 옳지 않은 것은?

① 택시정책심의위원회 위원의 임기는 1년이다.
② 위원회의 구성은 위원장 1명을 포함한 10명 이내의 위원으로 구성된다.
③ 택시운송사업의 중요 정책 등에 관한 사항의 심의를 위한 곳이다.
④ 택시정책심의위원회는 국토교통부장관의 소속으로 둔다.

해설
① 택시정책심의위원회 위원의 임기는 2년이다.

64 다음 중 택시정책심의위원회의 심의 사항 중 옳지 않은 것은?

① 택시운수종사자의 근로 여건 개선에 관한 중요 사항
② 보조금 할당 여부
③ 택시운송사업의 면허 제도에 관한 중요 사항
④ 사업구역별 택시 총량에 관한 사항

해설
시·도는 택시운송사업의 발전을 위하여 택시운송사업자 또는 택시운수종사자 단체에 다음의 어느 하나에 해당하는 사업에 대하여 조례로 정하는 바에 따라 필요한 자금의 전부 또는 일부를 보조 또는 융자할 수 있다.

65 여객자동차운수사업법에도 불구하고 신규 택시운송사업 면허를 받을 수 없는 사업구역에 해당하지 않는 구역은?

① 사업구역별 택시 총량을 산정하지 아니한 사업구역
② 국토교통부장관이 사업구역별 택시 총량의 재산정을 요구한 사업구역
③ 고시된 사업구역별 택시 총량보다 해당 사업구역 내의 택시의 대수가 많은 사업구역.
④ 연도별 감차 규모를 초과하여 감차 실적을 달성한 사업구역

해설
연도별 감차 규모를 초과하여 감차 실적을 달성한 사업구역은 그 초과분의 범위에서 관할 지방자치단체의 조례로 정하는 바에 따라 신규 택시운송사업 면허를 받을 수 있다.

66 운송비용 전가 금지 사항에 해당하지 않는 것은?

① 택시 구입비　② 유류비
③ 식사비　④ 세차비

해설
운송비용 전가 금지 사항 등
㉠ 택시 구입비 (신규 차량을 택시운수종사자에게 배차하면서 추가 징수하는 비용 포함)
㉡ 유류비
㉢ 세차비
㉣ 택시운송사업자가 차량 내부에 붙이는 장비의 설치비 및 운영비
㉤ 그 밖에 택시의 구입 및 운행에 드는 비용으로서 대통령령으로 정하는 비용

67 택시 운행 정보 관리에 관한 내용으로 옳지 않은 것은?

① 국토교통부장관 또는 시·도지사는 택시운행정보관리시스템을 구축·운영할 수 있다.
② 택시운행정보관리시스템으로 처리된 전산 자료는 공공의 목적을 위하여 국토교통부령으로 정하는 바에 따라 공동 이용할 수 있다.
③ 국토교통부장관 또는 시·도지사는 택시운행정보관리시스템을 구축·운영하기 위한 정보를 수집·이용하는 것은 불가능하다.
④ '운행 기록 장치에 기록된 정보'와 '택시요금미터에 기록된 정보'는 택시운행정보관리시스템을 구축·운영하기 위해 국토교통부령으로 정하는 정보에 속한다.

해설
③ 국토교통부장관 또는 시·도지사는 택시운행정보관리시스템을 구축·운영하기 위한 정보를 수집·이용할 수 있다.

68 여객의 요구에도 불구하고 영수증 발급 또는 신용 카드 결제에 응하지 않는 행위를 할 경우 받게 되는 2차 처분 기준은?

① 자격정지 20일
② 자격정지 10일
③ 경고
④ 자격 취소

69 정당한 사유 없이 여객의 승차를 거부하거나 여객을 중도에서 내리게 하는 행위를 할 경우 받게 되는 1차 처분 기준은?(여객자동차 운수사업법 기준)

① 경고　② 자격정지 10일
③ 자격정지 20일　④ 자격취소

70 운송비용 전가 금지 조항에 해당하는 비용을 택시운수종사자에게 전가시킨 경우 1회 위반 과태료 금액은?

① 100만 원　② 500만 원
③ 50만 원　④ 200만 원

해설
2회 위반 - 1,000만 원, 3회 위반 이상 - 1,000만 원

71 도로교통법의 목적으로 옳지 않은 것은?

① 도로에서 일어나는 교통상의 위험과 장해의 방지
② 도로에서 일어나는 교통상의 위험과 장해의 제거
③ 도로의 안전하고 원활한 교통 확보
④ 차량의 교통위반 단속과 처벌

72 다음 중 도로교통법에서 정의하는 용어 중 옳지 않은 것은?

① 고속도로 – 자동차의 고속 운행에만 사용하기 위하여 지정된 도로

② 안전표지 – 주의 · 규제 · 지시 등을 표시하는 표지판이나 도로의 바닥에 표시하는 기호 · 문자 또는 선

③ 교차로 – 셋 이상의 도로가 교차하는 부분

④ 횡단보도 – 보행자가 도로를 횡단할 수 있도록 안전표지로 표시한 도로의 부분

◎ 해설
③ 교차로 – 십자로, T자로나 그 밖에 둘 이상의 도로(보도와 차도가 구분되어 있는 도로에서는 차도)가 교차하는 부분

73 자동차전용도로 설명으로 맞는 것은?

① 자동차의 고속 교통에만 사용하기 위한 도로이다.

② 자동차와 이륜자동차만이 다닐 수 있도록 설치된 도로이다.

③ 자동차와 원동기장치자전거만이 다닐 수 있도록 설치된 도로이다.

④ 자동차만 다닐 수 있도록 설치된 도로이다.

74 도로교통법상 고속도로의 정의를 가장 올바르게 설명한 것은?

① 자동차의 고속 운행에만 사용하기 위하여 지정된 도로

② 고속버스만 다닐 수 있도록 설치된 도로를 말한다.

③ 중앙분리대 설치 등 안전하게 고속 주행할 수 있도록 설치된 도로를 말한다.

④ 자동차만 다닐 수 있도록 설치된 도로를 말한다.

75 길가장자리구역에 대한 설명으로 맞는 것은?

① 보도와 차도가 구분되지 아니한 도로에서 보행자의 안전을 확보하기 위하여 안전표지 등으로 경계를 표시한 도로의 가장자리 부분이다.

② 보도와 차도가 구분된 도로에 자전거를 위하여 설치한 곳이다.

③ 보행자가 도로를 횡단할 수 있도록 안전표지로써 표시한 곳이다.

④ 자동차가 다니는 도로이다.

76 원동기 장치 자전거의 기준으로 맞는 것은?

① 이륜자동차 중 배기량 125cc 이하의 이륜자동차와 125cc 이하의 원동기를 단 차를 말한다.

② 이륜자동차 중 배기량 100cc 이하의 이륜자동차와 50cc 미만의 원동기를 단 차를 말한다.

③ 이륜자동차 중 배기량 125cc 이하의 이륜자동차와 100cc 미만의 원동기를 단 차를 말한다.

④ 자동차 중 배기량 125cc 이하의 자동차와 50cc 미만의 원동기를 단 자전거를 말한다.

77 다음 중 모범운전자에 관련한 설명으로 잘못된 것은?

① 무사고운전자 표시장을 받은 사람

② 유공운전자의 표시장을 받은 사람

③ 5년 이상 사업용 자동차 무사고 운전경력자

④ 2년 이상 사업용 자동차 무사고 운전경력자로서 선발되어 교통안전 봉사활동에 종사하는 사람

◎ 해설
무사고 운전자 또는 유공 운전자 표시장을 받거나 2년 이상 사업용자동차 운전에 종사하면서 교통사고를 일으킨 전력이 없는 사람으로서 경찰청장이 정하는 바에 따라 선발되어 교통안전 봉사 활동에 종사하는 사람

78 신호기의 신호와 수신호가 다를 때 운전자의 통행 방법으로 옳은 것은?

① 신호가 같아질 때까지 기다린다.

② 신호를 우선적으로 따라야 한다.

③ 어느 신호든 원하는 것을 따른다.

④ 경찰 공무원의 신호 또는 지시에 따라야 한다.

79 원형 녹색 등화의 의미로 올바른 것은?

① 비보호좌회전표지 또는 비보호좌회전표시가 있는 곳에서는 좌회전할 수 있다.

② 차마는 다른 교통 또는 안전표지의 표시에 주의하면서 진행할 수 있다.

③ 정지선, 횡단보도 및 교차로의 직전에서 정지해야 한다.

④ 차마는 다른 교통 또는 안전표지의 표시에 주의하면서 화살표시 방향으로 진행할 수 있다.

80 경찰 공무원을 보조하는 사람이 아닌 사람은?

① 본래의 긴급한 용도로 운행하는 소방차 · 구급차를 유도하는 소방 공무원

② 교통단속공무원

③ 모범 운전자

④ 군사 훈련에 동원되는 부대의 이동을 유도하는 군사 경찰

81 교차로에 진입 중 황색 등화로 바뀌었을 때 적절한 조치는?

① 일시정지하여 주위를 살핀 후 진입한다.

② 교차로에 일부라도 진입한 경우에는 신속히 교차로 밖으로 나간다.

③ 서행하면서 대기한다.

④ 일시정지 후 다음 신호를 기다린다.

82 적색 등화 시 적절한 운전 방법으로 틀린 것은?

① 차마는 정지선, 횡단보도 및 교차로의 직전에서 정지해야 한다.

② 차마는 우회전하려는 경우 정지선, 횡단보도 및 교차로의 직전에서 정지한 후 신호에 따라 진행하는 다른 차마의 교통을 방해하지 않고 우회전할 수 있다.

③ 차마는 우회전 삼색등이 적색의 등화인 경우 우회전할 수 없다.

④ 차마는 정지선, 횡단보도 및 교차로의 직전에서 정지하지 아니하고 우회전할 수 있다.

83 다음 안전표지의 뜻은 무엇인가?

① 도로 중앙으로 통행하여야 함을 알리는 것
② 우측 방향으로 통행하여야 함을 알리는 것
③ 우측 차로의 없어짐을 알리는 것
④ 좌측 차로의 없어짐을 알리는 것

84 다음 안전표지의 뜻은 무엇인가?

① ㅓ 자형 교차로가 있음을 알리는 것
② Y자형 교차로가 있음을 알리는 것
③ 좌합류 도로가 있음을 알리는 것
④ 우선 도로가 있음을 알리는 것

85 교통안전표지의 종류에 대한 설명 중 옳지 않은 것은?

① 주의 표지 – 도로 상태가 위험하거나 도로 또는 그 부근에 위험물이 있는 경우에 필요한 안전 조치를 할 수 있도록 알리는 표지
② 규제 표지 – 도로의 통행 방법·통행 구분 등 도로 교통의 안전을 위하여 필요한 지시를 따르도록 알리는 표지
③ 보조 표지 – 주의 표지·규제 표지 또는 지시 표지의 주 기능을 보충하여 알리는 표지
④ 노면 표시 – 각종 주의·규제·지시 등의 내용을 노면에 기호·문자 또는 선으로 알리는 표지

🔧해설
㉠ 규제 표지 – 도로 교통의 안전을 위하여 각종 제한·금지 등의 규제를 하는 경우에 이를 도로 사용자에게 알리는 표지
㉡ 지시 표지 – 도로의 통행 방법·통행 구분 등 도로 교통의 안전을 위하여 필요한 지시를 하는 경우에 도로 사용자가 이에 따르도록 알리는 표지

86 행렬의 통행 방법 중 차도의 중앙을 통행할 수 있는 경우로 옳은 것은?

① 말·소 등의 큰 동물을 몰고 가는 경우
② 중요한 행사에 따라 시가를 행진하는 경우
③ 기 또는 현수막 등을 휴대한 행렬
④ 도로에서 청소나 보수 등의 작업을 하고 있는 경우

🔧해설 ①, ③, ④는 차도의 우측을 통행해야 하는 경우이다.

87 보행자의 도로횡단 방법으로 옳지 않은 것은?

① 횡단보도가 설치되어 있지 않은 도로에서는 가장 짧은 거리로 횡단해야 한다.
② 보행자는 안전표지 등에 의해 횡단이 금지된 도로에서는 그 도로를 횡단해서는 안 된다.
③ 신호나 지시에 따라 도로를 횡단하는 경우라도 보행자는 모든 차와 노면전차의 바로 앞이나 뒤로 횡단해서는 안 된다.
④ 도로 횡단 시설이 설치되어 있는 도로에서는 그곳으로 횡단해야 한다.

🔧해설
보행자는 모든 차와 노면전차의 바로 앞이나 뒤로 횡단하여서는 안 된다. 다만, 횡단보도를 횡단하거나 신호기 또는 경찰 공무원 등의 신호나 지시에 따라 도로를 횡단하는 경우에는 그렇지 않다.

88 다음 중 편도 3차로의 고속도로에서 3차로를 주행할 수 있는 차는?

① 대형 승합자동차   ② 소형 승합자동차
③ 승용 자동차   ④ 중형 승합자동차

🔧해설
편도 3차로의 고속도로에서 차로별 주행 가능 차량
㉠ 1차로 : 앞지르기를 하려는 승용 자동차 및 앞지르기를 하려는 경형·소형·중형 승합자동차.
㉡ 2차로 : 승용 자동차 및 경형·소형·중형 승합자동차
㉢ 3차로 : 대형 승합자동차, 화물 자동차, 특수 자동차, 건설 기계

89 다음 중 편도 2차로의 고속도로에서 2차로를 주행할 수 있는 차는?

① 승용 자동차   ② 모든 자동차
③ 중형 승합 자동차   ④ 화물 자동차

🔧해설
편도 2차로의 고속도로에서 차로별 주행 가능 차량
㉠ 1차로 : 앞지르기를 하려는 모든 자동차.
㉡ 2차로 : 모든 자동차

90 버스전용차로가 설치되지 않은 편도 4차로인 시내도로에서 화물 자동차가 운행할 수 없는 차로는?

① 중앙선에서 1, 2차로   ② 중앙선에서 2, 3차로
③ 중앙선에서 3, 4차로   ④ 중앙선에서 1, 2, 3, 4차로

91 어린이 통학 버스의 특별 보호 행동으로 옳지 않은 것은?

① 어린이 통학 버스에 이르기 전 일시정지해 안전 확인 후 서행해야 한다.
② 모든 차의 운전자는 어린이 통학 버스를 앞지르지 못한다.
③ 편도 1차로인 도로의 반대 방향에서 진행하는 운전자는 일시정지할 필요가 없다.
④ 중앙선이 설치되지 않은 도로의 반대 방향에서 진행하는 운전자는 어린이 통학 버스에 이르기 전 일시정지해 안전 확인 후 서행해야 한다.

🔧해설
③ 중앙선이 설치되지 않은 도로와 편도 1차로인 도로에서는 반대 방향에서 진행하는 차의 운전자도 어린이 통학 버스에 이르기 전에 일시정지 하여 안전을 확인한 후 서행해야 한다.

92 편도 2차로 이상의 고속도로에서 최저 속도는?

① 매시 50km   ② 매시 60km
③ 매시 70km   ④ 매시 80km

93 편도 1차로인 일반도로에서 승용 자동차의 최고 속도와 악천후로 인해 가시거리가 100m 이내일 때의 최고 속도로 짝지어진 것은?

① 매시 60km – 매시 30km
② 매시 60km – 매시 40km
③ 매시 80km – 매시 30km
④ 매시 80km – 매시 40km

94 차량의 악천후 시 감속 운행 속도 중 최고 속도의 50%로 감속 운행해야 하는 경우로 옳은 것은?

① 비가 내려 노면이 젖어있는 경우
② 눈이 20mm 미만 쌓인 경우
③ 폭우·폭설·안개 등으로 가시거리가 100m 이내인 경우
④ 눈이 10mm 이상 쌓인 경우

◉해설
악천후 시 감속 운행 속도 중 최고 속도의 50%로 감속 운행해야 하는 경우
㉠ 폭우·폭설·안개 등으로 가시거리가 100m 이내인 경우
㉡ 노면이 얼어붙은 경우
㉢ 눈이 20mm 이상 쌓인 경우

95 앞지르기 금지시기 중 옳지 않은 것은?

① 앞차가 다른 차를 앞지르려고 하는 경우
② 앞차가 우회전 하는 경우
③ 앞차가 다른 차를 앞지르고 있는 경우
④ 앞차의 좌측에 다른 차가 앞차와 나란히 가고 있는 경우

96 앞지르기 금지 장소에 해당되는 장소는 어디인가?

① 일반도로　　　　② 비탈길의 오르막
③ 교차로　　　　　④ 고속도로

◉해설
앞지르기 금지장소
㉠ 교차로
㉡ 터널 안
㉢ 다리 위
㉣ 도로의 구부러진 곳, 비탈길의 고갯마루 부근 또는 가파른 비탈길의 내리막 등 시·도 경찰청장이 도로에서의 위험을 방지하고 교통의 안전과 원활한 소통을 확보하기 위하여 필요하다고 인정하는 곳으로서 안전표지로 지정한 곳

97 철길 건널목 통과 시 운전자가 해야 할 행동은?

① 신속 통과　　　　② 서행
③ 우회전　　　　　④ 일시정지

◉해설
모든 차 또는 노면전차의 운전자는 철길 건널목(이하 건널목)을 통과하려는 경우에는 건널목 앞에서 일시정지 하여 안전한지 확인한 후에 통과해야 한다. 신호기 등이 표시하는 신호에 따르는 경우에는 정지하지 않고 통과할 수 있다.

98 보행자의 보호에 관한 조치 중 옳지 않은 것은?

① 도로에 설치된 안전지대에 보행자가 있는 경우와 차로가 설치되지 않은 좁은 도로에서 보행자의 옆을 지나는 경우 안전한 거리를 두고 서행해야 한다.
② 보행자가 횡단보도를 통행하고 있는 경우 횡단보도 앞에서 일시정지 해야 한다.
③ 보행자가 횡단보도가 설치되어 있지 않은 도로를 횡단하고 있을 때 횡단을 방해하지 않도록 신속하게 통과한다.
④ 교통정리를 하고 있는 교차로에서 좌회전 또는 우회전 하는 경우 신호 또는 지시에 따라 도로를 횡단하는 보행자의 통행을 방해해서는 안 된다.

◉해설
③ 모든 차의 운전자는 보행자가 횡단보도가 설치되어 있지 않은 도로를 횡단하고 있을 때는 안전거리를 두고 일시정지하여 보행자가 안전하게 횡단할 수 있도록 해야 한다.

99 긴급자동차 운행 시 면제되지 않는 위반 행위는?

① 규정된 제한 속도의 속도 위반
② 긴급 자동차에 대한 속도 제한이 있는 경우의 속도 위반
③ 끼어들기 금지 상황에서의 끼어들기
④ 앞지르기 금지 장소에서의 앞지르기

◉해설 긴급 자동차에 대한 특례
긴급 자동차에 대하여는 다음을 적용하지 아니한다.
㉠ 자동차 등의 속도제한. (다만, 긴급 자동차에 대해 속도를 규정한 경우에는 적용)
㉡ 앞지르기의 금지
㉢ 끼어들기의 금지

100 긴급자동차의 우선 통행에 대한 설명으로 틀린 것은?

① 긴급 자동차는 끼어들기가 금지된 상황에서도 끼어들기를 할 수 있다.
② 도로의 중앙이나 좌측 부분을 통행할 수 있다.
③ 긴급 자동차는 앞지르기가 금지된 장소에서 우측으로 앞지르기를 할 수 있다.
④ 정지하여야 하는 경우에도 불구하고 긴급하고 부득이한 경우에는 정지하지 않을 수 있다.

◉해설
③ 긴급 자동차는 앞지르기 금지 사항에 대해 특례를 받지만, 여전히 좌측으로 앞지르기를 해야 한다.

101 일시정지 해야 할 장소로 옳은 것은?

① 비탈길의 고갯마루
② 교통정리가 없고 좌우 확인이 어렵거나 교통이 빈번한 교차로
③ 교통정리를 하고 있지 않은 교차로
④ 도로가 구부러진 부근

◉해설 ①, ③, ④는 서행해야 할 장소다.

102 다음 중 서행해야 할 장소로 옳지 않은 것은?

① 가파른 비탈길의 내리막
② 비탈길의 고갯마루 부근
③ 시·도 경찰청장이 안전표지로 지정한 곳
④ 교통정리를 하고 있지 않은 교차로

◉해설 ③은 일시정지 해야 할 장소이다.

103 다음 중 정차 및 주차금지 장소로 옳지 않은 것은?

① 안전지대가 설치된 도로에서는 그 안전지대의 사방으로부터 각각 8m 이내인 곳
② 버스 여객 자동차의 정류지로부터 10m 이내인 곳
③ 교차로·횡단보도·건널목이나 보도와 차도가 구분된 도로의 보도
④ 교차로의 가장자리 또는 도로의 모퉁이로부터 5m 이내인 곳

◉해설
① 안전지대가 설치된 도로에서는 그 안전지대의 사방으로부터 각각 10m 이내인 곳

104 도로에서 정차하거나 주차할 때 택시가 켜야 하는 등화를 모두 고른 것은?

① 전조등, 실내 조명등　　② 미등, 차폭등
③ 전조등, 번호등　　　　④ 미등

◉정답 **94** ③　**95** ②　**96** ③　**97** ④　**98** ③　**99** ②　**100** ③　**101** ②　**102** ③　**103** ①　**104** ②

105 밤에 마주보고 진행하는 경우의 등화 조작 방법으로 옳지 않은 것은?

① 전조등의 밝기 줄이기
② 불빛의 방향을 아래로 향하기
③ 잠시 전조등 끄기
④ 전조등을 깜빡여 자신의 접근을 알리기

해설
밤에 차가 서로 마주보고 진행하는 경우의 등화 조작
㉠ 전조등의 밝기 줄이기
㉡ 불빛의 방향을 아래로 향하기
㉢ 잠시 전조등 끄기 (도로의 상황으로 보아 마주보고 진행하는 차의 교통을 방해할 우려가 없는 경우는 제외)

106 도로교통법에서 규정한 술에 취한 상태의 기준으로 옳은 것은?

① 혈중알코올농도가 0.03% 이상
② 혈중알코올농도가 0.07% 이상
③ 혈중알코올농도가 0.09% 이상
④ 혈중알코올농도가 0.1% 이상

107 편도 2차로 도로에서 어린이 통학버스가 도로에 정차하여 어린이나 영유아가 타고 내리고 있을 경우 운전자의 행동으로 올바른 것은?

① 어린이 통학버스 운전자에게 차량을 안전한 곳으로 이동하도록 경고한다.
② 어린이가 타고 내리는 데 방해가 되지 않도록 중앙선을 넘어 서행으로 지나간다.
③ 어린이 통학버스에 이르기 전에 일시정지 하여 안전을 확인한 후 서행하여 지나간다.
④ 정차되어 있는 어린이 통학버스 좌측 옆으로 지나간다.

해설
어린이 통학 버스가 도로에 정차하여 어린이나 영유아가 타고 내리는 중임을 표시하는 점멸등 등의 장치를 작동 중일 때에는 어린이 통학버스가 정차한 차로와 그 차로의 바로 옆 차로로 통행하는 차의 운전자는 어린이 통학 버스에 이르기 전에 일시정지하여 안전을 확인한 후 서행해야 한다.

108 모든 차의 운전자가 지켜야할 준수 사항으로 옳지 않은 것은?

① 서둘러 지나가야 하는 경우 경적을 반복적으로 울려 신호한다.
② 경찰관서에서 사용하는 무전기와 동일한 주파수의 무전기를 설치하지 않는다.
③ 물이 고인 곳을 운행할 때는 고인 물을 튀게 하여 타인에게 피해를 주지 않도록 한다.
④ 도로에서 자동차를 세워둔 채 시비 · 다툼 행위로 다른 차의 통행을 방해하지 않도록 한다.

109 교통사고 발생 시 경찰 공무원에게 신고할 사항과 거리가 먼 것은?

① 손괴한 물건 및 손괴 정도
② 사고가 일어난 곳
③ 사상자 수 및 부상 정도
④ 사고 주변의 날씨

해설
교통사고 발생 시 경찰 공무원에게 신고할 사항
㉠ 사고가 일어난 곳   ㉡ 사상자 수 및 부상 정도
㉢ 손괴한 물건 및 손괴 정도   ㉣ 그 밖의 조치 사항 등

110 다음 중 좌석 안전띠를 매지 않아도 되는 경우로 옳지 않은 것은?

① 신장 · 비만, 그 밖의 신체의 상태에 의하여 좌석 안전띠의 착용이 적당하지 않다고 인정되는 사람이 운전할 때
② 자동차가 서행으로 진행할 때
③ 긴급 자동차가 그 본래의 용도로 운행되고 있는 때
④ 경찰용 자동차에 의하여 호위되거나 유도되고 있는 자동차를 운전하거나 승차하는 때

해설
② 서행으로 주행 중에도 좌석 안전띠는 반드시 매야 한다.

111 밤에 고장으로 인해 고속도로에서 자동차를 운행할 수 없는 경우 안전표지 설치 시 사방 몇 m 지점에서 식별할 수 있어야 하는가?

① 500m   ② 700m
③ 100m   ④ 800m

해설
자동차의 운전자는 고장이나 그 밖의 사유로 고속도로 또는 자동차 전용 도로에서 자동차를 운행할 수 없을 때 다음 각 호의 표지를 설치하여야 한다.
㉠ 안전 삼각대
㉡ 사방 500m 지점에서 식별할 수 있는 적색의 섬광 신호 · 전기제 등 또는 불꽃 신호. 다만, 밤에 고장이나 그 밖의 사유로 고속도로 등에서 자동차를 운행할 수 없게 되었을 때로 한정한다.

112 다음 중 고속도로 갓길 통행금지에 관한 사항으로 옳지 않은 것은?

① 도로가 정체 시 원활한 소통을 위해 갓길 통행이 가능하다.
② 긴급 자동차와 고속도로 등의 보수 · 유지 등의 작업을 하는 자동차를 운전하는 경우 갓길 통행이 가능하다.
③ 신호기 또는 경찰 공무원 등의 신호나 지시에 따라 자동차를 운전하는 경우 갓길 통행이 가능하다.
④ 고속도로 등에서 자동차의 고장 등 부득이한 사정이 있는 경우를 제외하고는 차로에 따라 통행해야 하며, 갓길로 통행해서는 안 된다.

해설 갓길 통행 금지
자동차의 운전자는 고속도로 등에서 자동차의 고장 등 부득이한 사정이 있는 경우를 제외하고는 행정안전부령으로 정하는 차로에 따라 통행해야 하며, 갓길로 통행해서는 안 된다. 다만, 다음의 어느 하나에 해당하는 경우에는 그렇지 않다.
㉠ 긴급 자동차와 고속도로 등의 보수 · 유지 등의 작업을 하는 자동차를 운전하는 경우
㉡ 차량 정체 시 신호기 또는 경찰 공무원 등의 신호나 지시에 따라 갓길에서 자동차를 운전하는 경우

113 주취 중 운전, 과로 운전, 공동 위험 행위 운전으로 사람을 사상한 후 구호 및 신고 조치를 하지 않아 면허가 취소된 경우 응시 제한 기간은 면허가 취소된 날로부터 몇 년인가?

① 4년   ② 5년
③ 6년   ④ 7년

해설
운전면허가 취소된 날부터 5년간 응시가 제한되는 사유
㉠ 주취 중 운전, 과로 운전, 공동 위험 행위 운전(무면허 운전 또는 운전면허 결격 기간 중 운전 위반 포함)으로 사람을 사상한 후 구호 및 신고 조치를 하지 않아 취소된 경우
㉡ 주취 중 운전(무면허 운전 또는 운전면허 결격 기간 중 운전 포함)으로 사람을 사망에 이르게 하여 취소된 경우

114 누산 점수 초과로 인한 운전면허 취소 기준으로 옳은 것은?

① 3년간 271점 이상
② 2년간 190점 이상
③ 5년간 301점 이상
④ 1년간 130점 이상

⊕해설

벌점 등 초과로 인한 운전면허의 취소

기간	벌점 또는 누산 점수
1년간	121점 이상
2년간	201점 이상
3년간	271점 이상

115 다음 중 운전면허가 취소된 후, 그 위반한 날부터 3년이 지나야 응시 제한이 해제되는 사유로 옳은 것은?

① 무면허 운전 금지 규정을 3회 이상 위반한 경우
② 음주운전을 하다가 2회 이상 교통사고를 일으킨 경우
③ 음주운전을 하다가 사고로 인해 사람을 사망에 이르게 한 경우
④ 뺑소니 사고를 일으킨 경우

⊕해설

운전면허가 취소된 후, 그 위반한 날부터 3년간 응시가 제한되는 사유

㉠ 주취 중 운전 (무면허 운전 또는 운전면허 결격 기간 중 운전을 위반한 경우 포함)을 하다가 2회 이상 교통사고를 일으켜 운전면허가 취소된 경우
㉡ 자동차를 이용하여 범죄 행위를 하거나 다른 사람의 자동차를 훔치거나 빼앗은 사람이 무면허 운전인 경우

116 음주운전 관련 면허취소에 해당하는 경우는?

① 혈중알코올농도 0.03% 이상 0.08% 미만에서 운전한 때
② 혈중알코올농도 0.02% 이상 0.09% 미만에서 운전한 때
③ 혈중알코올농도 0.09% 이상에서 운전한 때
④ 혈중알코올농도 0.08% 이상에서 운전한 때

⊕해설

혈중 알코올 농도 0.08% 이상에서 운전한 때에는 면허가 취소 된다.(혈중 알코올 농도 0.03% 이상~0.08% 미만(주취 상태) : 벌점 100점)

117 벌점에 대한 설명으로 옳지 않은 것은?

① 교통사고 야기 도주차량을 검거하거나 신고한 경우, 면허정지 또는 취소 시 40점 특혜를 부여 한다.
② 처분 벌점이 40점 미만인 경우에 최종의 위반일 또는 사고일로부터 위반 및 사고 없이 1년이 경과한 때는 그 처분 벌점은 소멸한다.
③ 해당 위반 또는 사고가 있었던 날을 기준으로 하여 과거 3년간의 모든 벌점을 누산 하여 관리한다.
④ 교통사고 원인이 된 법규 위반이 둘 이상이라면, 이를 합산하여 적용한다.

⊕해설

교통사고의 원인이 된 법규 위반이 둘 이상인 경우 그 중 가장 무거운 것을 적용한다.

118 자동차 등의 운전 중 교통사고를 일으킨 때의 벌점으로 옳지 않은 것은?

① 경상 1명마다 10점 : 3주 미만 5일 이상의 치료를 요하는 의사의 진단이 있는 사고
② 부상신고 1명마다 2점 : 5일 미만의 치료를 요하는 의사의 진단이 있는 사고
③ 사망 1명마다 90점 : 사고 발생 시부터 72시간 이내에 사망한 때
④ 중상 1명마다 15점 : 3주 이상의 치료를 요하는 의사의 진단이 있는 사고

⊕해설

① 경상 1명마다 5점 : 3주 미만 5일 이상의 치료를 요하는 의사의 진단이 있는 사고

119 다음 중 위반 시 15점 벌점이 부과되는 사유 중 옳지 않은 것은?

① 적재 제한 위반 또는 적재물 추락 방지 위반
② 운전 중 영상 표시 장치 조작
③ 운전 중 휴대용 전화 사용
④ 속도위반 (30km/h 초과 50km/h 이하)

⊕해설 위반 시 15점 벌점이 부과되는 사항
• 신호 · 지시 위반
• 속도위반 (20km/h 초과 40km/h 이하)
• 속도위반 (어린이 보호 구역 안에서 오전 8시부터 오후 8시까지 사이에 제한 속도를 20km/h 이내에서 초과한 경우에 한정)
• 앞지르기 금지 시기 · 장소 위반
• 적재 제한 위반 또는 적재물 추락 방지 위반
• 운전 중 휴대용 전화 사용
• 운전 중 운전자가 볼 수 있는 위치에 영상 표시
• 운전 중 영상 표시 장치 조작
• 운행 기록계 미설치 자동차 운전 금지 등의 위반

120 다음 중 위반 시 벌점 30점에 해당하는 행위로 옳은 것은?

① 운전 중 휴대용 전화 사용
② 고속도로 · 자동차 전용 도로 갓길 통행
③ 승객 또는 승하차자 추락방지조치 위반
④ 속도위반 (80km/h 초과 100km/h 이하)

⊕해설 위반 시 30점 벌점이 부과되는 사항
• 통행 구분 위반 (중앙선 침범에 한함)
• 속도위반 (40km/h 초과 60km/h 이하)
• 철길 건널목 통과 방법 위반 또는 회전교차로 통행방법 위반
• 어린이 통학 버스 특별 보호 위반
• 어린이 통학 버스 운전자의 의무 위반 (좌석 안전띠를 매도록 하지 않은 운전자는 제외)
• 고속도로 · 자동차 전용 도로 갓길 통행
• 고속도로 버스 전용 차로 · 다인승 전용 차로 통행 위반
• 운전면허증 등의 제시 의무 위반 또는 운전자 신원 확인을 위한 경찰 공무원의 질문에 불응

121 다음 중 차의 교통으로 인한 인적 피해 사고가 발생하여 운전자를 형사 처벌하여야 하는 경우 적용하는 법은?

① 교통사고 처리 특례법   ② 도로 교통법
③ 도로법   ④ 과실 재물 손괴죄

⊕해설
①의 "교통사고 처리 특례법"이 정답이다.

122 "차의 교통으로 인하여 사람을 사상하거나 물건을 손괴하는 것"을 뜻하는 교통사고 처리 특례법상의 용어는?

① 안전사고
② 교통사고
③ 전도사고
④ 추락사고

해설
②의 교통사고는 반드시 '차'로 인하여 발생한 사고이어야 교통사고로 처리된다.

123 교통사고의 조건에 해당되지 않는 것은?

① 명백한 자살이라고 인정되는 사고
② 차에 의한 사고
③ 피해의 결과 발생(사람 사상 또는 물건 손괴)
④ 교통으로 인하여 발생한 사고

해설
①의 '명백한 자살'이라고 판명된 사고는 안전사고로 처리된다.

124 다음 중 교통사고 운전자가 형사 처벌 대상이 되는 경우가 아닌 것은?

① 신호·지시 위반, 과속(20km/h 초과) 사고
② 일반 도로에서의 횡단, 유턴, 후진 중 사고
③ 무면허 운전, 주취, 약물 복용 운전 중 사고
④ 중앙선 침범, 보도 침범 위반 사고

해설
②의 일반 도로에서의 횡단, 유턴, 후진 중 사고는 법 제3조제2항 단서 12개 항목에 해당되지 않아 처벌 대상이 아니다.

125 다음 중 교통사고 인명 피해가 발생하였을 때의 중상해(重傷害)에 해당되는 경우가 아닌 것은?

① 뇌 또는 주요 장기에 중대한 손상이 발생한 경우
② 사지 절단 등 신체 중요 부분의 상실·중대 변형이 있는 경우
③ 시각·청각·언어·생식 기능 등 중요한 신체 기능의 일시적 상실의 경우
④ 사고 후유증으로 중증의 정신 장애·하반신 마비 등의 완치 가능성이 없는 경우

해설
③의 시각·청각·언어·생식 기능 등 중요한 신체 기능의 '일시적 상실'이 아닌 '영구적 상실'이어야 중상해에 해당된다.

126 다음 중 사고 운전자가 피해자를 사망에 이르게 하고 도주하거나, 도주 후에 피해자가 사망한 경우의 벌칙으로 맞는 것은?

① 무기 또는 5년 이상의 징역
② 사형·무기 또는 5년 이상의 징역
③ 3년 이상의 유기 징역
④ 1년 이상의 유기 징역

해설
①의 "무기 또는 5년 이상의 징역"에 해당되어 처벌 받는다.

127 다음 중 사고 운전자가 피해자를 사고 장소로부터 옮겨 유기하고 도주하여 피해자를 사망에 이르게 하고 도주하거나, 도주 후에 사망한 경우 벌칙으로 맞는 것은?

① 사형·무기 또는 5년 이상의 징역
② 무기 또는 5년 이상의 징역
③ 3년 이상의 유기 징역
④ 1년 이상의 유기 징역

해설
①의 "사형·무기 또는 5년 이상의 징역"에 해당되어 처벌된다.

128 다음 중 사망 사고에 대한 내용으로 맞지 않는 것은?

① 교통사고에 의한 사망은 사고가 주된 원인이 되어 사고 발생 시부터 30일 이내에 사망한 사고를 말한다.
② 교통사고 발생 후 72시간 내 사망하면 벌점 90점이 부과된다.
③ 72시간 이후 사망은 사망으로 인정하지 않는다.
④ 사망사고는 사고차량이 보험이나 공제에 가입되어 있더라도 형사적 책임이 있어 처벌한다.

해설
①, ②, ④의 경우는 사망 사고로 처리되고, ③의 경우도 차로 인한 경우는 교통사고 사망으로 인정된다.

129 다음 중 도주(뺑소니) 사고에 해당되지 않는 경우는?

① 피해자를 사고 현장에 방치한 채 가버린 경우
② 현장에 도착한 경찰관에게 거짓으로 진술한 경우
③ 사고 운전자를 바꿔치기 하여 신고한 경우
④ 피해자 일행의 구타·폭언·폭행이 두려워 현장을 이탈한 경우

해설
①, ②, ③의 경우는 도주(뺑소니)로 인정되고, ④의 경우에는 도주(뺑소니)로 인정되지 않는 경우이다.

130 다음 중 신호·지시 위반 사고에 해당되지 않는 경우는?

① 신호가 변경되기 전에 출발하여 인적 피해를 일으킨 경우
② 황색 주의 신호에 교차로에 진입하여 인적 피해를 일으킨 경우
③ 예측되는 사고를 피하기 위해서 부득이하게 신호를 위반하였다가 사고가 난 경우
④ 신호 내용을 위반하고 진행하여 인적 피해를 일으킨 경우

해설
①, ②, ④의 신호·지시 위반 사고에 해당되고, 이외에도 "적색 차량 신호에 진행하다 정지선과 횡단보도 사이에서 보행자를 충격한 경우"도 있으며, ③의 "부득이하게 신호를 위반한 경우"는 해당되지 않는다.

131 각각의 속도에 대한 정의가 잘못된 것은?

① 규제 속도 : 법정 속도와 제한 속도
② 설계 속도 : 도로 설계의 기초가 되는 자동차의 속도
③ 주행 속도 : 정지 시간을 포함한 실제 주행 거리의 평균 주행 속도
④ 구간 속도 : 정지 시간을 포함한 주행 거리의 평균 주행 속도

해설
①, ②, ④의 경우는 맞는 정의이며 ③의 '주행 속도'의 정의 중 '포함한'은 틀리고 '제외한'이 옳은 정답이다.

132 승합자동차가 규제 속도를 위반하였을 경우 행정 처분으로 틀린 것은?

① 60km/h 초과 : 범칙금 13만 원, 벌점 60점

② 40km/h 초과 60km/h 이하 : 범칙금 10만 원, 벌점 30점

③ 20km/h 초과 40km/h 이하 : 범칙금 7만 원, 벌점 15점

④ 20km/h 이하 : 범칙금 3만 원, 벌점 10점

⊕ 해설

①, ②, ③의 경우는 옳은 정답이며 ④의 경우 범칙금 3만 원은 옳은 금액이지만 벌점은 없기 때문에 틀린 문항이다.

133 다음 중 앞지르기 금지의 시기에 대한 설명이 잘못된 것은?

① 앞차의 좌측에 다른 차가 앞차와 나란히 가고 있는 경우

② 앞차가 다른 차를 앞지르고 있거나 앞지르고자 하는 경우

③ 경찰 공무원의 지시에 따라 정지하고 있을 때도 앞지르기를 할 수 있다.

④ 차의 운전자는 위험을 방지하기 위하여 정지하거나 또는 서행하고 있는 다른 차를 앞지르지 못 한다.

⊕ 해설

①, ②, ④의 경우는 앞지르기를 할 수 없는 시기에 해당되고 ③의 경찰 공무원의 지시에 따를 때에도 앞지르기 금지의 시기에 해당된다.

134 다음 중 철길 건널목의 종류에 대한 설명으로 틀린 것은?

① 제1종 건널목 : 차단기, 건널목 경보기, 안전표지 설치

② 제2종 건널목 : 건널목 경보기, 안전표지 설치

③ 제3종 건널목 : 안전표지만 설치

④ 특종 건널목 : 차단기 등 모든 장치가 설치된 건널목

⊕ 해설

제1종·2종·3종 건널목은 있어도 ④ 특종 건널목이라는 것은 없다.

135 다음 중 횡단보도 보행자에 해당하지 않는 사람은?

① 횡단보도 내에서 택시를 잡고 있는 사람

② 횡단보도를 걸어가는 사람

③ 세발자전거를 타고 횡단보도를 건너는 어린이

④ 손수레를 끌고 횡단보도를 건너는 사람

⊕ 해설

②, ③, ④의 경우는 횡단보도 보행자로 인정되고, 외에도 '횡단보도에서 원동기 장치 자전거나 자전거를 끌고 가는 사람'도 보행자이며, ①의 경우는 횡단보도 보행자로 인정되지 않는다.

136 다음 중 음주 운전으로 처벌되지 않는 경우는?

① 공장, 관공서, 학교, 사기업 등의 정문 안쪽 장소에서의 음주 운전

② 차단기에 의해 도로와 차단되고 별도로 관리되는 장소에서의 음주 운전

③ 주차장 또는 주차선 안에서의 음주 운전

④ 혈중 알코올 농도 0.03% 미만에서 음주 운전

⊕ 해설

①, ②, ③의 경우는 음주 운전 처벌 대상이 되며, 도로 교통법 제44조제4항에 '혈중 알코올 농도 0.03% 이상인 경우'로 한다고 규정되어 있어 ④의 경우는 형사 처벌 대상으로 하지 않는다.

137 사람을 다치게 한 교통사고로써 교통사고 처리 특례법 제3조제2항 단서에 해당하지 아니하는 사고를 일으킨 운전자가 보험 등에 가입되지 아니한 경우 피해자와 손해 배상 합의 기간을 주고 있다. 그 기간은?

① 사고 발생한 날부터 1주간

② 사고 접수한 날부터 2주간

③ 사고 발생한 날부터 3주간

④ 사고 접수한 날부터 4주간

⊕ 해설

교통사고 조사관은 사고를 접수한 날부터 2주간 피해자와 손해 배상에 대한 합의를 할 수 있는 기간을 주어야 한다.

138 "같은 방향으로 가고 있는 앞차가 갑자기 정지하게 되는 경우 그 앞차와의 추돌을 피할 수 있는 거리"를 의미하는 용어는?

① 안전거리

② 정지거리

③ 공주거리

④ 제동거리

⊕ 해설

'안전거리'라고 한다.

139 다음 용어들에 대한 설명 중 잘못된 것은?

① 정지거리 : 공주거리와 제동거리를 합한 거리

② 공주거리 : 운전자가 위험을 느끼고 브레이크를 밟았을 때 자동차가 제동되기 전까지 주행한 거리

③ 제동거리 : 차가 제동되기 시작하여 정지될 때까지 주행한 거리

④ 사고 위험 거리 : 공주거리에서 제동거리를 뺀 거리

⊕ 해설

①, ②, ③의 용어와 설명은 모두 옳은 문항이며 ④의 '사고 위험 거리'는 없는 용어와 설명이다.

140 다음 중 안전거리 미확보 사고의 성립 요건이 아닌 것은?

① 앞차의 정당한 급정지

② 앞차의 고의적인 급정지

③ 앞차의 상당성 있는 급정지

④ 앞차의 과실 있는 급정지

⊕ 해설

①, ③, ④의 경우는 성립 요건에 해당하지만, ②의 경우와 앞차의 후진 및 의도적으로 급정지하는 경우는 성립 요건이 아니다.

141 후진 사고의 성립 요건 중 예외 사항에 해당되는 것은?

① 장소적 요건 : 도로에서 발생

② 피해자 요건 : 후진하는 차량에 충돌되어 피해를 입은 경우

③ 운전자 과실 : 교통 혼잡으로 인해 후진이 금지된 곳에서 후진하는 경우

④ 운전자 과실 : 뒤차의 전방 주시나 안전거리 미확보로 앞차를 추돌하는 경우

⊕ 해설

①, ②, ③의 경우는 성립 요건에 해당되지만 ④의 경우는 '예외 사항'에 해당되어 성립 요건이 아니다.

142 "대로상에서 뒤에 있는 일정한 장소나 다른 길로 진입하기 위해 상당한 구간을 계속 후진하다가 정상 진행 중인 차량과 충돌한 경우" 무엇을 위반한 것인가?

① 안전 운행 불이행　　② 앞지르기 위반
③ 후진 위반　　　　　④ 통행 구분 위반

🔍 해설
④의 '통행 구분 위반(역진으로 보아 중앙선 침범과 동일하게 취급)'으로 처리한다.

143 다음 중 뒤차가 교차로에서 앞차의 측면을 통과한 후 앞차의 앞으로 들어가는 도중에 발생한 사고의 유형은?

① 앞지르기 금지 위반 사고
② 안전 운전 위반 사고
③ 진로 변경 위반 사고
④ 교차로 통행 방법 위반 사고

🔍 해설
①의 문항은 '앞지르기 금지 위반 사고(앞차의 측면을 통과한 후 앞차의 앞으로 들어가는 도중 발생한 사고)'이며 '교차로 통행 방법 위반 사고(앞차의 앞으로 들어가지 않고 앞차의 측면을 접촉한 사고)'와는 차이점이 있다.

144 다음은 교차로 통행 방법 위반 사고의 성립 요건 내용이다. 예외 사항에 해당되는 것은?

① 장소적 요건 : 2개 이상의 도로가 교차하는 장소(교차로)
② 피해자 요건 : 신호 위반 차량에 충돌되어 피해를 입은 경우
③ 운전자 과실 : 교차로에서 좌회전 또는 우회전 통행 방법을 위반한 과실
④ 운전자 과실 : 안전 운전을 불이행한 과실

🔍 해설
①, ③, ④의 문항은 성립 요건에 해당하고 ②의 문항은 피해자 성립 요건의 예외 사항에 해당된다.

145 다음 중 교차로 통행 방법 위반 사고 시 "앞차가 너무 넓게 우회전하여 앞·뒤가 아닌 좌·우 차의 개념으로 보는 상태에서 충돌한 경우"의 가해자는?

① 앞차가 가해자　　② 뒤차가 가해자
③ 옆 차가 가해자　　④ 가해자 없음

🔍 해설
문제의 내용은 앞·뒤차의 가해자 판독 기준 중, '앞차가 가해자'인 경우의 판독 기준이므로 ①은 옳은 문항이다. 또한 "앞차가 일부 간격을 두고 우회전 중인 상태에서 뒤차가 무리하게 끼어들며 진행하여 충돌한 경우"는 뒤차가 가해자이다.

146 신호등이 없는 교차로에 진입 전, 일시정지 또는 서행하지 않고 교차로의 교통 상황을 확인하지 않아 사고가 발생했을 때, 다음 중 사고 가해자에 해당하지 않는 경우는?

① 충돌 직전에 상대 차량을 보았다고 진술한 경우
② 교차로에 진입할 때 상대 차량을 보지 못했다고 진술한 경우
③ 가해 차량이 정면으로 상대 차량 측면을 충돌한 경우
④ 통행 우선순위가 같은 상태에서 우측 도로에서 진입한 차량과 충돌한 경우

🔍 해설
①, ②, ③의 문항은 가해자 요건에 해당하고, ④의 문항은 가해자 요건에 해당하지 않는다.

147 신호등이 없는 교차로에 진입 시 통행 우선권을 이행하지 않아 사고가 발생했을 때, 사고 가해자에 해당하지 않는 경우는?

① 교차로에 진입할 때 상대 차량을 보지 못했다고 진술한 경우
② 통행 우선순위가 같은 상태에서 우측 도로에서 진입한 차량과 충돌한 경우
③ 교차로에 동시에 진입한 상태에서 폭이 넓은 도로에서 진입한 차량과 충돌한 경우
④ 교차로에 진입하여 좌회전하는 상태에서 직진 또는 우회전 차량과 충돌한 경우

🔍 해설
②, ③, ④의 문항은 가해자의 요건에 해당하고 ①의 문항은 가해자의 요건에 해당하지 않는다.

148 다음 중 안전 운전과 난폭 운전과의 차이에 대한 설명으로 틀린 것은?

① 안전 운전 : 모든 장치를 정확히 조작하여 운전하는 경우
② 안전 운전 : 도로의 교통 상황과 차의 구조 및 성능에 따라 다른 사람에게 위험이나 장애를 주지 않는 속도나 방법으로 운전하는 경우
③ 난폭 운전 : 고의나 인식할 수 있는 과실로 타인에게 현저한 위해를 초래하는 운전을 하는 경우
④ 난폭 운전 : 지선 도로에서 간선 도로로 진입할 때 일시 정지한 후 안전하게 진입하는 경우

🔍 해설
①, ②, ③의 문항은 용어의 정의에 맞는 문항이며 ④의 문항은 난폭 운전 사례 중 하나를 올바른 운전 방법으로 바로잡은 내용이다. 그 외의 난폭 운전 사례로는 '급차로 변경', '지그재그 운전' 등이 있다.

제1장 👮 안전운전의 기술

제1절 인지·판단의 기술

안전 운전에 있어 효율적인 정보 탐색과 정보 처리는 매우 중요하며 운전의 위험을 다루는 효율적인 정보처리 방법의 하나는 '확인 → 예측 → 판단 → 실행'의 과정을 따르는 것이다. 이 과정은 안전 운전을 하는데 필수적인 과정이고 운전자의 안전 의무로 볼 수 있다.

01. 확인

확인이란 주변의 모든 것을 빠르게 보고 한눈에 파악하는 것을 말한다. 이때 중요한 것은 **가능한 한 멀리까지 시선의 위치를 두고 전방 200~300m 앞**, 시내 도로는 앞의 교차로 신호 2개 앞까지 주시할 수 있어야 한다.

1 실수의 요인
① 주의의 고착 – 선택적인 주시 과정에서 어느 한 물체에 주의를 뺏겨 오래 머무는 것
② 주의의 분산 – 운전과 무관한 물체에 대한 정보 등을 받아들여 주의가 흐트러지는 것

2 주의해서 보아야 할 사항
확인의 과정에서 주의 깊게 봐야 할 것들은 다른 차로의 차량, 보행자, 자전거 교통의 흐름과 신호 등이다. 특히 화물 차량 등 대형차가 있을 때는 대형 차량에 가린 것들에 대한 단서에 주의해야 한다.

02. 예측

예측한다는 것은 운전 중에 확인한 정보를 모으고, 사고가 발생할 수 있는 지점을 판단하는 것이다. 예측의 주요 요소는 다음과 같다.
① 주행로
② 행동
③ 타이밍
④ 위험원
⑤ 교차 지점

> **👮 예측회피 운전의 기본적 방법**
> ㉠ 속도 가속, 감속 : 때로는 속도를 낮추거나 높이는 결정을 해야 한다.
> ㉡ 위치 바꾸기(진로 변경) : 사고 상황이 발생할 경우를 대비해서 주변에 긴급 상황 발생시 회피할 수 있는 완충 공간을 확보하면서 운전한다.
> ㉢ 다른 운전자에게 신호하기 : 가다 서고를 반복하고 수시로 차선변경을 필요로 하는 택시의 운전은 자신의 의도를 주변에 등화 신호로 미리 알려 주어야 한다.

03. 판단

판단 과정에서는 운전자의 경험뿐 아니라 성격, 태도, 동기 등 다양한 요인이 작용한다. 사전에 위험을 예측, 통제 가능한 속도로 주행 하는 사람은 높은 상태의 각성 수준을 유지할 필요가 없다. 반면에 기분을 중시하고, 비교적 높은 속도로 주행하는 사람은 그만큼 각성 수준은 높게 유지하게 되지만 위험 상황을 쉽게 마주치게 되고, 그만큼 사고 가능성도 높아진다. 판단 과정에서 고려할 주요 방법은 다음과 같다.
① 속도 가속, 감속 : 상황에 따라 가속을 할지 감속을 할지 판단
② 위치 바꾸기(진로 변경) : 만일의 사고에 대비해 회피할 공간이 확보된 위치로 이동
③ 다른 운전자에게 신호하기 : 등화나 그 밖의 신호 방법으로 진로 방향을 항상 사전에 신호

04. 실행

이 과정에서 가장 중요한 것은 요구되는 시간 안에 필요한 조작을, 가능한 부드럽고, 신속하게 해내는 것이다. 기본적인 조작 기술이지만 가속, 감속, 제동 및 핸들 조작 기술을 제대로 구사하는 것이 매우 중요하다.

제2절 안전 운전의 5가지 기술

01. 운전 중에 전방을 얼리 본다.

가능한 한 시선은 전방 먼 쪽에 두되, 바로 앞 도로 부분을 내려다보지 않도록 한다. 일반적으로 20~30초 전방까지 본다. 20~30초 전방이란 도시에서는 대략 시속 40~50km의 속도에서 교차로 하나 이상의 거리를 말하며, 고속도로와 국도 등에서는 대략 시속 80~100km의 속도에서 약 500~800m 앞의 거리를 살피는 것을 말한다.

02. 전체적으로 살펴본다.

모든 상황을 여유 있게 포괄적으로 바라보고 핵심이 되는 상황만 선택적으로 반복, 확인해서 보는 것을 말한다. 이때 중요한 것은 어떤 특정한 부분에 사로잡혀 다른 것을 놓쳐서는 안 된다는 것이며, 핵심이 되는 것을 다시 살펴보되 다른 곳을 확인하는 것도 잊어서는 안 된다.

> **👮 전방탐색 시 주의**
> 전방탐색 시 주의해서 봐야할 것들은 **다른 차로의 차량, 보행자, 자전거 교통의 흐름과 신호** 등이다. 특히 화물 자동차와 같은 대형차가 있을 때는 대형차에 가려진 것들에 대한 단서에 주의한다.

03. 눈을 계속해서 움직인다.

좌우를 살피는 운전자는 움직임과 사물, 조명을 파악할 수 있지만, 시선이 한 방향에 고정된 운전자는 주변에서 다른 위험 사태가 발생하더라도 파악할 수 없다. 그러므로 전방만 주시하는 것이 아니라, 동시에 좌우도 항상 같이 살펴야 한다.

04. 다른 사람들이 자신을 볼 수 있게 한다.

회전을 하거나 차로 변경을 할 경우에 다른 사람이 미리 알 수 있도록 신호를 보내야 한다. 시내 주행 시 30m 전방, 고속도로 주행 시 100m 전방에서 방향지시등을 켠다. 어둡거나 비가 올 경우 전조등을 사용해야 하며 경적을 사용할 때는 30m 이상의 거리에서 미리 경적을 울려야 한다. 그 밖의 도로 상황에 따라 **방향지시기·등화, 경음기** 등을 사용하여 알려야 한다.

05. 차가 빠져나갈 공간을 확보한다.

운전자는 주행 시 만일의 사고를 대비해 전·후방뿐만 아니라 좌·우측으로 안전 공간을 확보하도록 노력해야 한다. 좌·우로 차가 빠져나갈 공간이 없을 때는 앞차와의 차간 거리를 더 확보해야 하며 가급적 무리를 지은 차량 대열의 중간에 끼는 것을 피할 필요가 있다. 그 밖에 의심스런 상황이 발생할 경우에는 항상 거리를 유지해야만 한다.

제3절 방어 운전의 기본 기술

방어 운전이란, 가장 대표적으로 발생하는 기본적인 사고 유형에 대처 전략을 숙지하고, 평소에 실행하는 것을 말한다. 이는 방어 운전의 기본적인 전제인 교통사고의 90% 이상은 사실상 운전자가 당시에 합리적으로 행동했다면 예방 가능했던 사고라는 점에서 시작된다.

> **방어 운전의 기본 사항**
>
> **방어 운전의 기본 사항** : 능숙한 운전 기술, 정확한 운전 지식, 세심한 관찰력, 예측 능력과 판단력, 양보와 배려의 실천, 교통상황 정보 수집, 반성의 자세, 무리한 운행 배제

01. 기본적인 사고 유형

1 정면충돌 사고

직선로, 커브 및 좌회전 차량이 있는 교차로에서 주로 발생한다. 회피 요령은 다음과 같다.

① 전방의 도로 상황을 파악하여 내 **차로**로 들어오거나 앞지르려고 하는 차 혹은 보행자에 대해 주의
② 정면으로 마주칠 때 핸들 조작의 기본적 동작은 **오른쪽**으로 함
③ **오른쪽**으로 방향을 조금 틀어 공간을 확보. 필요하다면 **차도를 벗**어나 길 가장자리 쪽으로 주행하고 상대에게 **차도를 양보**
④ 감속. 속도를 줄이는 것은 **주행 거리와 충격력**을 줄이는 효과가 있음

2 후미 추돌 사고

가장 흔한 사고의 형태로, 이를 피하기 위한 **참고 사항**은 다음과 같다.

① 제동등, 방향 지시기 등을 단서로 활용하여 앞차의 운전자가 어떻게 행동할지를 보여주는 **징후나 신호**를 살피고 항상 앞차에 대해 주의하기
② 앞차 너머의 상황을 살펴 앞차의 행동을 예측하고 대비하기
③ 앞차와 충분한 거리를 유지하기
④ 위험 상황이 전개될 경우 바로 상대보다 더 빠르게 속도 줄이기

3 단독 사고

주로 빈약한 판단력에서 비롯되므로, 과로를 피하고 심신이 안정된 상태에서 운전해야 하며, 낯선 곳 등의 주행에 있어서는 사전에 주행 정보를 수집하여 여유 있는 주행이 가능하도록 해야 한다.

4 미끄러짐 사고

눈, 비가 오는 등의 날씨에 주로 발생한다. 이러한 날씨에는 다음과 같은 사항에 주의한다.

① 다른 차량 주변으로 가깝게 다가가지 않기
② 수시로 브레이크 페달을 작동해서 제동이 제대로 되는지를 살펴보기
③ 제동 상태가 나쁠 경우 도로 조건에 맞춰 속도를 낮추기

5 차량 결함 사고

브레이크와 타이어 결함 사고가 대표적이다. 대처 방법은 다음과 같다.

① 차의 앞바퀴가 터지는 경우, 핸들을 단단하게 잡아 차가 한 쪽으로 쏠리는 것을 막고 의도한 방향을 유지한 다음 감속
② 뒷바퀴의 바람이 빠져 차가 한쪽으로 미끄러지는 것을 느끼면 핸들 방향을 그 방향으로 틀되, 순간적으로 과도하게 틀면 안 되며, 페달은 수회 반복적으로 나누어 밟아 안전한 곳에 정차
③ 브레이크 베이퍼록 현상으로 페달이 푹 꺼진 경우는 브레이크 페달을 반복해서 밟으며 유압 계통에 압력이 생기게 하고, 브레이크 유압 계통이 터진 경우라면 전자와는 달리 빠르고 세게 밟아 속도를 줄이는 순간 변속기 기어를 저단으로 바꾸어 엔진브레이크로 속도를 감속 후 안전한 장소에 정차
④ 페이딩 현상(브레이크를 계속 밟아 열이 발생하여 제어가 불가능한 현상)이 일어난다면 차를 멈추고 브레이크가 식을 때까지 대기

02. 앞지르기 방법과 방어 운전

1 앞지르기 순서 및 방법 주의 사항

① 앞지르기 금지 장소 여부를 확인한다.
② 전방의 안전을 확인함과 동시에 후사경으로 좌측 및 좌측 후방을 확인한다.
③ 좌측 방향 지시등을 켠다.
④ 최고 속도의 제한 범위 내에서 가속하여 진로를 서서히 좌측으로 변경한다.
⑤ 차가 일직선이 되었을 때 방향 지시등을 끈 다음 앞지르기 당하는 차의 좌측을 통과한다.
⑥ 앞지르기 당하는 차를 후사경으로 볼 수 있는 거리까지 주행한 후 우측 방향 지시등을 켠다.
⑦ 진로를 서서히 우측으로 변경한 후 차가 일직선이 되었을 때 방향 지시등을 끈다.

2 앞지르기 금지 상황

① 앞차가 좌측으로 진로를 바꾸려고 하거나 다른 차를 앞지르려고 할 때
② 앞차의 좌측에 다른 차가 나란히 가고 있을 때
③ 뒤차가 자기 차를 앞지르려고 할 때
④ 마주 오는 차의 진행을 방해할 염려가 있을 때
⑤ 앞차가 교차로나 철길 건널목 등에서 정지 또는 서행하고 있을 때
⑥ 앞차가 경찰 공무원 등의 지시에 따르거나 위험 방지를 위해 정지 또는 서행하고 있을 때
⑦ 어린이 통학 버스가 어린이 또는 유아를 태우고 있다는 표시를 하고 도로를 통행할 때

3 앞지르기할 때의 방어 운전

① 자신의 차가 다른 차를 앞지르는 경우
　㉠ 앞지르기에 필요한 속도가 그 도로의 최고 속도 범위 이내일 때 시도
　㉡ 앞지르기에 필요한 충분한 거리와 시야가 확보되었을 때 시도
　㉢ 앞차가 앞지르기를 하고 있을 때는 시도 금지
　㉣ 앞차의 오른쪽으로는 앞지르기 금지
　㉤ 점선으로 되어있는 중앙선을 넘어 앞지르기 하는 때에는 대향차의 움직임에 주의

② 다른 차가 자신의 차를 앞지르는 경우
　　㉠ 앞지르기를 시도하는 차가 원활하게 주행 차로로 진입할 수 있도록 감속
　　㉡ 앞지르기 금지 장소 등에서도 앞지르기를 시도하는 차가 있다는 사실을 항상 고려

제4절　시가지 도로에서의 안전 운전

01. 시가지 교차로에서의 방어 운전

1 교차로에서의 방어 운전
① 신호는 운전자의 눈으로 직접 확인 후 앞서 직진, 좌회전, 우회전 또는 U턴 하는 차량 등에 주의
② 신호에 따라 진행하는 경우에도 신호를 무시하고 갑자기 달려드는 차 또는 보행자가 있다는 사실에 주의
③ 좌·우회전할 때는 방향 지시등을 정확히 점등
④ 성급한 우회전은 금지
⑤ 통과하는 앞차를 맹목적으로 따라가지 않도록 주의
⑥ 교통정리가 행해지고 있지 않고 좌·우를 확인할 수 없거나 교통이 빈번한 교차로에 진입할 때는 일시 정지하여 안전 확인 후 출발
⑦ 우회전 시 뒷바퀴로 자전거나 보행자를 치지 않도록 주의하고, 좌회전 시 정지해 있는 차와 충돌하지 않도록 주의

2 교차로 황색 신호에서의 방어 운전
① 황색 신호일 때는 멈출 수 있도록 감속하여 접근
② 황색 신호일 때 모든 차는 정지선 바로 앞에 정지
③ 이미 교차로 안으로 진입해 있을 때 황색 신호로 변경된 경우 신속히 교차로 밖으로 이동
④ 교차로 부근에는 무단 횡단하는 보행자 등 위험 요인이 많으므로 돌발 상황에 대비
⑤ 가급적 감속하여 신호가 변경되면 바로 정지 할 수 있도록 준비

> **회전 교차로에서의 통행 방법**
> ㉠ 회전 교차로 통과 시 모든 자동차가 중앙 교통섬을 중심으로 하여 **시계 반대 방향으로 회전**하며 통과 한다.
> ㉡ 회전 교차로에 진입 시 **충분히 속도를 줄인 후** 진입한다.
> ㉢ 회전차로 내부에서 **주행 중인 차를 방해**할 우려가 있을 시 진입 금지
> ㉣ 회전 교차로에 진입하는 자동차는 회전 중인 자동차에게 양보한다.

02. 시가지 이면 도로에서의 방어 운전

어린이 보호 구역에서는 시속 30km 이하로 운전해야 한다. 주요 주의 사항은 다음과 같다.

1 항상 보행자의 출현 등 돌발 상황에 대비하여 감속

2 위험한 대상물은 계속 주시
① 돌출된 간판 등과 충돌하지 않도록 주의
② 자전거나 이륜차가 통행하고 있을 때에는 통행 공간을 배려하면서 운행
③ 자전거나 이륜차의 갑작스런 회전 등에 대비
④ 주·정차된 차량이 출발하려고 할 때에는 감속하여 안전거리를 확보

> **안전거리**
> 앞차가 갑자기 정지하게 되는 경우 그 앞차와의 충돌을 피할 수 있는 거리

제5절　지방 도로에서의 안전 운전

01. 커브 길의 방어 운전

1 커브 길에서의 주행 개념
지방 도로에는 커브 길이 많다. 커브 길에서의 개념과 주행 방법은 다음과 같다.
① 슬로우-인, 패스트-아웃 (Slow-In, Fast-Out)
　: 커브 길에 진입할 때에는 속도를 줄이고, 진출할 때에는 속도를 높이라는 의미
② 아웃-인-아웃(Out-In-Out)
　: 차로 바깥쪽에서 진입하여 안쪽, 바깥쪽 순으로 통과하라는 의미

2 커브 길 주행 방법
① 커브 길에 진입하기 전에 경사도나 도로의 폭을 확인하고 가속 페달에서 발을 떼어 엔진 브레이크가 작동되도록 감속
② 엔진 브레이크만으로 속도가 충분히 줄지 않으면 풋 브레이크를 사용해 회전 중에 더 이상 감속하지 않도록 조치
③ 감속된 속도에 맞는 기어로 변속
④ 회전이 끝나는 부분에 도달하였을 때는 핸들을 바르게 위치
⑤ 가속 페달을 밟아 속도를 서서히 올리기

3 커브길 주행 시의 주의 사항
① 커브 길에서는 기상 상태, 노면 상태 및 회전 속도 등에 따라 차량이 미끄러지거나 전복될 위험이 증가하므로 부득이한 경우가 아니면 핸들 조작·가속·제동은 갑작스럽게 하지 않는다.
② 회전 중에 발생하는 가속과 감속에 주의해야 한다.
③ 커브길 진입 전에 감속 행위가 이뤄져야 차선 이탈 등의 사고를 예방할 수 있다.
④ 중앙선을 침범하거나 도로의 중앙선으로 치우친 운전은 피한다.
⑤ 시야가 제한되어 있다면 주간에는 경음기, 야간에는 전조등을 사용하여 내 차의 존재를 반대 차로 운전자에게 알린다.
⑥ 급커브 길 등에서의 앞지르기는 대부분 규제 표지 및 노면 표시 등 안전표지로 금지하고 있으나, 금지 표지가 없어도 전방의 안전이 확인되지 않으면 절대 하지 않는다.
⑦ 겨울철 커브 길은 노면이 얼어있는 경우가 많으므로 사전에 충분히 감속하여 안전사고가 발생하지 않도록 주의한다.

02. 언덕길의 방어 운전

1 내리막길에서의 방어 운전
① 내리막길을 내려갈 때에는 엔진 브레이크로 속도 조절하는 것이 바람직하다.
② 엔진 브레이크를 사용하면 페이드 현상 및 베이퍼 록 현상을 예방하여 운행 안전도를 높일 수 있다.
③ 도로의 내리막이 시작되는 시점에서 브레이크를 힘껏 밟아 브레이크를 점검한다.
④ 내리막길에서는 반드시 변속기를 저속 기어로, 자동 변속기는 수동 모드의 저속 기어 상태로 두고 엔진 브레이크를 사용하여 감속 운전 한다.
⑤ 경사길 주행 중간에 불필요하게 속도를 줄이거나 급제동하는 것은 주의한다.
⑥ 비교적 경사가 가파르지 않은 긴 내리막길을 내려갈 때 운전자의 시선은 먼 곳을 바라보고, 무심코 가속 페달을 밟아 순간 속도를 높일 수 있으므로 주의한다.

② 오르막길에서의 방어 운전

① 정차할 때는 앞차가 뒤로 밀려 충돌할 가능성이 있으므로 충분한 차간 거리를 유지한다.

② 오르막길의 정상 부근은 시야가 제한되므로 반대 차로의 차량을 대비해 서행한다.

③ 정차해 있을 때에는 가급적 풋 브레이크와 핸드 브레이크를 동시에 사용한다.

④ 뒤로 미끄러지는 것을 방지하기 위해 정지했다가 출발할 때는 핸드 브레이크를 사용하면 도움이 된다.

⑤ 오르막길에서 부득이하게 앞지르기 할 때에는 힘과 가속이 좋은 저단 기어를 사용하는 것이 안전하다.

⑥ 언덕길에서 올라가는 차량과 내려오는 차량이 교차할 때는 내려오는 차량에게 통행 우선권이 있으므로 올라가는 차량이 양보해야 한다.

03. 철길 건널목 방어 운전

① 철길 건널목에 접근할 때는 속도를 줄여 접근

② 일시 정지 후에는 철도 좌 · 우의 안전을 확인

③ 건널목을 통과할 때는 기어 변속 금지

④ 건널목 건너편 여유 공간을 확인 후 통과

제6절 고속도로에서의 안전 운전

01. 고속도로 진·출입부에서의 안전 운전

① 진입부에서의 안전 운전

① 본선 진입 의도를 다른 차량에게 방향 지시등으로 표시

② 본선 진입 전 충분히 가속해 본선 차량의 교통 흐름을 방해하지 않도록 주의

③ 진입을 위한 가속차로 끝부분에서 감속하지 않도록 주의

④ 고속도로 본선을 저속으로 진입하거나 진입 시기를 잘못 맞추면 교통사고가 발생할 수 있으므로 주의

② 진출부에서의 안전 운전

① 본선 진출 의도를 다른 차량에게 방향 지시등으로 표시

② 진출부에 진입 전 본선 차량에 영향을 주지 않도록 주의

③ 본선 차로에서 천천히 진출부로 진입하여 출구로 이동

02. 고속도로 안전 운전 방법

① 전방 주시

고속도로 교통사고 원인의 대부분은 전방주시 의무를 게을리 한 탓이다. 운전자는 앞차의 뒷부분과 함께 앞차 전방의 상황까지 시야에 두면서 운전해야 한다.

② 진입 전 천천히 안전하게, 진입 후 빠른 가속

고속도로에 진입할 때는 방향 지시등으로 진입 의사를 표시한 후 가속차로에서 충분히 속도를 높인 뒤 주행하는 다른 차량의 흐름을 살펴 안전을 확인 후 진입한다. 진입한 후에는 빠른 속도로 가속해서 교통 흐름에 방해가 되지 않도록 한다.

③ 주변 교통 흐름에 따라 적정 속도 유지

고속도로에서는 주변 차량들과 함께 교통 흐름에 따라 운전하는 것이 중요하다. 주변 차량들과 다른 속도로 주행하면 다른 차량의 운행과 교통 흐름을 방해할 수 있기 때문에 최고 속도 이내에서 적정 속도를 유지해야 한다.

④ 주행 차로로 주행

느린 속도의 앞차를 추월할 경우 앞지르기 차로를 이용하며, 추월이 끝나면 주행 차로로 복귀한다. 복귀할 때는 뒤차와 거리가 충분히 벌어졌을 때 안전하게 차로를 변경한다.

⑤ 적절한 휴식

미리 여유 있는 운전계획을 세우고 장시간 계속 운전하지 않도록 하며, 적어도 2시간에 1회는 휴식한다. 2시간 이상, 200km 이상 운전을 자제 및 15분 휴식, 4시간 이상 운전 시 30분간 휴식한다.

⑥ 전 좌석 안전띠 착용

교통사고로 인한 인명 피해를 예방하기 위해 전 좌석 안전띠를 착용해야 하며 고속도로 및 자동차 전용 도로는 전 좌석 안전띠 착용이 의무 사항이다.

03. 교통 사고 및 고장 발생 시 대처 요령

고속도로는 차량이 고속으로 주행하는 특성 상 2차사고 발생 시 사망사고로 이어질 가능성이 매우 높다.

① 2차사고의 방지

① 신속히 비상등을 켜고 다른 차의 소통에 방해가 되지 않도록 갓길로 차량을 이동. 만일, 차량 이동이 어려운 경우 탑승자들은 안전 조치 후 신속하고 안전하게 가드레일 바깥 등의 안전한 장소로 대피

② 후방에서 접근하는 차량의 운전자가 쉽게 확인할 수 있도록 고장 자동차의 표지 설치, 야간에는 적색 섬광신호 · 전기제등 또는 불꽃신호를 추가로 설치

③ 경찰관서, 소방관서 또는 한국도로공사 콜센터로 연락하여 도움 요청

② 부상자의 구호

① 사고 현장에 의사, 구급차 등이 도착할 때까지 부상자에게는 가제나 깨끗한 손수건으로 지혈하는 등 응급조치 실행

② 함부로 부상자를 움직여서는 안 되며, 특히 두부에 상처를 입었을 때에는 움직이는 것은 금지 (단, 2차사고의 우려가 있을 경우에만 안전한 장소로 이동)

③ 사고를 낸 운전자는 사고 발생 장소, 사상자 수, 부상 정도, 그 밖의 조치 상황을 경찰 공무원이 현장에 있을 때는 경찰 공무원에게, 경찰 공무원이 없을 때는 가장 가까운 경찰관서에 신고

④ 사고 발생 신고 후 사고 차량의 운전자는 경찰 공무원이 말하는 부상자 구호와 교통안전 상 필요한 사항을 반드시 준수

제7절 야간 및 악천후 시의 안전 운전

01. 야간 운전의 위험성

① 야간에는 시야가 제한됨에 따라 노면과 앞차의 후미등 전방만을 보게 되므로 가시거리가 100m 이내인 경우에는 최고 속도를 50% 정도 감속하여 운행한다.

② 커브길이나 길모퉁이에서는 전조등 불빛이 회전하는 방향을 제대로 비추지 못하는 경향이 있으므로 속도를 줄여 주행한다.

③ 야간에는 운전자의 좁은 시야로 인해 안구 동작이 활발하지 못해 자극에 대한 반응이 둔해지고, 그로 인해 졸음운전을 하게 되므로 더욱 주의가 필요하다.

④ 원근감과 속도감이 저하되어 과속으로 운행하는 경향이 발생할 수 있다.

⑤ 술 취한 사람이 갑자기 도로에 뛰어들거나, 도로에 누워있는 경우가 발생하므로 주의해야 한다.

⑥ 밤에는 낮보다 장애물이 잘 보이지 않거나, 발견이 늦어 조치 시간이 지연될 수 있다.

02. 야간의 안전 운전

① 해가 지기 시작하면 곧바로 전조등을 켜 다른 운전자들에게 자신을 알린다.

② 주간 속도보다 20% 속도를 줄여 운행한다.

③ 보행자 확인에 더욱 세심한 주의를 기울인다.

④ 승합 자동차는 야간에 운행할 때에 실내 조명등을 켜고 운행한다.

⑤ 선글라스를 착용하고 운전하지 않는다.

⑥ 커브 길에서는 상향등과 하향등을 적절히 사용하여 자신이 접근하고 있음을 알린다.

⑦ 대향차의 전조등을 직접 바라보지 않는다.

⑧ 전조등 불빛의 방향을 아래로 향하게 한다.

⑨ 장거리를 운행할 때는 적절한 휴식 시간을 포함시킨다.

⑩ 불가피한 경우가 아니면 도로 위에 주·정차 하지 않는다.

⑪ 밤에 고속도로 등에서 자동차를 운행할 수 없게 되었을 때는 후방에서 접근하는 자동차의 운전자가 확인할 수 있는 위치에 고장 자동차 표지를 설치하고 사방 500m 지점에서 식별할 수 있는 적색의 섬광 신호, 전기제등 또는 불꽃 신호를 추가로 설치하는 등 조치를 취해야 한다.

⑫ 전조등이 비추는 범위의 앞쪽까지 살핀다.

⑬ 앞차의 미등만 보고 주행하지 않는다.

03. 안개길 운전

① 전조등, 안개등 및 비상점멸표시등을 켜고 운행한다.

② 가시거리가 100m 이내인 경우에는 최고속도를 50% 정도 감속하여 운행한다.

③ 앞차와의 차간거리를 충분히 확보하고, 앞차의 제동이나 방향지시등의 신호를 예의 주시하며 운행한다.

④ 앞을 분간하지 못할 정도의 짙은 안개로 운행이 어려울 때에는 차를 안전한 곳에 세우고 잠시 기다린다. 이때에는 미등, 비상점멸표시등을 켜서 지나가는 차에게 내 차량의 위치를 알리고 충돌 사고를 방지한다.

04. 빗길 운전

① 비가 내려 노면이 젖어있는 경우에는 최고 속도의 20%를 줄인 속도로 운행한다.

② 폭우로 가시거리가 100m 이내인 경우에는 최고 속도의 50%를 줄인 속도로 운행한다.

③ 물이 고인 길을 통과할 때에는 속도를 줄여 저속으로 통과한다.

④ 물이 고인 길을 벗어난 경우에는 브레이크를 여러 번 나누어 밟아 마찰열로 브레이크 패드나 라이닝의 물기를 제거한다.

⑤ 보행자 옆을 통과할 때에는 속도를 줄여 흙탕물이 튀지 않도록 주의한다.

⑥ 공사 현장의 철판 등을 통과할 때는 사전에 속도를 충분히 줄여 미끄러지지 않도록 천천히 통과한다.

⑦ 급출발, 급핸들, 급브레이크 조작은 미끄러짐이나 전복 사고의 원인이 되므로 엔진 브레이크를 적절히 사용하고, 브레이크를 밟을 때에는 페달을 여러 번 나누어 밟는다.

제8절 경제 운전

01. 경제 운전의 방법과 효과

경제 운전은 연료 소모율을 낮추고, 공해 배출을 최소화하며, 위험 운전을 하지 않음으로 안전운전의 효과를 가져 오고자 하는 운전 방식이다. (에코 드라이빙)

1 경제 운전의 기본적인 방법

① 급가속을 피한다.

② 급제동을 피한다.

③ 급한 운전을 피한다.

④ 불필요한 공회전을 피한다.

⑤ 일정한 차량 속도(정속 주행)를 유지한다.

2 경제 운전의 효과

① 연비의 고효율 (경제 운전)

② 차량 구조 장치 내구성 증가 (차량 관리비, 고장 수리비, 타이어 교체비 등의 감소)

③ 고장 수리 작업 및 유지관리 작업 등의 시간 손실 감소

④ 공해 배출 등 환경 문제의 감소

⑤ 방어 운전 효과

⑥ 운전자 및 승객의 스트레스 감소

02. 퓨얼-컷 (Fuel-cut)

퓨얼-컷(Fuel-cut)이란 연료가 차단된다는 것이다. 운전자가 주행하다가 가속 페달을 밟고 있던 발을 떼었을 때, 자동차의 모든 제어 및 명령을 담당하는 컴퓨터인 ECU가 가속 페달의 신호에 따라 스스로 연료를 차단시키는 작업을 말한다. 자동차가 달리고 있던 관성(가속력)에 의해 축적된 운동 에너지의 힘으로 계속 달려가게 되는데, 이러한 관성 운전이 경제 운전임을 이해하여야 한다.

03. 경제 운전에 영향을 미치는 요인

1 도심 교통 상황에 따른 요인

우리의 도심은 고밀도 인구에 도로가 복잡하고 교통 체증도 심각한 환경이다. 그래서 운전자들이 바쁘고 가속·감속 및 잦은 브레이크에 자동차 연비도 증가한다. 그러므로 경제 운전을 하기 위해서는 불필요한 가속과 브레이크를 덜 밟는 운전 행위로 에너지 소모량을 최소화하는 것이 중요하다. 따라서 미리 교통 상황을 예측하고 차량을 부드럽게 움직일 필요가 있다. 도심 운전에서는 멀리 200~300m를 예측하고 2개 이상의 교차로 신호등을 관찰 하는 것도 경제 운전이다. 복잡한 시내운전 일지라도 앞차와의 차간 거리를 속도에 맞게 유지하면서 퓨얼컷 기능을 살려 경제 운전이 가능하다. 따라서 필요 이상의 브레이크 사용을 자제하고 피로가 가중되지 않는 여유로운 방어 운전이 곧 경제 운전이다.

2 도로 조건

도로의 젖은 노면과 경사도는 연료 소모를 증가시킨다. 그러므로 고속

도로나 시내의 외곽 도로 전용 도로 등에서 시속 100km라면 그 속도를 유지하면서 가장 하향으로 안정된 엔진 RPM을 유지하는 것이 연비 좋은 정속 주행이다.

❸ 기상 조건
맞바람은 공기 저항을 증가시켜 연료 소모율을 높인다. 고속 운전에서 차창을 열고 달림은 연비 증가에 영향을 주며, 더운 날 에어컨의 작동은 연비에 좋지 않은 것은 사실이나 차량 규격이 중형차 이상은 엔진의 여유 출력이 크므로 연비에 큰 영향을 주지 않을 수도 있다.

제9절 경제 운전

01. 출발
① 매일 운행을 시작할 때는 후사경이 제대로 조정되어 있는지 확인한다.
② 시동을 걸 때는 기어가 들어가 있는지 확인한다. 기어가 들어가 있는 상태에서는 클러치를 밟지 않고 시동을 걸지 않는다.
③ 주차 브레이크가 채워진 상태에서는 출발하지 않는다.
④ 주차 상태에서 출발할 때는 차량의 사각지점을 고려해 전·후·좌·우의 안전을 직접 확인한다.
⑤ 운행을 시작하기 전에 제동등이 점등되는지 확인한다.
⑥ 도로의 가장자리에서 도로로 진입하는 경우에는 진행하려는 방향의 안전 여부를 확인한다.
⑦ 정류소에서 출발 할 때에는 자동차문을 완전히 닫은 상태에서 방향 지시등을 작동시켜 도로 주행 의사를 표시한 후 출발한다.
⑧ 출발 후 진로 변경이 끝나기 전에 신호를 중지하지 않는다.
⑨ 출발 후 진로 변경이 끝나면 신호를 중지한다.

02. 정지
① 정지할 때는 미리 감속하여 급정지로 인한 타이어 흔적이 발생하지 않도록 한다. 이때 엔진 브레이크와 저단 기어 변속을 활용하도록 한다.
② 정지할 때까지 여유가 있는 경우에는 브레이크 페달을 가볍게 2~3회 나누어 밟는 조작을 통해 정지한다.
③ 미끄러운 노면에서는 제동으로 인해 차량이 회전하지 않도록 주의한다.

03. 주차
① 주차가 허용된 지역이나 안전한 지역에 주차한다.
② 주행 차로로 주차된 차량의 일부분이 돌출되지 않도록 주의한다.
③ 경사가 있는 도로에 주차할 때에는 밀리는 현상을 방지하기 위해 바퀴에 고임목 등을 설치하여 안전 여부를 확인한다.
④ 도로에서 차가 고장이 일어난 경우에는 안전한 장소로 이동한 후 비상 삼각대와 같은 고장 자동차의 표지를 설치한다.

04. 주행
① 교통량이 많은 곳에서는 급제동 또는 후미 추돌 등을 방지하기 위해 감속하여 주행한다.
② 노면 상태가 불량한 도로에서는 감속하여 주행한다.
③ 전방의 시야가 충분히 확보되지 않는 기상 상태나 도로 조건 등에서는 감속한다.
④ 해질 무렵, 터널 등 조명 조건이 불량한 경우에는 감속하여 주행한다.
⑤ 주택가나 이면 도로에서는 돌발 상황 등에 대비하여 과속이나 난폭 운전을 하지 않는다.
⑥ 곡선 반경이 작은 도로나 과속 방지턱이 설치된 도로에서는 감속하여 안전하게 통과한다.
⑦ 주행하는 차들과 제한 속도를 넘지 않는 범위 내에서 속도를 맞추어 주행한다.
⑧ 통행 우선권이 있는 다른 차가 진입할 때에는 양보한다.
⑨ 직선 도로를 통행하거나 구부러진 도로를 돌 때 다른 차로를 침범하거나, 2개 차로에 걸쳐 주행하지 않는다.
⑩ 앞차가 급제동할 때 후미를 추돌하지 않도록 안전거리를 유지한다.
⑪ 적재 상태가 불량하거나, 적재물이 떨어질 위험이 있는 자동차에 근접하여 주행하지 않는다.
⑫ 좌·우측 차량과 일정 거리를 유지한다.
⑬ 다른 차량이 차로를 변경하는 경우에는 양보하여 안전하게 진입할 수 있도록 한다.

05. 진로 변경
① 갑작스럽게 차로 변경을 하지 않는다.
② 일반 도로에서 차로를 변경하는 경우, 그 행위를 하려는 지점에 도착하기 전 30m(고속도로에서는 100m) 이상의 지점에 이르렀을 때 방향 지시등을 작동시킨다.
③ 도로 노면에 표시된 백색 점선에서 진로를 변경한다.
④ 터널 안, 교차로 직전 정지선, 가파른 비탈길 등 백색 실선이 설치된 곳에서는 진로를 변경하지 않는다.
⑤ 다른 통행 차량 등에 대한 배려나 양보 없이 본인 위주의 진로 변경을 하지 않는다.
⑥ 진로 변경이 끝나기 전에 신호를 중지하지 않는다. 진로 변경이 끝나면 즉시 신호를 중지한다.

06. 앞지르기
① 앞지르기를 할 때는 항상 방향 지시등을 작동시킨다.
② 앞지르기는 허용된 구간에서만 시행한다.
③ 앞지르기 할 때는 반드시 반대 방향 차량, 추월 차로에 있는 차량, 전·후 차량과의 안전 여부를 확인한 후 시행한다.
④ 제한 속도를 넘지 않는 범위 내에서 시행한다.
⑤ 앞지르기한 후 본 차로로 진입할 때에는 뒤차와의 안전을 고려하여 진입한다.
⑥ 앞 차량의 좌측 차로를 통해 앞지르기를 한다.
⑦ 도로의 구부러진 곳, 오르막길의 정상부근, 급한 내리막길, 교차로, 터널 안, 다리 위에서는 앞지르기를 하지 않는다.
⑧ 앞차가 다른 자동차를 앞지르고자 할 때에는 앞지르기를 시도하지 않는다.
⑨ 앞차의 좌측에 다른 차가 나란히 가고 있는 경우에는 앞지르기를 시도하지 않는다.

제10절 계절별 운전

01. 봄철

1 자동차 관리

① 세차 : 봄철은 고압 물세차를 1회 정도는 반드시 해주는 것이 좋다.
② 월동장비 정리 : 스노우 타이어, 체인 등 물기 제거
③ 배터리 및 오일류 점검
　배터리 액이 부족하면 **증류수** 등을 보충해 주고, 추운 날씨로 인해 엔진 오일이 변질될 수 있기 때문에 **엔진 오일 상태**를 점검
④ 낡은 배선 및 부식된 부분 교환
⑤ 부동액이 샜는지 확인
⑥ 에어컨 작동 확인

2 안전 운행 및 교통사고 예방

① 과로운전 주의
② 도로의 노면상태 파악
③ 환경 변화를 인지 후, 방어 운전

02. 여름철

1 자동차 관리

① 냉각 장치 점검 : 냉각수의 양과 누수 여부 등
② 와이퍼의 작동 상태 점검 : 정상 작동 유무, 유리면과 접촉 여부 등
③ 타이어 마모상태 점검 : 홈 깊이가 1.6mm 이상 여부 등
④ 차량 내부의 습기 제거 : 배터리를 분리한 후 작업
⑤ 에어컨 냉매 가스 관리 : 냉매 가스의 양이 적절한지 점검
⑥ 브레이크, 전기 배선 점검 및 세차 : 브레이크 패드, 라이닝, 전기 배선 테이프 점검. 해안 부근 주행 후 세차

2 안전 운행 및 교통사고 예방

① 뜨거운 태양 아래 장시간 주차하는 경우 창문을 열어 실내의 더운 공기를 환기시킨 다음 운행
② 주행 중 갑자기 시동이 꺼졌을 경우 통풍이 잘 되고 그늘진 곳으로 옮겨 열을 식힌 후 재시동
③ 비가 내리고 있을 때 주행하는 경우 감속 운행

03. 가을철

1 자동차 관리

① 세차 및 곰팡이 제거
② 히터 및 서리제거 장치 점검
③ 타이어 점검
④ 냉각수, 브레이크액, 엔진오일 및 팬벨트의 장력 점검
⑤ 각종 램프의 작동 여부를 점검
⑥ 고장이나 점검에 필요한 예비 부품 준비

2 안전 운행 및 교통사고 예방

① 안개 지역을 통과할 때는 감속 운행
② 보행자에 주의하여 운행
③ 행락철에는 단체 여행의 증가로 운전자의 주의력이 산만해질 수 있으므로 주의
④ 농기계와의 사고 주의

04. 겨울철

1 자동차 관리

① 월동장비 점검
② 냉각장치 점검 : 부동액의 양 및 점도를 점검
③ 정온기(온도조절기) 상태 점검

2 안전 운행 및 교통사고 예방

① 도로가 미끄러울 때에는 부드럽게 천천히 출발
② 미끄러운 길에서는 기어를 2단에 넣고 출발
③ 앞바퀴는 직진 상태로 변경해서 출발
④ 충분한 차간 거리 확보 및 감속 운행
⑤ 다른 차량과 나란히 주행하지 않도록 주의
⑥ 장거리 운행 시 기상악화나 불의의 사태에 대비

제2장 🚓 자동차의 구조 및 특성

제1절 동력 전달 장치

동력 발생 장치(엔진)는 자동차의 주행과 주행에 필요한 보조 장치들을 작동시키기 위한 동력을 발생시키는 장치이며, 동력 전달 장치는 동력 발생 장치에서 발생한 동력을 주행 상황에 맞는 적절한 상태로 변화를 주어 바퀴에 전달하는 장치

01. 클러치

1 클러치의 필요성

기어를 변속할 때 엔진의 동력을 변속기에 전달하거나 일시 차단한다.

2 클러치가 미끄러질 때

① 미끄러지는 원인
　㉠ 클러치 페달의 자유간극(유격)이 없다.
　㉡ 클러치 디스크의 마멸이 심하다.
　㉢ 클러치 디스크에 오일이 묻어 있다.
　㉣ 클러치 스프링의 장력이 약하다.
② 영향
　㉠ 연료 소비량이 증가한다.
　㉡ 엔진이 과열한다.
　㉢ 등판 능력이 감소한다.
　㉣ 구동력이 감소하여 출발이 어렵고, 증속이 잘 되지 않는다.

3 클러치 차단이 불량할 때

① 클러치 페달의 자유간극이 크다.
② 릴리스 베어링이 손상되었거나 파손되었다.
③ 클러치 디스크의 흔들림이 크다.
④ 유압 장치에 공기가 혼입되었다.
⑤ 클러치 구성 부품이 심하게 마멸되었다.

02. 변속기

1 수동 변속기
변속기는 도로의 상태, 주행속도, 적재 하중 등에 따라 변하는 구동력에 대응하기 위해 엔진과 추진축 사이에 설치되어 **엔진의 출력을 자동차 주행 속도에 알맞게 회전력과 속도로 바꾸어서 구동 바퀴에 전달**하는 장치를 말한다.
① 엔진과 차축 사이에서 **회전력을 변환시켜 전달**해준다.
② 엔진을 시동할 때 **엔진을 무부하 상태로 만들어**준다.
③ 자동차를 후진시키기 위하여 필요하다.

2 자동 변속기
자동 변속기란 클러치와 변속기의 작동이 **자동차의 주행 속도나 부하**에 따라 자동적으로 이루어지는 장치를 말하며, 수동 변속기와 비교하였을 때에 장·단점은 다음과 같다.
① 장점
㉠ 기어 변속이 **자동**으로 이루어져 운전이 편리하다.
㉡ 발진과 가속·감속이 원활하여 승차감이 좋다.
㉢ 조작 미숙으로 인한 **시동 꺼짐이 없다.**
㉣ 충격이나 진동이 적다.
② 단점
㉠ 구조가 복잡하고 가격이 **비싸다.**
㉡ 차를 밀거나 끌어서 시동을 걸 수 없다.
㉢ 연료 소비율이 약 10% 정도 많아진다.

03. 타이어

1 주요 역할
① 자동차의 하중을 지탱
② 엔진의 구동력 및 브레이크의 제동력을 노면에 전달
③ 노면으로부터 전달되는 충격을 완화
④ 자동차의 진행 방향을 전환 또는 유지

2 타이어의 종류
① 튜브리스 타이어
㉠ 튜브 타이어에 비해 공기압을 유지하는 성능이 우수
㉡ 못에 찔려도 공기가 급격히 새지 않음
㉢ 주행 중 발생하는 열의 발산이 좋아 발열이 적음
㉣ 튜브로 인한 고장이 없음
㉤ 펑크 수리가 간단하고, 작업 능률이 향상됨
㉥ 림이 변형되면 타이어와의 밀착 불량으로 공기가 새기 쉬워짐
㉦ 유리 조각 등에 의해 손상되면 수리가 곤란
② 바이어스 타이어
㉠ 오랜 연구 기간의 연구 성과로 인해 전반적으로 안정된 성능을 발휘
㉡ 현재는 타이어의 주류에서 서서히 밀리고 있음
③ 레디얼 타이어
㉠ 접지 면적이 큼
㉡ 타이어 수명이 김
㉢ 하중에 의한 변형이 적음
㉣ 회전할 때 구심력이 좋음
㉤ 스탠딩 웨이브 현상이 잘 일어나지 않음
㉥ 고속 주행 시 안전성이 큼
㉦ 충격 흡수의 강도가 적어 승차감이 좋지 않음
㉧ 저속 주행 시 조향 핸들이 다소 무거움

④ 스노 타이어
㉠ 눈길 미끄러짐을 막기 위한 타이어로, 바퀴가 고정되면 제동 거리가 길어짐
㉡ 견인력 감소를 막기 위해 천천히 출발해야 함
㉢ 구동 바퀴에 걸리는 하중을 크게 해야 함
㉣ 트레드 부위가 50% 이상 마멸되면 제 기능을 발휘하지 못함

04. 주행 시 이상 현상

1 스탠딩 웨이브(Standing Wave)
주행 시 변형과 복원을 반복하는 타이어가 고속 회전으로 인해 속도가 올라가면 변형된 접지부가 복원되기 전에 다시 접지하게 된다. 이때 접지한 곳 뒷부분에서 진동의 물결이 발생하게 된다. 이를 스탠딩 웨이브라 하며 원인은 다음과 같다.
① 타이어의 공기압 부족
② 고속으로 2시간 이상 주행 시 타이어에 축적된 열

2 수막현상(Hydroplaning)
물이 고인 노면을 고속으로 주행할 때 타이어의 요철용 무늬 사이에 있는 물이 빠지지 않아 발생하는 물의 저항에 의해 노면으로부터 떠올라 물위를 미끄러지게 되는 현상이다. 80km/h이상으로 주행 시 부분 수막현상이, 100km/h로 주행할 경우 수막현상이 일어난다. 방지책은 다음과 같다.
① 저속 주행
② 마모된 타이어 사용 금지
③ 공기압을 조금 높임
④ 배수 효과가 좋은 타이어 (리브형)를 사용

제2절 현가장치

01. 현가장치
주행 중 노면으로부터 발생하는 진동이나 충격을 완화시켜 자동차를 보호하고 화물의 손상 방지와 승차감, 자동차의 주행 안전성을 향상시키는 역할을 담당한다.

02. 주요 기능
① 적정한 **자동차의 높이**를 유지
② 상·하 방향이 유연하여 차체가 노면에서 받는 충격을 완화
③ 올바른 휠 밸런스 유지
④ 차체의 무게를 지탱
⑤ 타이어의 접지 상태를 유지
⑥ 주행 방향을 일부 조정

03. 구성

1 스프링
차체와 차축 사이에 설치되어 주행 중 노면에서의 충격이나 진동이 차체에 전달되지 않도록 보호함
① 판 스프링
: 적당히 구부린 띠 모양의 스프링 강을 몇 장 겹친 뒤, 그 중심에서 볼트로 조인 것
㉠ 버스나 화물차에 사용

ⓒ 스프링 자체의 강성으로 차축을 정해진 위치에 지지할 수 있어 구조가 간단

ⓒ 판간 마찰에 의한 진동 억제 작용이 큼

ⓔ 내구성이 큼

ⓓ 판간 마찰이 있어 작은 진동의 흡수는 곤란

② 코일 스프링

: 스프링 강을 코일 모양으로 감아서 제작한 것

㉠ 외부의 힘을 받으면 비틀어짐

㉡ 판간 마찰이 없어 진동의 감쇠 작용이 불가

㉢ 옆 방향 작용력에 대한 저항력 없음

㉣ 차축을 지지할 시, 링크 기구나 쇽업소버를 필요로 하고 구조가 복잡

㉤ 단위 중량당 에너지 흡수율이 판 스프링 보다 크고 유연

㉥ 승용차에 많이 사용

③ 토션바 스프링

: 비틀었을 때 탄성에 의해 원위치하려는 성질을 이용한 스프링 강 막대

㉠ 스프링의 힘은 바의 길이와 단면적에 따라 달라짐

㉡ 진동의 감쇠 작용이 없어 쇽업소버를 병용

㉢ 구조가 간단

④ 공기 스프링

: 공기의 탄성을 이용한 것

㉠ 다른 스프링에 비해 유연한 탄성을 얻을 수 있음

㉡ 노면으로부터 작은 진동도 흡수 가능

㉢ 우수한 승차감

㉣ 장거리 주행 자동차 및 대형 버스에 사용

㉤ 차체의 높이를 일정하게 유지 가능

㉥ 스프링의 세기가 하중과 거의 비례해서 변화

㉦ 구조가 복잡하고 제작비 소요가 큼

2 쇽업소버

스프링 진동을 감압시켜 진폭을 줄이는 기능

① 노면에서 발생한 스프링의 진동을 빨리 흡수하여 승차감을 향상시킴

② 스프링의 피로를 줄이기 위해 설치하는 장치

② 움직임을 멈추지 않는 스프링에 역방향으로 힘을 발생시켜 진동 흡수를 앞당김

③ 스프링의 상·하 운동 에너지를 열에너지로 변환시킴

④ 진동 감쇠력이 좋아야 함

3 스태빌라이저

좌·우 바퀴가 동시에 상·하 운동을 할 때는 작용하지 않으나 서로 다르게 상·하 운동을 할 때는 작용하여 차체의 기울기를 감소시켜 주는 장치

① 커브 길에서 원심력 때문에 차체가 기울어지는 것을 감소시켜 차체가 롤링(좌·우 진동)하는 것을 방지

② 토션바의 일종으로 양끝이 좌·우의 로어 컨트롤 암에 연결되며 가운데는 차체에 설치됨

제3절 조향장치

01. 조향장치

조향장치는 자동차의 진행 방향을 운전자가 의도하는 바에 따라 임의로 조작할 수 있는 장치로 앞바퀴의 방향을 바꿀 수 있도록 되어 있다.

02. 고장 원인

1 조향 핸들이 무거운 원인

① 타이어 공기압의 부족

② 조향 기어의 톱니바퀴 마모

③ 조향 기어 박스 내의 오일 부족

④ 앞바퀴의 정렬 상태 불량

⑤ 타이어의 마멸 과다

2 조향 핸들이 한 쪽으로 쏠리는 원인

① 타이어의 공기압 불균일

② 앞바퀴의 정렬 상태 불량

③ 쇽업소버의 작동 상태 불량

④ 허브 베어링의 마멸 과다

03. 동력조향장치

앞바퀴의 접지 압력과 면적이 증가하여 신속한 조향이 어렵게 됨에 따라 가볍고 원활한 조향 조작을 위해 엔진의 동력으로 오일펌프를 구동시켜 발생한 유압을 이용해 조향 핸들의 조작력을 경감시키는 장치

1 장점

① 조향 조작력이 작아도 됨

② 노면에서 발생한 충격 및 진동을 흡수

③ 앞바퀴가 좌·우로 흔들리는 현상을 방지

④ 조향 조작이 신속하고 경쾌

⑤ 앞바퀴의 펑크 시, 조향 핸들이 갑자기 꺾이지 않아 위험도가 낮음

2 단점

① 기계식에 비해 구조가 복잡하고 비쌈

② 고장이 발생한 경우 정비가 어려움

③ 오일펌프 구동에 엔진의 출력이 일부 소비됨

04. 휠 얼라인먼트

자동차의 앞바퀴는 어떤 기하학적인 각도 관계를 가지고 설치되어 있는데 충격이나 사고, 부품 마모, 하체 부품의 교환 등에 따라 이들 각도가 변화하게 되고 결국 문제를 야기한다. 이러한 각도를 수정하는 일련의 작업을 휠 얼라인먼트 (차륜 정렬)라 한다.

1 역할

① 캐스터의 작용 : 조향 핸들의 조작을 확실하게 하고 안정성 부여

② 캐스터와 조향축(킹핀) 경사각의 작용 : 조향 핸들에 복원성을 부여

③ 캠버와 조향축(킹핀) 경사각의 작용 : 조향 핸들의 조작을 가볍게 해줌

④ 토인의 작용 : 타이어 마멸을 최소로 해줌

2 필요한 시기

① 자동차 하체가 충격을 받았거나 사고가 발생한 경우

② 타이어를 교환한 경우

③ 핸들의 중심이 어긋난 경우

④ 타이어 편마모가 발생한 경우

⑤ 자동차가 한 쪽으로 쏠림 현상이 발생한 경우

⑥ 자동차에서 롤링 (좌·우 진동)이 발생한 경우

⑦ 핸들이나 자동차의 떨림이 발생한 경우

❸ 캠버(Camber)

① 앞에서 보았을 때 앞바퀴가 수직선과 이루는 각도

② 조향 핸들 조작을 가볍게 하고, 수직 방향 하중에 의한 앞 차축의 휨 방지

③ 부의 캠버 방지

> **캠버**
> • 정의 캠버 : 바퀴의 윗부분이 바깥쪽으로 기울어진 상태
> • 0의 캠버 : 바퀴의 중심선이 수직일 때
> • 부의 캠버 : 바퀴의 윗부분이 안쪽으로 기울어진 상태

❹ 캐스터(Caster)

① 앞바퀴를 옆에서 보았을 때 조향축(킹핀)이 수직선과 이루는 각도

② 주행 중 조향 바퀴에 방향성 부여

③ 조향하였을 때 직진 방향으로의 복원력 부여

> **캐스터**
> • 정의 캐스터 : 조향축 윗부분이 자동차의 뒤쪽으로 기울어진 상태
> • 0의 캐스터 : 조향축의 중심선이 수직선과 일치된 상태
> • 부의 캐스터 : 조향축의 윗부분이 앞쪽으로 기울어진 상태

❺ 토인(Toe-in)

① 앞바퀴를 위에서 내려다봤을 때 양쪽 바퀴의 중심선 사이 거리가 뒤쪽보다 앞쪽이 약간 작게 돼 있는 것

② 앞바퀴의 옆 방향 미끄러짐 방지

③ 타이어의 마멸 방지

❻ 조향축(킹핀) 경사각

① 앞에서 보았을 때 조향축이 수직선과 이루는 각도

② 조향핸들의 조작을 가볍게 함

② 앞바퀴에 복원성 부여

④ 앞바퀴의 시미 현상(바퀴가 좌·우로 흔들리는 현상) 방지

제4절 제동 장치

01. 개요

제동 장치는 주행 자동차를 감속 또는 정지시키고 동시에 주차 상태를 유지하기 위해 사용하는 자동차 구조 장치

02. ABS(Anti-lock Break System)

❶ ABS(Anti-lock Break System)

'기계'와 '노면의 환경'에 따른 제동 시 바퀴의 잠김 순간을 컴퓨터로 제어해 1초에 10여 차례 이상, 브레이크 유압을 통해 바퀴가 잠기기 직전 풀고 잠그고를 반복하는 기능으로, 차량 급제동 시 차체는 주행함에도 바퀴가 잠기는 상태를 방지하는 시스템

❷ 특징

① 바퀴의 미끄러짐이 없는 제동 효과를 얻을 수 있음

② 자동차의 방향 안정성, 조종 성능을 확보해 줌

③ 앞바퀴의 고착에 의한 조향 능력 상실 방지

④ 노면이 비에 젖더라도 우수한 제동 효과를 얻을 수 있음

제3장 자동차 관리

제1절 자동차 점검

01. 일상 점검

자동차를 운행하는 사람이 매일 자동차를 운행하기 전에 점검하는 것

❶ 점검 항목

점검 항목		점검 내용
엔진룸 내부	엔진	• 엔진 오일, 냉각수 • 브레이크 오일 • 배터리액 • 윈도 워셔액 • 팬벨트 장력
	변속기	• 변속기 오일 • 누유 여부
	기타	• 라디에이터 상태 • 엔진룸 오염 정도
자동차의 외관	완충 스프링	• 스프링 연결 부위의 손상 및 균열 여부
	타이어	• 타이어 공기압 • 타이어의 균열 및 마모 정도 • 타이어 홈 깊이 • 휠 볼트 및 너트의 조임 정도
	램프	• 라이트의 점등 상황
	등록번호판	• 번호판의 손상 및 식별 가능 여부
	배기가스	• 배기가스의 색깔
운전석	엔진	• 엔진의 시동 상태 • 이상 소리 확인
	브레이크 (풋브레이크/ 주차 브레이크)	• 브레이크 페달의 밟히는 정도 • 브레이크의 작동 상태 • 주차 브레이크의 작동 상태
	변속기	• 클러치의 자유 간극 적정 여부 • 변속 레버의 정상 조작 여부 • 변속 시 반발력 확인
	후사경	• 운전자 입장에서 시야 정상 확보 여부
	경음기	• 정상 작동 여부
	와이퍼	• 정상 작동 여부 • 워셔액 적정량
	각종 계기	• 오작동 신호 확인

02. 운행 전 자동차 점검

❶ 운전석에서 점검

① 연료 게이지량

② 브레이크 페달 유격 및 작동 상태

③ 룸미러 각도, 경음기 작동 상태, 계기 점등 상태

④ 와이퍼 작동 상태

⑤ 스티어링 휠(핸들) 및 운전석 조정

❷ 엔진 점검

① 엔진 오일의 적당량과 불순물의 존재 여부

② 냉각수의 적당량과 변색 유무

③ 각종 벨트의 장력 상태 및 손상의 여부

④ 배선의 정리, 손상, 합선 등의 누전 여부

❸ 외관 점검
① 유리의 상태 및 손상 여부
② 차체의 손상과 후드의 고정 상태
③ 타이어의 공기 압력, 마모 상태
④ 차체의 기울기 여부
⑤ 후사경의 위치 및 상태
⑥ 차체의 외관
⑦ 반사기 및 번호판의 오염 및 손상 여부
⑧ 휠 너트의 조임 상태
⑨ 파워스티어링 오일 및 브레이크 액의 적당량과 상태
⑩ 오일, 연료, 냉각수 등의 누출 여부
⑪ 라디에이터 캡과 연료탱크 캡의 상태
⑫ 각종 등화의 이상 유무

03. 운행 중 점검

❶ 출발 전
① 배터리 출력 상태
② 계기 장치 이상 유무
③ 등화 장치 이상 유무
④ 시동 시 잡음 유무
⑤ 엔진 소리 상태
⑥ 클러치 정상 작동 여부
⑦ 액셀레이터 페달 상태
⑧ 브레이크 페달 상태
⑨ 기어 접속 이상 유무
⑩ 공기 압력 상태

❷ 운행 중
① 조향 장치 작동 상태
② 제동 장치 작동 상태
③ 차체 이상 진동 여부
④ 계기 장치 위치
⑤ 차체 이상 진동 여부
⑥ 이상 냄새 유무
⑦ 동력 전달 이상 유무

04. 운행 후 자동차 점검

❶ 외관 점검
① 차체의 손상 여부
② 차체 기울기
③ 보닛의 고리 빠짐 여부
④ 주차 후 바닥에 오일 및 냉각수 누출 여부
⑤ 배선 상태
⑥ 타이어 마모 상태
⑦ 휠 너트, 볼트 및 너트 상태
⑧ 조향 장치 및 완충 장치 나사 풀림 여부

❷ 짧은 점검 주기가 필요한 주행 조건
① 짧은 거리를 반복해서 주행
② 모래, 먼지가 많은 지역 주행
③ 과도한 공회전
④ 33℃ 이상의 온도에서 교통 체증이 심한 도로를 절반 이상 주행
⑤ 험한 상태의 길 주행 빈도가 높은 경우
⑥ 산길, 오르막길, 내리막길의 주행 횟수가 많은 경우
⑦ 고속 주행(약 180km/h)의 빈도가 높은 경우
⑧ 해변, 부식 물질이 있는 지역 및 한랭 지역을 주행한 경우

제2절 안전 수칙

01. 운행 전 안전 수칙
① 짧은 거리의 주행이라도 안전벨트를 착용한다.

② 일상 점검을 생활화 한다.
③ 좌석, 핸들 및 후사경을 조정한다.
④ 운전에 방해가 되거나, 화재 및 폭발의 위험이 물건은 제거한다.

02. 운행 중 안전 수칙
① 핸드폰 사용을 금지한다.
② 운행 중에는 엔진을 정지하지 않는다.
③ 창문 밖으로 신체의 일부를 내밀지 않는다.
④ 문을 연 상태로 운행하지 않는다.
⑤ 높이 제한이 있는 도로에서는 차의 높이에 주의한다.
⑥ 음주 및 과로한 상태에서는 운행하지 않는다.

03. 운행 후 안전 수칙
① 주행 종료 후에도 긴장을 늦추지 않는다.
② 차에서 내리거나 후진할 경우 차 밖의 안전을 확인한다.
③ 워밍업이나 주·정차를 할 때는 배기관 주변을 확인한다.
④ 밀폐된 곳에서는 점검이나 워밍업 시도를 금한다.

04. 주차 시 주의 사항
① 반드시 주차 브레이크를 작동시킨다.
② 가능한 편평한 곳에 주차한다.
③ 오르막길 주차는 1단, 내리막길 주차는 후진에 기어를 놓고, 바퀴에는 고임목을 설치한다.
④ 습하고 통풍이 없는 차고에는 주차하지 않는다.

제3절 자동차 관리 요령

01. 세차

❶ 시기
① 겨울철에 동결 방지제가 뿌려진 도로를 주행하였을 경우
② 해안 지대를 주행하였을 경우
③ 진흙 및 먼지 등으로 심하게 오염되었을 경우
④ 옥외에서 장시간 주차하였을 경우
⑤ 새의 배설물, 벌레 등이 붙어 도장의 손상이 의심되는 경우
⑥ 아스팔트 공사 도로를 주행하였을 경우

❷ 주의 사항
① 겨울철에 세차하는 경우에는 물기를 완전히 제거한다.
② 기름 또는 왁스가 묻어 있는 걸레로 전면 유리를 닦지 않는다.
③ 세차할 때 엔진룸은 에어를 이용하여 세척한다.

❸ 외장 손질
① 차량 표면에 녹이 발생하거나, 부식되는 것을 방지하도록 깨끗이 세척한다.
② 차량의 도장보호를 위해 오염 물질들이 퇴적되지 않도록 깨끗이 제거한다.
③ 자동차의 오염이 심할 경우 자동차 전용 세척제를 사용하여 고무 제품의 변색을 예방한다.
④ 범퍼나 차량 외부를 세차 시 부드러운 브러시나 스펀지를 사용하여 닦아낸다.
⑤ 차량 외부의 합성수지 부품에 엔진 오일, 방향제 등이 묻으면 즉시 깨끗이 닦아낸다.
⑥ 차체의 먼지나 오물은 도장 보호를 위해 마른 걸레로 닦아내지 않는다.

4 내장 손질
① 차량 내장을 아세톤, 에나멜 및 표백제 등으로 세척할 경우 변색 및 손상이 발생한다.
② 액상 방향제가 유출되어 계기판이나 인스트루먼트 패널 및 공기 통풍구에 묻으면 방향제의 고유 성분으로 인해 손상될 수 있다.
③ 실내등 청소시 전원을 끄고 청소를 실시한다.

제4절 LPG 자동차

01. LPG 성분의 일반적 특성
① 주성분은 부탄과 프로판의 혼합체
② 감압 또는 가열 시 쉽게 기화되며 발화하기 쉬우므로 취급 주의
③ 원래 무색무취의 가스이나 가스누출 시 위험을 감지할 수 있도록 부취제가 첨가 됨
④ 과충전 방지 장치가 내장돼 있어 85% 이상 충전되지 않으나 약 80%가 적정

02. LPG 자동차의 장단점

1 LPG 자동차의 장점
① 연료비가 적게 들어 경제적
② 유해 배출 가스량이 적음
③ 연료의 옥탄가가 높아 노킹 현상이 거의 발생하지 않음
④ 가솔린 자동차에 비해 엔진 소음이 적음
⑤ 엔진 관련 부품의 수명이 상대적으로 길어 경제적

2 LPG 자동차의 단점
① LPG 충전소가 적어 연료 충전이 불편
② 겨울철에 시동이 잘 걸리지 않음
③ 가스 누출 시 가스가 잔류하여 점화원에 의해 폭발의 위험성이 있음

3 LPG 차량 관리 요령
① 엔진 시동 전 점검 사항
㉠ LPG 탱크 밸브(적색, 녹색)의 열림 상태 점검
㉡ LPG 탱크 고정 벨트의 풀림 여부 점검
㉢ 연료 파이프의 연결 상태 및 연료 누기 여부 점검
㉣ 가스 누출 시, 화기를 멀리하고 모든 창문을 개방 후 전문 정비 업체에 연락하여 조치
㉤ 엔진에서 베이퍼라이저로 가는 냉각수 호스 연결 상태 및 누수 여부 점검
㉥ 냉각수 적정 여부를 점검
② 주행 중 준수사항
㉠ 주행 중에는 LPG 스위치에 손을 대지 않는다. LPG 스위치가 꺼졌을 시 엔진이 정지되어 안전 운전에 지장을 초래할 수 있다.
㉡ LPG 용기의 구조상 급가속, 급제동, 급선회 및 경사로를 지속 주행할 시 경고등이 점등될 우려가 있으나 이상 현상은 아니다.
㉢ 주행 상태에서 계속 경고등이 점등되면 바로 연료를 충전한다.
③ 주차 시 준수 사항
㉠ 지하 주차장이나 밀폐된 장소 등에 장시간 주차하지 말아야 하고 장시간 주차 시 연료 충전 밸브(녹색)를 잠가야 한다.
㉡ 연료 출구 밸브(적색, 황색)를 시계 방향으로 돌려 잠근다.
㉢ 가급적 환기가 잘되는 건물 내 또는 지하 주차장에 주차 하거나 옥외 주차 시에는 엔진 룸의 위치가 건물 벽을 향하도록 주차한다.
④ LPG 충전 방법
㉠ 연료를 충전하기 전에 반드시 시동을 끈다.

㉡ 출구 밸브 핸들(적색)을 잠근 후, 충전 밸브 핸들(녹색)을 연다.
㉢ LPG 주입 뚜껑을 열어, LPG 충전량이 85%를 초과하지 않도록 충전한다.
㉣ 주입이 끝난 다음 LPG 주입 뚜껑을 닫는다.
㉤ 밀폐된 공간에서는 충전하지 않는다.
⑤ 가스 누출 시 응급조치
㉠ 엔진을 정지시킨다.
㉡ LPG 스위치를 끈다.
㉢ LPG 탱크의 모든 밸브(적색, 황색, 녹색)를 잠근다.
㉣ 필요한 정비를 한다.
㉤ 비눗물로 누출 여부를 확인한다.
㉥ 누출량이 많은 부위는 하얗게 서리 현상이 발생하는데, 절대 손대지 않는다. (동상 위험)

4 운전자 기본 수칙 및 준수 사항
① 화기 옆에서 LPG 용기 및 배관 등을 점검, 수리 금지
② 차량 승·하차 시 냄새로 LPG 누출의 여부를 점검하도록 습관화
③ 고장 시 신품으로 교환하고, 정비 시 공인된 업체에서 수행
④ 엔진 시동 전 반드시 안전벨트 착용
⑤ 주차 브레이크 레버를 당기고 모든 전기 장치는 끈 후, 점화 스위치를 ON 모드로 변환
⑥ 점화 스위치를 이용하여 엔진 시동을 걸 시, 브레이크 페달을 밟고 시동 걸기

제5절 운행 시 자동차 조작 요령

01. 브레이크 조작 방법
① 풋 브레이크를 약 2~3회에 걸쳐 밟게 되면 안정적 제동이 가능하고, 뒤따라오는 차량에게 안전 조치를 취할 수 있는 시간이 생겨 후미 추돌을 방지할 수 있다.
② 길이가 긴 내리막 도로에서는 저단 기어로 변속하여 엔진 브레이크가 작동되게 한다.
③ 주행 중에는 핸들을 안정적으로 잡고 변속 기어가 들어가 있는 상태에서 제동한다.
④ 내리막길에서 운행할 때 연료 절약 등을 위해 기어를 중립에 두고 운행하지 않는다.

> **내리막길에서 브레이크 고장 시 대처 요령**
> ㉠ 속도가 30km 이하가 되었을 때, 주차 브레이크를 서서히 당긴다.
> ㉡ 변속 장치를 저단으로 변속하여 엔진 브레이크를 활용한다.
> ㉢ 풋 브레이크만 과도하게 사용하면 브레이크 이상 현상이 발생하니 주의한다.
> ㉣ 최악의 경우는 피해를 최소화하기 위해 수풀이나 산의 사면으로 핸들을 돌린다.

02. 브레이크 이상 현상

1 베이퍼 록(Vaper Lock) 현상
긴 내리막길 운행 등에서 풋 브레이크를 과도하게 사용하였을 때 브레이크 디스크와 패드 간의 마찰열에 의해 연료 회로 또는 브레이크 장치 유압 회로 내에 브레이크액이 온도 상승으로 인해 기화되어 압력 전달이 원활하게 이루어지지 않아 제동 기능이 저하되는 현상이다. 베이퍼 록이 발생하면 브레이크 페달을 밟아도 스펀지를 밟는 것처럼 브레이크의 작용이 매우 둔해진다. 풋 브레이크 사용을 줄임과 동시에 엔진 브레이크를 사용하여 저단 기어를 유지하면 예방할 수 있다.

❷ 페이드(Fade) 현상

운행 중 계속해서 브레이크를 사용하면 온도 상승으로 인해 마찰열이 라이닝에 축적되어 브레이크의 제동력이 저하되는 현상

❸ 모닝 록(Morning Lock) 현상

장마철이나 습도가 높은 날, 장시간 주차 후 브레이크 드럼 등에 미세한 녹이 발생하여 브레이크 디스크와 패드 간의 마찰 계수가 높아지면 평소보다 브레이크가 민감하게 작동되는 현상이다. 출발 시 서행하면서 브레이크를 몇 차례 밟아주면 이 현상을 해소시킬 수 있다.

03. 차바퀴가 빠져 헛도는 경우

변속 레버를 전진과 후진 위치로 번갈아 두며 가속 페달을 부드럽게 밟으면서 탈출을 시도

제4장 자동차 응급조치 요령

제1절 상황별 응급조치 요령

01. 저속 회전하면 엔진이 쉽게 꺼지는 상황

추정 원인	조치 사항
① 낮은 공회전 속도	㉠ 공회전 속도 조절
② 에어 클리너 필터의 오염	㉡ 에어 클리너 필터 청소 및 교환
③ 연료 필터의 막힘	㉢ 연료 필터 교환
④ 비정상적인 밸브 간극	㉣ 밸브 간극의 조정

02. 시동 모터가 작동되지 않거나 천천히 회전하는 상황

추정 원인	조치 사항
① 배터리의 방전	㉠ 배터리 충전 또는 교환
② 배터리 단자의 부식, 이완, 빠짐 현상	㉡ 배터리 단자의 이상 부분 처리 및 고정
③ 접지 케이블의 이완	㉢ 접지 케이블 고정
④ 너무 높은 엔진 오일의 점도	㉣ 적정 점도의 오일로 교환

03. 시동 모터가 작동되나 시동이 걸리지 않는 상황

추정 원인	조치 사항
① 연료 부족	㉠ 연료 보충 후 공기 배출
② 불충분한 예열 작동	㉡ 예열 시스템 점검
③ 연료 필터 막힘	㉢ 연료 필터 교환

04. 엔진이 과열된 상황

추정 원인	조치 사항
① 냉각수 부족 및 누수	㉠ 냉각수 보충 및 누수 부위 수리
② 느슨한 팬벨트의 장력(냉각수의 순환 불량)	㉡ 팬벨트 장력 조정
③ 냉각팬 작동 불량	㉢ 냉각팬, 전기배선 등의 수리
④ 라디에이터 캡의 불완전한 장착	㉣ 라디에이터 캡의 완전한 장착
⑤ 온도조절기(서모스탯) 작동 불량	㉤ 서모스탯 교환

05. 배기가스의 색이 검은 상황

추정 원인	조치 사항
① 에어 클리너 필터의 오염	㉠ 에어 클리너 필터 청소 또는 교환
② 비정상적인 밸브 간극	㉡ 밸브 간극 조정

> 🚗 **색에 따른 배기가스 고장**
> ㉠ 무색 혹은 옅은 청색 : 완전 연소
> ㉡ 검은색 : 불완전 연소, 초크 고장, 연료장치 고장 등
> ㉢ 백색 : 헤드 개스킷 손상, 피스톤 링 마모 등

06. 브레이크의 제동 효과가 나쁜 상황

추정 원인	조치 사항
① 과다한 공기압	㉠ 적정 공기압으로 조정
② 공기 누설	㉡ 브레이크 계통 점검 후 다시 조임
③ 라이닝의 간극 과다 또는 심한 마모	㉢ 라이닝 간극 조정 또는 교환
④ 심한 타이어 마모	㉣ 타이어 교환

07. 브레이크가 편제동되는 상황

추정 원인	조치 사항
① 서로 다른 좌·우 타이어 공기압	㉠ 적정 공기압으로 조정
② 타이어의 편마모	㉡ 편마모된 타이어 교환
③ 서로 다른 좌·우 라이닝 간극	㉢ 라이닝 간극 조정

08. 배터리가 자주 방전되는 상황

추정 원인	조치 사항
① 배터리 단자 벗겨짐, 풀림, 부식	㉠ 배터리 단자의 부식 부분 제거 및 조임
② 느슨한 팬벨트	㉡ 팬벨트 장력 조정
③ 배터리액 부족	㉢ 배터리액 보충
④ 배터리의 수명의 만료	㉣ 배터리 교환

09. 연료 소비량이 많은 상황

추정 원인	조치 사항
① 연료 누출	㉠ 연료 계통 점검 및 누출 부위 정비
② 타이어 공기압 부족	㉡ 적정 공기압으로 조정
③ 클러치의 미끄러짐	㉢ 클러치 간극 조정 및 클러치 디스크 교환
④ 제동 상태에 있는 브레이크	㉣ 브레이크 라이닝 간극 조정

제2절 장치별 응급조치 요령

01. 타이어 펑크 조치 사항

① 핸들이 돌아가지 않도록 견고하게 잡고, 비상 경고등 작동
② 가속 페달에서 발을 떼어 속도를 서서히 감속시키면서 길 가장자리로 이동
③ 브레이크를 밟아 차를 도로 옆 평탄하고 안전한 장소에 주차 후 주차 브레이크 당기기
④ 후방에서 접근하는 차량들이 확인할 수 있도록 고장 자동차 표지 설치
⑤ 밤에는 사방 500m 지점에서 식별 가능한 적색 섬광 신호, 전기제등 또는 불꽃 신호 추가 설치
⑥ 잭으로 차체를 들어 올릴 시 교환할 타이어의 대각선 쪽 타이어에 고임목 설치

02. 잭 사용 시 주의 사항

① 잭 사용 시 평탄하고 안전한 장소에서 사용
② 잭 사용 시 시동 걸면 위험
③ 잭으로 차량을 올린 상태일 때 차량 하부로 들어가면 위험
④ 잭 사용 시 후륜의 경우에는 리어 액슬 아랫부분에 설치

제5장 🚨 자동차 검사 및 보험

제1절 자동차 검사

01. 자동차 종합 검사

1 개념

자동차 종합 검사란 배출 가스 검사와 안전도 검사를 받는 것을 의미하며, 자동차 정기 검사와 배출 가스 정밀 검사 또는 특정경유자동차 배출 가스 검사의 검사 항목을 하나의 검사로 통합하고 검사 시기를 자동차 정기 검사 시기와 통합하여 한 번의 검사로 모든 검사가 완료되도록 함으로써 자동차 검사로 인한 국민의 불편을 최소화하고 편익을 도모하기 위해 시행하는 제도이다.

2 자동차 관리법

대기환경보전법에 따른 운행 차 배출 가스 정밀 검사 시행 지역에 등록한 자동차 소유자 및 특정경유자동차 소유자는 정기 검사와 배출 가스 정밀 검사 또는 특정경유자동차 배출 가스 검사를 통합하여 국토교통부장관과 환경부장관이 공동으로 다음 각 호에 대하여 실시하는 자동차 종합 검사를 받아야 한다. 종합 검사를 받은 경우에는 정기 검사, 정밀 검사 및 특정경유자동차 검사를 받은 것으로 본다.

① 자동차의 동일성 확인 및 배출 가스 관련 장치 등의 **작동 상태 확인**을 관능검사(사람의 감각 기관으로 자동차의 상태를 확인하는 검사) 및 기능 검사로 하는 공통 분야

② 자동차 안전 검사 분야

③ 자동차 배출 가스 정밀 검사 분야

3 종합 검사의 유효기간(자동차 종합 검사의 시행 등에 관한 규칙 별표1)

검사 대상		적용 차령	검사 유효 기간
승용자동차	비사업용	차령이 4년 초과인 자동차	2년
	사업용	차령이 2년 초과인 자동차	1년
경형 · 소형의 승합자동차	비사업용	차령이 4년 초과인 자동차	1년
	사업용	차령이 4년 초과인 자동차	1년
경형 · 소형의 화물자동차	비사업용	차령이 4년 초과인 자동차	1년
	사업용	차령이 2년 초과인 자동차	1년
중형 · 대형의 승합자동차	비사업용	차령이 3년 초과인 자동차	차령 8년까지는 1년, 이후부터는 6개월
	사업용	차령이 2년 초과인 자동차	차령 8년까지는 1년, 이후부터는 6개월
중형 · 대형의 화물자동차	비사업용	차령이 3년 초과인 자동차	차령 5년까지는 1년, 이후부터는 6개월
	사업용	차령이 2년 초과인 자동차	차령 5년까지는 1년, 이후부터는 6개월
그 밖의 자동차	비사업용	차령이 3년 초과인 자동차	차령 5년까지는 1년, 이후부터는 6개월
	사업용	차령이 2년 초과인 자동차	차령 5년까지는 1년, 이후부터는 6개월

① 검사 유효 기간이 6개월인 자동차의 경우, 종합 검사 중 자동차 배출 가스 정밀 검사 분야의 검사는 1년마다 시행

② 최초로 종합 검사를 받아야 하는 날은 위 표의 적용 차령 후 처음으로 도래하는 정기 검사 유효 기간 만료일로 한다. 다만, 자동차가 정기 검사를 받지 않아 정기 검사 기간이 경과된 상태에서 적용 차령이 도래한 자동차가 최초로 종합 검사를 받아야 하는 날은 적용 차령 도래일로 한다.

③ 자동차 종합 검사 미필시 과태료 부과 기준(자동차 관리법 시행령 별표2)

㉠ 자동차 종합 검사를 받아야 하는 기간 만료일부터 30일 이내인 경우 : 4만 원

㉡ 자동차 종합 검사를 받아야 하는 기간 만료일부터 30일 초과 114일 이내인 경우 4만 원에 31일째부터 계산하여 3일 초과 시마다 2만 원을 더한 금액

㉢ 자동차 종합 검사를 받아야 하는 기간 만료일부터 115일 이상인 경우 : 60만 원

02. 자동차 정기 검사 (안전도 검사)

1 개념

자동차관리법에 따라 종합 검사 시행 지역 외 지역에 대하여 안전도 분야에 대한 검사를 시행하며, 배출 가스 검사는 공회전 상태에서 배출 가스를 측정한다.

2 정기검사 미시행에 따른 과태료

① 정기 검사를 받아야 하는 기간 만료일부터 30일 이내인 경우 : 4만 원

② 정기 검사를 받아야 하는 기간 만료일부터 30일을 초과 114일 이내인 경우 4만 원에 31일째부터 계산하여 3일 초과 시마다 2만 원을 더한 금액

③ 정기 검사를 받아야 하는 기간 만료일부터 115일 이상인 경우 : 60만 원

3 검사 유효 기간(자동차 관리법 시행규칙 별표15의2)

구분		검사유효기간
비사업용 승용자동차 및 피견인자동차		2년(신조차로서 신규검사를 받은 것으로 보는 자동차의 최초 검사 유효기간은 4년)
사업용 승용자동차		1년(신조차로서 신규검사를 받은 것으로 보는 자동차의 최초 검사 유효기간은 2년)
경형 · 소형의 승합자동차 및 비사업용 화물자동차	차령이 4년 이하인 경우	2년
	차령이 4년 초과인 경우	1년
중형 · 대형의 비사업용 승합자동차	차령이 8년 이하인 경우	1년(신조차로서 신규검사를 받은 것으로 보는 자동차 중 길이 5.5미터 미만인 자동차의 최초 검사 유효기간은 2년
	차령이 8년 초과인 경우	6개월
중형 · 대형의 사업용 승합자동차	차령이 8년 이하인 경우	1년
	차령이 8년 초과인 경우	6개월
경형 · 소형의 사업용 화물자동차		1년(신조차로서 신규검사를 받은 것으로 보는 자동차의 최초 검사 유효기간은 2년)
사업용 대형 화물자동차	차령이 2년 이하인 경우	1년
	차령이 2년 초과인 경우	6개월
그 밖의 자동차	차령이 5년 이하인 경우	1년
	차령이 5년 이하인 경우	6개월

> **😀 참고**
>
> ① 신규 검사 : 신규 등록을 하려는 경우에 실시하는 검사
>
> ② 임시 검사 : 자동차관리법 또는 자동차관리법에 따른 명령이나 자동차 소유자의 신청을 받아 비정기적으로 실시하는 검사

03. 튜닝 검사

1 개념
튜닝의 승인을 받은 날부터 45일 이내에 안전 기준 적합 여부 및 승인받은 내용대로 변경하였는가에 대해 검사를 받아야 하는 일련의 행정 절차

2 튜닝 승인 신청 구비 서류(자동차 관리법 시행규칙 제56조)
① 튜닝 승인 신청서
: 자동차 소유자가 신청, 대리인인 경우 소유자(운송 회사)의 위임장 및 인감 증명서 필요
② 튜닝 전·후의 주요 제원 대비표 : 제원 변경이 있는 경우만 해당
③ 튜닝 전·후의 자동차 외관도 : 외관 변경이 있는 경우에 한함
④ 튜닝하려는 구조·장치의 설계도

3 튜닝 검사 신청 서류(자동차 관리법 시행규칙 제78조)
① 자동차 등록증
② 튜닝 승인서
③ 튜닝 전·후의 주요 제원 대비표
④ 튜닝 전·후의 자동차 외관도 (외관의 변경이 있는 경우)
⑤ 튜닝하려는 구조·장치의 설계도

4 승인 불가 항목(자동차 관리법 시행규칙 제55조제2항)
① 총중량이 증가되는 튜닝
② 승차 정원 또는 최대 적재량의 증가를 가져오는 승차 장치 또는 물품 적재 장치의 튜닝
③ 자동차의 종류가 변경되는 튜닝
④ 튜닝 전보다 성능 또는 안전도가 저하될 우려가 있는 경우의 튜닝

5 승인 항목

구 분	승인 대상	승인 불필요 대상
구조	㉠ 길이·너비 및 높이 (범퍼, 라디에이터그릴 등 경미한 외관 변경의 경우 제외) ㉡ 총중량	㉠ 최저 지상고 ㉡ 중량 분포 ㉢ 최대 안전 경사 각도 ㉣ 최소 회전 반경 ㉤ 접지 부분 및 접지 압력
장치	㉠ 원동기 (동력 발생 장치) 및 동력 전달 장치 ㉡ 주행 장치 (차축에 한함) ㉢ 조향 장치 ㉣ 제동 장치 ㉤ 연료 장치 ㉥ 차체 및 차대 ㉦ 연결 장치 및 견인 장치 ㉧ 승차 장치 및 물품 적재 장치 ㉨ 소음 방지 장치 ㉩ 배기가스 발산 방지 장치 ㉪ 전조등·번호등·후미등·제동등·차폭등·후퇴등 기타 등화 장치 ㉫ 내압 용기 및 그 부속 장치 ㉬ 기타 자동차의 안전 운행에 필요한 장치로서 국토교통부령이 정하는 장치	㉠ 조종 장치 ㉡ 현가 장치 ㉢ 전기·전자 장치 ㉣ 창유리 ㉤ 경음기 및 경보 장치 ㉥ 방향 지시등 기타 지시 장치 ㉦ 후사경·창닦이기 기타 시야를 확보 하는 장치 ㉧ 후방 영상 장치 및 후진 경고음 발생 장치 ㉨ 속도계·주행 거리계 기타 계기 ㉩ 소화기 및 방화 장치

제2절 자동차 보험

01. 대인 배상 I (책임 보험)

1 개념
자동차를 소유한 사람은 의무적으로 가입해야 하는 보험으로 자동차의

운행으로 인해 남을 사망케 하거나 다치게 하여 자동차손해배상보장법에 의한 손해 배상 책임을 짐으로서 입은 손해를 보상해 준다.

2 책임 기간
보험료를 납입한 때로부터 시작되어 보험 기간 마지막 날의 24시에 종료되며, 단, 보험 기간 개시 이전에 보험 계약을 하고 보험료를 납입한 때에는 보험 기간의 첫날 0시부터 유효하다.

3 의무 가입 대상
① 자동차관리법에 의하여 등록된 모든 자동차
② 이륜 자동차
③ 9종 건설기계 : 12톤 이상 덤프 트럭, 콘크리트 믹서 트럭, 타이어식 기중기, 트럭 적재식 콘크리트 펌프, 타이어식 굴삭기, 아스콘 살포기, 트럭 지게차, 도로 보수 트럭, 노면 측정 장비 (단, 피견인 차량은 제외)

4 미가입시 불이익(자동차 손해 보장법 시행령 별표5)
신규 등록 및 이전 등록이 불가하고 자동차의 정기 검사를 받을 수 없으며 벌금 및 과태료가 부과된다.
① 벌금 부과 : 미가입 자동차 운전 시 1년 이하의 징역 또는 500만원 이하 벌금
② 과태료 부과(자동차 손해 보장법 시행령 별표5)

담보	차 종	미가입 (10일 이내)	미가입 (10일 초과)	한도 (대당)
대인 I	이륜 자동차	6천원	6천원에 매 1일당 1,200원 가산	20만원
	비사업용 자동차	1만원	1만원에 매 1일당 4천원 가산	60만원
	사업용 자동차	3만원	3만원에 매 1일당 8천원 가산	100만원
대인 II	사업용 자동차	3만원	3만원에 매 1일당 8천원 가산	100만원
대물	이륜 자동차	3천원	3천원에 매 1일당 6백원 가산	10만원
	비사업용 자동차	5천원	5천원에 매 1일당 2천원 가산	30만원
	사업용 자동차	5천원	5천원에 매 1일당 2천원 가산	30만원

5 책임 보험금 지급 기준
① 사망 : 1인당 최저 2천만 원이며 최고 1.5억 원 내에서 약관 지급 기준에 의해 산출한 금액을 보상
② 부상 : 상해 등급 (1~14급)에 따라 1인당 최고 3천만 원을 한도로 보상
③ 후유 장애 : 신체에 장애가 남는 경우 장애의 정도 (1~14급)에 따라 급수별 한도액 내에서 최고 1.5억 원까지 보상

02. 대인 배상 II

1 개념
대인 배상 I 로 지급되는 금액을 초과하는 손해를 보상한다. 피해자 1인당 5천만 원, 1억 원, 2억 원, 3억 원, 무한 등 5가지 중 한 가지를 선택한다. 교통사고의 피해가 커지는 경향이고 또한 교통사고처리특례법의 혜택을 보기 위해 대부분 무한으로 가입하고 있는 실정이다.

> 💬 참고
> 산식 : 법률 손해 배상 책임액 + 비용 − 대인배상 I 보험금

2 보상하는 손해
① 사망(2017년 이후)
㉠ 장례비 : 5백만 원 정액
㉡ 위자료
㉮ 만 60세 미만 : 1인당 8천만 원
㉯ 만 60세 이상 : 1인당 5천만 원

ⓒ 상실 수익액

산식 – (사망 직전 월 평균 현실 소득액 – 생활비) × 취업 가능 월수에 해당되는 라이프니츠 계수(선이자 공제)

② 부상

㉠ 위자료 : 상해 급수 1급(2백만 원)~14급(15만원)

㉡ 치료 관계비

입원 및 통원, 간병비 – 상해 등급 1~5등급 피해자(일용직 근로자 평균 임금 1일 108,921원 지급) 2020년 상반기 적용 기준

㉢ 휴업 손해

㉮ 유직자 : 현실 소득액의 산정 방법에 따라 신청한 금액

㉯ 가사 종사자 : 도시 일용 근로자 임금 적용

㉰ 유아, 연소자, 학생, 연금 생활자 기타 금리나 임대료에 의한 생활자는 수입이 없는 것으로 산정

㉱ 소득이 두 가지 이상 : 사망의 경우 현실 소득액의 산정 방법과 동일

㉲ 인정 기간

실제 치료 기간 동안의 휴업 손해(산식 – 1일 수입 감소액 × 휴일 일수 × 85/100)

㉣ 손해 배상금

• 입원 : 1일당 13,110원 지급

• 통원 : 1일당 8천원 지급

③ 후유 장애

㉠ 위자료 : 노동 능력 상실 비율에 따라 산정

㉮ 상실 수익액

노동 능력 상실로 인한 소득의 상실이 있는 경우 피해자의 월 평균 현실 소득액에 노동 능력 상실률과 상실 기간에 해당하는 금액(산식 – 월 평균 현실 소득액 × 노동 능력 상실률(%) × 노동 능력 상실 기간의 라이프니츠 계수)

㉡ 가정 간호비(개호비)

인정 대상 – 치료가 종결되어 더 이상의 치료 효과를 기대할 수 없게 된 때 1인 이상의 해당 전문의로부터 노동 능력 상실을 100%의 후유 장애 판정을 받은 자로 생명 유지에 필요한 일상생활의 처리 동작에 있어 항상 다른 사람의 개호를 요하는 자 (지급 방법 : 개호 타당 판정을 받은 경우 생존 기간 동안 가정 간호비를 매월 정기 또는 일시금으로 지급)

❸ 보상하지 않는 손해

① 기명 피보험자 또는 그 부모, 배우자 및 자녀

② 피보험 자동차를 운전 중인 자(운전 보조자 포함) 및 그 부모, 배우자, 자녀

③ 허락 피보험자 또는 그 부모, 배우자, 자녀

④ 피보험자의 피용자로서 산재 보험 보상을 받을 수 있는 사람. 단, **산재 보험 초과 손해**는 보상한다.

⑤ 피보험자의 동료로서 산재 보험 보상을 받을 수 있는 사람

⑥ 무면허 운전을 하거나 무면허 운전을 승인한 사람

⑦ 군인, 군무원, 경찰 공무원, 향토 예비군 대원이 **전투 훈련** 기타 집무 집행과 관련하거나 **국방** 또는 치안 유지 목적상 자동차에 탑승 중 전사, 순직 또는 **공상**을 입은 경우 보상하지 않음

03. 대물 보상

❶ 개념

피보험자가 자동차 소유, 사용, 관리하는 동안 사고로 인하여 다른 사람의 자동차나 재물에 손해를 끼침으로서 손해 배상 책임을 지는 경우

보험가인 금액을 한도로 보상하는 담보이다.

① 타인의 재물에 피해를 입혔을 때 법률상 손해 배상 책임을 짐으로서 입은 직접 손해와 간접 손해를 보상한다.

② 2천만 원까지는 의무적으로 가입해야 하고 한 사고 당 보상 한도액은 2천만 원, 3천만 원, 5천만 원, 1억 원, 5억 원, 10억 원, 무한 중 한 가지를 선택한다.

❷ 보상하는 손해

① 직접 손해

㉠ 수리 비용 : 자동차 또는 건물 등이 파손되었을 때 원상회복 가능한 경우 직전의 상태로 회복하는데 소요되는 필요 타당한 비용 중 피해물의 사고 직전 가액의 120~130%를 한도로 보상

㉡ 교환 가액 : 수리 비용이 피해물 사고 직전 가액을 초과하거나 원상회복이 불가능한 경우 사고 직전 피해물의 가액 상당액 또는 피해물과 같은 종류의 대용품 가액과 이를 교환하는데 소요되는 필요 타당성 비용을 보상 (단, 수리가 불가능하거나 수리비가 사고 당시의 가액을 넘는 전부 손해일 경우 다른 차량으로 대체 시 등록세와 취득세 등을 추가로 보상)

② 간접 손해

㉠ 대차료 : 비사업용 자동차가 파손 또는 오손되어서 가동하지 못하는 기간 동안에 다른 자동차를 대신 사용할 필요가 있는 경우에 그 소요되는 필요 타당한 비용을 수리가 완료될 때까지 30일 한도로 보상

㉮ 렌터카를 사용할 경우, 대여 자동차로 대체 사용할 수 있는 차종에 대하여 차량만 대여하는 경우를 기준으로 한 대여 자동차 요금의 100% 보상

㉯ 대여 자동차로 대체 사용할 수 없는 차종에 대해서는 사업용 해당 차종의 휴차료 범위 안에서 실제 임차료 보상

㉰ 렌터카를 사용하지 않을 경우에는 사업용 해당 차종 휴차료의 30% 상당액을 교통비로 보상하며 수리가 불가능할 경우에는 10일간 인정

㉡ 휴차료 : 사업용 자동차(건설 기계 포함)가 파손 및 오손되어 사용하지 못하는 기간에 발생하는 영업 손해로서 운행에 필요한 기본 경비를 공제한 금액에 휴차 일수를 곱한 금액을 지급한다. 인정 기간은 대차료 기준과 동일하며 개인택시인 경우 수리 기간이 경과하여도 운전자가 치료중이면 30일 범위 내에서 휴차료를 인정한다.

㉢ 영업 손실 : 사업장 또는 그 시설물을 파괴하여 휴업함으로서 발생한 손해를 원상 복구에 소요되는 기간을 기준으로 보상한다. 다만 합의 지연이나 복구 지연으로 연장되는 기간은 휴업 기간에서 제외한다. 인정 기준액은 세법에 따른 관계 증명서가 있으면 그에 따라 산정한 금액을 지급하며, 입증 자료가 없는 경우에는 일용 근로자 임금을 기준으로 30일 한도로 보상한다.

㉣ 공제액 : 엔진, 변속기, 화물차의 적재함 등 중요한 부품을 새 부품으로 교환할 경우 그 교환된 부품이 감가상각에 해당되는 금액을 공제

❸ 보상하지 않는 손해

배상 책임을 지는 피보험자가 피해자인 동시에 가해자가 되어 권리 혼돈과 같은 현상이 생기는 점과 피보험자의 도덕적 위험을 방지하기 위해 피보험자(차주 및 운전자) 또는 그 부모 배우자 및 자녀가 소유, 사용, 관리하는 재물에 생긴 손해는 보상하지 않는다.

1 안전 운전의 필수적 과정으로 옳은 것은?

① 실행-확인-예측-판단 ② 확인-예측-실행-판단
③ 예측-확인-판단-실행 ④ 확인-예측-판단-실행

2 예측의 주요 요소로 옳지 않은 것은?

① 감각 ② 위험원
③ 교차 지점 ④ 주행로

◉ 해설

예측의 주요 요소는 주행로, 행동, 타이밍, 위험원, 교차 지점이다.

3 시야 고정의 빈도가 높은 운전자의 특징으로 옳지 않은 것은?

① 예측회피 운전이 용이하다.
② 주변에서 다른 위험 사태가 발생하더라도 파악할 수 없다.
③ 주변 사물 변화에 둔감해진다.
④ 좌우를 살피지 못해 움직임, 조명을 파악하기가 어렵다.

◉ 해설

좌우를 살피는 운전자는 움직임과 사물, 조명을 파악할 수 있지만, 시선이 한 방향에 고정된 운전자는 주변에서 다른 위험 사태가 발생하더라도 파악할 수 없다. 그러므로 전방만 주시하는 것이 아니라, 동시에 좌우도 항상 같이 살펴야 한다.

4 안전거리의 의미로 옳은 것은?

① 운전자가 위험을 발견하고 자동차를 완전히 멈추기까지의 거리
② 앞차가 갑자기 정지하게 되는 경우 그 앞차와의 충돌을 피할 수 있는 거리
③ 주행하던 자동차의 브레이크 작동 시점부터 완전히 멈추기까지의 거리
④ 브레이크 페달을 밟은 시점부터 실제 제동되기까지의 거리

◉ 해설

안전거리 : 앞차가 갑자기 정지하게 되는 경우 그 앞차와의 충돌을 피할 수 있는 거리

5 앞지르기 방법에 대한 설명으로 옳지 않은 것은?

① 전방의 안전을 확인함과 동시에 후사경으로 좌측 및 좌측 후방을 확인한다.
② 앞지르기가 끝나면 진로를 서서히 우측으로 변경한 후 차가 일직선이 되었을 때 방향 지시등을 끈다.
③ 우측 방향 지시등을 켠다.
④ 최고 속도의 제한 범위 내에서 가속하여 진로를 서서히 좌측으로 변경한다.

◉ 해설

③ 좌측 방향 지시등을 켠다.

6 앞지르기 시 방어운전에 대한 설명으로 옳지 않은 것은?

① 앞지르기에 필요한 속도가 그 도로의 최고 속도 범위 이내일 때 시도한다.
② 앞차가 앞지르기를 하고 있을 때는 시도 금지이다.
③ 앞차의 왼쪽으로는 앞지르기 금지이다.
④ 앞지르기에 필요한 충분한 거리와 시야가 확보되었을 때 시도한다.

◉ 해설

③ 앞차의 오른쪽으로는 앞지르기 금지이다.

7 다음 중 기본적인 사고유형에 대한 방어운전 방법으로 옳지 않은 것은?

① 앞차 너머의 상황에 시선을 두지 않는다.
② 정면충돌 사고 시, 핸들 조작의 기본적 동작은 오른쪽으로 한다.
③ 과로를 피하고 심신이 안정된 상태에서 운전한다.
④ 악천후 시, 제동 상태가 나쁠 경우 도로 조건에 맞춰 속도를 낮춘다.

◉ 해설

① 앞차 너머의 상황을 살펴 앞차의 행동을 예측하고 대비해야 한다.

8 전방탐색 시 주의 사항으로 옳지 않은 것은?

① 보행자
② 주변 건물의 위치
③ 다른 차로의 차량
④ 대형차에 가려진 것들에 대한 단서

◉ 해설

전방탐색 시 주의해서 봐야할 것들은 다른 차로의 차량, 보행자, 자전거 교통의 흐름과 신호 등이다. 특히 화물 자동차와 같은 대형차가 있을 때는 대형차에 가려진 것들에 대한 단서에 주의한다.

9 다음 중 예측회피 운전의 방법으로 옳지 않은 것은 무엇인가?

① 상황에 따라 속도를 낮추거나 높이는 결정을 해야 한다.
② 사고 상황이 발생할 경우에 대비하여 진로를 변경한다.
③ 주변에 시선을 두지 않고 전방만 주시해야 한다.
④ 필요할 시 다른 사람에게 자신의 의도를 알려야 한다.

◉ 해설

예측회피 운전의 기본적 방법
㉠ 속도 가속, 감속 : 때로는 속도를 낮추거나 높이는 결정을 해야 한다.
㉡ 위치 바꾸기(진로 변경) : 사고 상황이 발생할 경우를 대비해서 주변에 긴급 상황 발생시 회피할 수 있는 완충 공간을 확보하면서 운전한다.
㉢ 다른 운전자에게 신호하기 : 가다 서고를 반복하고 수시로 차선변경을 필요로 하는 택시의 운전은 자신의 의도를 주변에 등화 신호로 미리 알려 주어야 한다.

10 방어 운전의 기본 사항 중 옳지 않은 것은?

① 예측 능력과 판단력 ② 자기중심적인 빠른 판단
③ 능숙한 운전 기술 ④ 반성의 자세

해설
방어 운전의 기본 사항 : 능숙한 운전 기술, 정확한 운전 지식, 세심한 관찰력, 예측 능력과 판단력, 양보와 배려의 실천, 교통상황 정보 수집, 반성의 자세, 무리한 운행 배제

11 주행 중 앞바퀴가 터졌을 시 운전법으로 옳은 것은?

① 미끄러지는 방향으로 핸들을 틀어 대처한다.
② 수시로 브레이크 페달을 밟아 제동이 잘 되는지 확인한다.
③ 핸들을 단단하게 잡아 한 쪽으로 쏠리는 것을 막고 의도한 방향을 유지한 후 감속한다.
④ 다른 차량과 거리를 좁힌다.

해설
①은 뒷바퀴가 터졌을 시의 요령이다.
②는 미끄러짐 사고 시의 방어 운전법이다.
④ 다른 차량과는 안전거리를 유지한다.

12 내리막 주행 중 브레이크가 고장 났을 때 취하는 방법 중 옳지 않은 것은?

① 주차 브레이크를 서서히 당긴다.
② 변속장치를 저단으로 변속하여 엔진 브레이크를 활용한다.
③ 풋 브레이크를 여러 번 나누어 밟아본다.
④ 최악의 경우는 피해를 최소화하기 위해 수풀이나 산의 사면으로 핸들을 돌린다.

해설
③ 풋 브레이크를 과도하게 사용하면 브레이크 이상 현상이 발생한다.

13 미끄러운 눈길에서 자동차를 정지시키고자 할 때 가장 안전한 제동 방법으로 옳은 것은?

① 엔진 브레이크와 핸드 브레이크를 함께 사용한다.
② 풋 브레이크와 핸드 브레이크를 동시에 힘 있게 작용시킨다.
③ 클러치 페달을 밟은 후 풋 브레이크 강하게 한 번에 밟는다.
④ 엔진 브레이크로 속도를 줄인 다음 서서히 풋 브레이크를 사용한다.

14 후미 추돌 사고의 원인으로 옳지 않은 것은?

① 앞차의 과속 ② 안전거리 미확보
③ 급제동 ④ 전방주시 태만

해설
① 다른 차량의 끼어들기에 의한 앞차의 급제동 및 감속

15 후미 추돌 사고를 회피하는 방어운전 요령으로 옳지 않은 것은?

① 앞차 너머의 상황을 살펴 앞차의 행동을 예측하고 대비하기
② 앞차의 징후나 신호를 살펴 항상 앞차에 대해 주의하기
③ 위험 상황이 전개될 경우 바로 상대보다 더 빠르게 속도 줄이기
④ 앞차와 바짝 붙어 주행하기

해설 ④ 앞차와 충분한 거리를 유지하기

16 운전 상황별 방어운전 요령으로 옳지 않은 것은?

① 주행 시 속도 조절 : 주행하는 차들과 맞춰 물 흐르듯이 주행
② 차간 거리 : 다른 차량이 끼어들지 못하도록 가급적 밀착하여 주행
③ 앞지르기 할 때 : 반드시 안전을 확보 후, 앞지르기 허용 지역에서 지정된 속도로 주행
④ 주행차로 사용 : 자기 차로를 선택하여 가급적 변경 없이 주행

해설
② 차간 거리 : 앞차와는 정해진 안전거리를 유지하고, 끼어드는 경우 양보운전으로 안전하게 진입하도록 돕는다.

17 추돌 사고를 발생시키거나 당하지 않는 안전운행 요령이 아닌 것은?

① 적재물이 실린 차를 뒤따르는 경우 평소보다 차간 거리를 더 여유롭게 둔다.
② 앞차와 간격을 좁혀 앞차의 상황을 자세히 주시한다.
③ 가급적 3~4대 앞의 교통상황에도 주의를 기울인다.
④ 앞차의 급제동에 대비하여 안전거리를 유지한다.

해설
② 앞차와의 간격은 항상 안전거리를 유지해야 한다.

18 시가지 도로 운전 중 안전 운전 방법으로 옳지 않은 것은?

① 교차로에서 성급한 우회전은 금지
② 이면 도로에서 자전거나 이륜차의 갑작스런 회전 등에 대비
③ 교차로에서 황색 신호일 때 모든 차는 정지선 바로 앞에 정지
④ 교차로에서 통과하는 앞차에만 집중하여 따라가기

해설
④ 시가지 교차로에서는 앞서 통과하는 차량을 맹목적으로 따라가지 않도록 주의한다.

19 다음 중 커브길 주행 방법으로 옳지 않은 것은?

① 감속된 속도에 맞는 기어로 변속
② 엔진 브레이크만으로 속도가 충분히 줄지 않으면 풋 브레이크를 사용해 회전 중에 더 이상 감속하지 않도록 조치
③ 커브 길에 진입하기 전 가속 페달을 밟아 신속히 통과
④ 회전이 끝나는 부분에 도달하였을 때는 핸들을 바르게 위치

해설
③ 커브 길에 진입하기 전에 경사도나 도로의 폭을 확인하고 가속 페달에서 발을 떼어 엔진 브레이크가 작동되도록 감속한다.

20 교차로 황색신호에서의 방어 운전으로 옳지 않은 것은?

① 이미 교차로 안으로 진입해 있을 때 황색 신호로 변경된 경우 신속히 교차로 밖으로 이동
② 교차로 부근에는 무단 횡단하는 보행자 등 위험 요인이 많으므로 돌발 상황에 대비
③ 모든 차는 정지선 바로 앞에 정지
④ 다른 차량을 방해하지 않도록 가속하여 빠르게 통과

해설
④ 황색 신호일 때는 멈출 수 있도록 감속하여 접근한다.

21 주행 중 타이어 펑크가 발생하였을 때, 운전자의 올바른 주차 방법이 아닌 것은?

① 저단기어로 변속하고 엔진 브레이크를 사용한다.
② 즉시 급제동하여 차량을 정지시킨다.
③ 조금씩 속도를 떨어뜨려 천천히 도로 가장자리에 멈춰야 한다.
④ 핸들을 꽉 잡고 속도를 줄인다.

22 주행 중 가속 페달에서 발을 떼거나 저단 기어로 변속하여 감속하는 운전방법은 무엇인가?

① 기어 중립
② 주차 브레이크
③ 엔진 브레이크
④ 풋 브레이크

➕ 해설
엔진 브레이크는 내리막길이나 악천후로 노면 상태가 미끄러울 때 감속에 용이하다.

23 용어의 설명으로 옳지 않은 것은?

① 슬로우 인 패스트 아웃 – 커브 길에 진입할 때에는 속도를 줄이고, 진출할 때에는 속도를 높이는 것
② 원심력 – 어떠한 물체가 회전운동을 할 때 회전반경 안으로 잡아 당겨지는 힘
③ 아웃 인 아웃 – 차로 바깥쪽에서 진입하여 안쪽, 바깥쪽 순으로 통과하는 것
④ 자동차의 원심력 – 속도의 제곱에 비례하고, 커브의 반경이 짧을수록 커지는 힘

➕ 해설
② 원심력 : 어떠한 물체가 회전운동을 할 때 회전반경으로부터 뛰쳐나가려고 하는 힘

24 오르막길에서의 방어 운전 방법으로 옳지 않은 것은?

① 오르막길의 정상 부근은 시야가 제한되므로 반대 차로의 차량을 대비해 서행한다.
② 정차할 때는 앞차가 뒤로 밀려 충돌할 가능성이 있으므로 충분한 차간 거리를 유지한다.
③ 오르막길에서 부득이하게 앞지르기 할 때는 저단 기어를 사용하지 않는 것이 안전하다.
④ 정차해 있을 때에는 가급적 풋 브레이크와 핸드 브레이크를 동시에 사용한다.

➕ 해설
③ 오르막길에서 부득이하게 앞지르기 할 때에는 힘과 가속이 좋은 저단 기어를 사용하는 것이 안전하다.

25 철길 건널목 통과 시 방어 운전의 요령으로 옳지 않은 것은?

① 건널목 건너편 여유 공간을 확인 후 통과
② 일시 정지 후에는 철도 좌·우의 안전을 확인
③ 철길 건널목에 접근할 때는 속도를 높여 신속히 통과
④ 건널목을 통과할 때는 기어 변속 금지

➕ 해설
③ 철길 건널목에 접근할 때는 속도를 줄여 접근

26 시가지 이면 도로에서의 안전 운전 방법으로 옳지 않은 것은?

① 자전거나 이륜차가 통행하고 있을 때에는 통행 공간을 배려하면서 운행
② 주·정차된 차량이 출발하려고 할 때는 가속하여 신속히 주행
③ 돌출된 간판 등과 충돌하지 않도록 주의
④ 자전거나 이륜차의 갑작스런 회전 등에 대비

➕ 해설
② 주·정차된 차량이 출발하려고 할 때는 감속하여 안전거리를 확보

27 커브길 주행 시 주의 사항으로 옳지 않은 것은?

① 급커브 길 등에서의 앞지르기는 금지 표지가 없어도 전방에 대한 안전 확인 없이는 절대 하지 않는다.
② 회전 중에 발생하는 가속과 감속에 주의해야 한다.
③ 중앙선을 침범하거나 도로의 중앙선으로 치우친 운전은 피한다.
④ 커브 길에서는 차량이 전복될 위험이 증가하므로 급제동할 준비가 돼 있어야 한다.

➕ 해설
④ 커브 길에서는 기상 상태, 노면 상태 및 회전 속도 등에 따라 차량이 미끄러지거나 전복될 위험이 증가하므로 부득이한 경우가 아니면 핸들 조작·가속·제동은 갑작스럽게 하지 않는다.

28 고속도로 진입부에서의 안전 운전 요령으로 옳지 않은 것은?

① 적절한 휴식
② 전 좌석 안전띠 착용
③ 진입 전 가속, 진입 후 감속
④ 전방 주시

➕ 해설
③ 진입 전 천천히 안전하게, 진입 후 빠른 가속한다.

29 운전 중 앞지르기 할 때 발생하기 쉬운 사고 유형으로 옳지 않은 것은?

① 앞지르기 후 본선 진입 시, 앞지르기 당한 차와의 충돌
② 앞지르기를 시도하는 차와 앞지르기 당하는 차의 정면충돌
③ 최초 진로 변경 시, 동일한 방향의 차 혹은 나란히 진행하는 차와의 충돌
④ 중앙선을 넘게 되는 경우, 반대 방향 차와의 충돌

➕ 해설
② 앞지르기를 시도하는 차는 앞지르기 당하는 차와 후미 추돌 사고의 위험이 있다.

30 다음 중 타이어의 역할이 아닌 것은?

① 자동차의 하중을 지탱한다.
② 엔진의 구동력 및 제동력을 노면에 전달한다.
③ 노면으로부터 받은 충격력을 흡수하여 승차감을 저하시킨다.
④ 진행방향을 전환 또는 유지시키는 기능을 한다.

➕ 해설
③ 노면으로부터 전달되는 충격을 완화하여 승차감을 좋게 한다.

정답 **21** ② **22** ③ **23** ② **24** ③ **25** ③ **26** ② **27** ④ **28** ③ **29** ② **30** ③

31 타이어 공기압 부족 시 발생할 수 있는 현상은?

① 하이드로플레닝 현상　　② 스탠딩 웨이브 현상
③ 베이퍼 록 현상　　④ 시미현상

⊕ 해설
스탠딩웨이브(Standing wave) : 주행 시 변형과 복원을 반복하는 타이어가 고속 회전으로 인해 속도가 올라가면 변형된 접지부가 복원되기 전에 다시 접지하게 된다. 이 때 접지한 곳 뒷부분에서 진동의 물결이 발생하게 된다. 이를 스탠딩웨이브라 한다.

32 야간 운전 시 안전 운전 방법으로 옳지 않은 것은?

① 대향차의 전조등을 직접 바라보지 않는다.
② 전조등 불빛의 방향을 정면으로 향하여 자신의 위치를 알린다.
③ 속도를 줄여 운행한다.
④ 보행자 확인에 더욱 세심한 주의를 기울인다.

⊕ 해설
② 전조등 불빛의 방향을 아래로 향해야 한다.

33 빗길 운전 시 안전 운전 방법으로 옳지 않은 것은?

① 폭우로 가시거리가 100m 이내인 경우에는 최고 속도의 30%를 줄인 속도로 운행한다.
② 보행자 옆을 통과할 때에는 속도를 줄여 흙탕물이 튀지 않도록 주의한다.
③ 비가 내려 노면이 젖어있는 경우에는 최고 속도의 20%를 줄인 속도로 운행한다.
④ 물이 고인 길을 통과할 때에는 속도를 줄여 저속으로 통과한다.

⊕ 해설
① 폭우로 가시거리가 100m 이내인 경우 최고 속도의 50%를 줄인 속도로 운행한다.

34 회전 교차로의 통행 방법에 대한 설명으로 옳은 것은?

① 회전 교차로 통과 시 모든 자동차가 중앙 교통섬을 중심으로 시계방향으로 회전하며 통과한다.
② 회전차로 내부에서 주행 중인 차를 방해할 우려가 있을 시 진입을 금지한다.
③ 회전 교차로에 진입할 때는 속도를 높여 진입한다.
④ 회전 중인 자동차는 회전 교차로에 진입하는 자동차에게 양보한다.

⊕ 해설
① 회전 교차로 통과 시 모든 자동차가 중앙 교통섬을 중심으로 하여 시계 반대 방향으로 회전하며 통과 한다.
③ 회전 교차로에 진입 시 충분히 속도를 줄인 후 진입한다.
④ 회전 교차로에 진입하는 자동차는 회전 중인 자동차에게 양보한다.

35 지방 도로에서의 방어운전으로 옳지 않은 것은?

① 오르막길에서 부득이하게 앞지르기 할 때에는 힘과 가속이 좋은 저단 기어를 사용하는 것이 안전하다.
② 커브길에서 중앙선을 침범하거나 도로의 중앙선으로 치우친 운전은 피한다.
③ 내리막길을 내려갈 때에는 풋 브레이크로만 속도를 조절하는 것이 좋다.
④ 언덕길에서는 도로의 내리막이 시작되는 시점에서 브레이크를 힘껏 밟아 브레이크를 점검한다.

⊕ 해설
③ 내리막길을 내려갈 때에는 엔진 브레이크로 속도 조절하는 것이 바람직하다.

36 커브길 사고가 빈번한 이유로 옳지 않은 것은?

① 겨울철 커브 길은 노면이 얼어있는 경우가 많기 때문
② 기상 상태, 회전 속도 등에 따라 차량이 미끄러지거나 전복될 위험이 높기 때문
③ 커브 길에서 감속할 경우 차량의 무게 중심이 한쪽으로 쏠리기 때문
④ 커브 길에서는 마찰력이 크게 작용하기 때문

⊕ 해설
④ 커브 길에서는 원심력이 크게 작용하기 때문이다.

37 다음 설명 중 오르막길 운전방법으로 옳지 않은 것은?

① 뒤로 미끄러지는 것을 방지하기 위해 정지했다가 출발할 때 핸드 브레이크를 사용
② 오르막길에서 부득이하게 앞지르기 할 때 힘과 가속이 좋은 저단 기어를 사용
③ 언덕길에서는 올라가는 차량에게 통행 우선권이 있으므로 내려가는 차량이 양보
④ 정차할 때는 앞차와 충분한 차간 거리를 유지

⊕ 해설
③ 언덕길에서 올라가는 차량과 내려오는 차량이 교차할 때는 내려오는 차량에게 통행 우선권이 있으므로 올라가는 차량이 양보해야 한다.

38 내리막길에서의 방어 운전에 대한 사항으로 옳지 않은 것은?

① 풋 브레이크를 사용하면 브레이크 이상 현상 예방이 가능
② 경사길 주행 중간에 불필요하게 속도를 줄이거나 급제동하는 것은 주의
③ 비교적 경사가 가파르지 않은 긴 내리막길을 내려갈 때 운전자의 시선은 먼 곳을 응시
④ 도로의 내리막이 시작되는 시점에서 브레이크를 힘껏 밟아 브레이크를 점검

⊕ 해설
① 엔진 브레이크를 사용하면 페이드 현상 및 베이퍼 록 현상을 예방하여 운행 안전도를 높일 수 있다.

39 브레이크의 올바른 조작 방법으로 옳은 것은?

① 내리막길에서 운행할 때 연료 절약 등을 위해 기어를 중립에 둔다.
② 주행 중에는 핸들을 안정적으로 잡고 변속 기어가 들어가 있는 상태에서 제동한다.
③ 풋 브레이크를 자주 밟으면 안정적 제동이 가능하고, 뒤따라오는 차량에게 안전 조치를 취할 수 있는 시간이 생겨 후미 추돌을 방지할 수 있다.
④ 길이가 긴 내리막 도로에서는 고단 기어로 변속한다.

40 다음 중 내리막길에서 브레이크에 이상 발생 시 요령으로 옳지 않은 것은?

① 풋 브레이크만 과도하게 사용하면 브레이크 이상 현상이 발생하니 주의한다.

② 최악의 경우는 피해를 최소화하기 위해 수풀이나 산의 사면으로 핸들을 돌린다.

③ 변속 장치를 저단으로 변속하여 엔진 브레이크를 활용한다.

④ 속도가 10km 이하가 되었을 때, 주차 브레이크를 서서히 당긴다.

⊕ 해설 ④ 속도가 30km 이하가 되었을 때, 주차 브레이크를 서서히 당긴다.

41 다음 중 경사로 주차 방법으로 옳지 않은 것은?

① 바퀴를 벽 방향으로 돌려놓아야 한다.

② 변속기 레버를 'P'에 위치시킨다.

③ 받침목까지 뒷바퀴에 대주는 것이 좋다.

④ 수동 변속기의 경우 내리막길에서 위를 보고 주차하는 경우 후진 기어를 넣는다.

⊕ 해설 ④ 수동 변속기의 경우 내리막길에서 아래를 보고 주차하는 경우 후진 기어를 넣는다.

42 철길 건널목에서의 안전 운전 요령으로 옳지 않은 것은?

① 건널목 건너편 여유 공간을 확인 후 통과

② 일시 정지 후에는 곧바로 신속히 통과

③ 건널목을 통과할 때는 기어 변속 금지

④ 철길 건널목에 접근할 때는 속도를 줄여 접근

⊕ 해설 ② 일시 정지 후에는 철도 좌·우의 안전을 확인

43 고속도로에서의 안전 운전 방법에 대한 설명 중 옳지 않은 것은?

① 진입 전·후 모두 신속하게 진행한다.

② 앞지르기 상황이 아니면 주행 차로로 주행한다.

③ 전방 주시에 만전을 기한다.

④ 주변 교통 흐름에 따라 적정 속도 유지한다.

⊕ 해설 ① 진입 전 천천히 안전하게, 진입 후 빠른 가속을 사용해 나온다.

44 고속도로 진출입부에서의 방어 운전 요령으로 옳은 것은?

① 다른 차량의 흐름에 상관없이 자신만의 속도로 진행한다.

② 가속 차로에서는 충분히 속도를 높인다.

③ 진입 후 감속하여 위험을 방지한다.

④ 고속도로에 진입 전에는 빠르게 진입한다.

⊕ 해설 고속도로 진입 방법
고속도로에 진입할 때는 방향 지시등으로 진입 의사를 표시한 후, 가속 차로에서 충분히 속도를 높인 뒤 주행하는 다른 차량의 흐름을 살펴 안전을 확인 후 진입한다. 진입한 후에는 빠른 속도로 가속해서 교통 흐름에 방해가 되지 않도록 한다.

45 야간에 보행자가 사고 방지를 위해 입으면 좋은 옷 색깔로 가장 적절한 것은?

① 흑색 ② 적색

③ 회색 ④ 백색

⊕ 해설 ② 야간에 식별하기에 용이한 색은 적색, 백색 순이며 흑색이 가장 어려운 색이다.

46 야간 운행 중 마주 오는 대향차의 전조등 불빛으로 인해 운전자의 눈 기능이 순간적으로 저하되는 현상으로 옳은 것은?

① 광막 현상 ② 현혹 현상

③ 착시 현상 ④ 수막 현상

47 야간 운행 중 마주 오는 대향차의 전조등 불빛으로 인해 도로 보행자의 모습을 볼 수 없게 되는 현상으로 옳은 것은?

① 착시 현상 ② 현혹 현상

③ 증발 현상 ④ 광막 현상

48 안개길 운전 시 주의사항으로 옳지 않은 것은?

① 전조등, 안개등 및 비상점멸표시등을 켜고 운행한다.

② 앞을 분간하지 못할 정도의 짙은 안개로 운행이 어려울 시 차를 안전한 곳에 세우고 잠시 기다린다.

③ 안개가 짙으면 앞차가 보이지 않으므로 최대한 붙어서 간다.

④ 가시거리가 100m 이내인 경우에는 최고속도를 50% 정도 감속하여 운행한다.

⊕ 해설 ③ 앞차와의 차간거리를 충분히 확보하고, 앞차의 제동이나 방향 지시등의 신호를 예의 주시하며 운행한다.

49 야간 운전 시 주의 사항으로 옳지 않은 것은?

① 야간에는 시야가 제한됨에 따라 노면과 앞차의 후미등 전방만을 보게 되므로 가시거리가 100m 이내인 경우에는 최고 속도를 20% 정도 감속하여 운행한다.

② 술 취한 사람이 갑자기 도로에 뛰어들거나, 도로에 누워있는 경우가 발생하므로 주의해야 한다.

③ 밤에는 낮보다 장애물이 잘 보이지 않거나, 발견이 늦어 조치 시간이 지연될 수 있다.

④ 원근감과 속도감이 저하되어 과속으로 운행하는 경향이 발생할 수 있다.

⊕ 해설 ① 야간에는 시야가 제한됨에 따라 노면과 앞차의 후미등 전방만을 보게 되므로 가시거리가 100m 이내인 경우에는 최고 속도를 50% 정도 감속하여 운행한다.

50 야간 운전 시 안전 운전 요령으로 옳지 않은 것은?

① 선글라스를 착용하여 대향차의 전조등에 대비한다.

② 대향차의 전조등을 직접 바라보지 않는다.

③ 해가 지기 시작하면 곧바로 전조등을 켜 다른 운전자들에게 자신을 알린다.

④ 커브 길에서는 상향등과 하향등을 적절히 사용하여 자신이 접근하고 있음을 알린다.

⊕ 해설 ① 선글라스를 착용하고 운전하지 않는다.

51 야간 및 악천후 시 운전에 대한 설명으로 옳지 않은 것은?

① 대향차의 전조등을 직접 바라보지 않는다.
② 안개 길에서는 가시거리가 100m 이내인 경우에는 최고 속도를 50% 정도 감속 운행한다.
③ 보행자 확인에 더욱 세심한 주의를 기울인다.
④ 비가 내려 노면이 젖어있는 경우에는 최고 속도의 30%를 줄인 속도로 운행한다.

⊕해설
④ 비가 내려 노면이 젖어있는 경우에는 최고 속도의 20%를 줄인 속도로 운행한다.

52 겨울철 자동차 관리에 필수 사항이 아닌 것은?

① 냉각수   ② 와이퍼 액
③ 정온장치   ④ 에어컨

53 야간에는 주간에 비해 시야가 전조등의 범위로 한정되는 경향이 있다. 그러므로 주간보다 야간에는 속도를 감속해야 하는데 그 속도로 옳은 것은?

① 주간 속도보다 약 50% 감속
② 주간 속도보다 약 40% 감속
③ 주간 속도보다 약 30% 감속
④ 주간 속도보다 약 20% 감속

54 다음 중 경제 운전 요령에 대한 설명 중 틀린 것은?

① 불필요한 짐은 싣고 다니지 않는다.
② 속도에 따라 엔진에 무리가 없는 범위 내에서 고단기어를 사용한다.
③ 가능한 한 고속 주행으로 목적지까지 빨리 간다.
④ 타이어 공기압력을 적당한 수준으로 유지한다.

55 다음 중 경제운전의 기본 방법으로 옳지 않은 것은?

① 불필요한 공회전을 피한다. ② 급제동을 피한다.
③ 급한 운전을 피한다.   ④ 고속 주행을 유지한다.

⊕해설
④ 일정한 차량 속도 (정속 주행)를 유지한다.

56 경제 운전에서는 가·감속이 없는 정속 주행을 해야 한다. 이러한 속도의 명칭은 무엇인가?

① 최고 속도   ② 일정 속도
③ 최저 속도   ④ 제한 속도

57 다음 중 경제 운전 시 발생하는 요인으로 옳지 않은 것은?

① 운전자 및 승객의 스트레스 감소
② 고장 수리 작업 및 유지관리 작업 등의 시간 손실 증가
③ 공해 배출 등 환경 문제의 감소
④ 차량 구조 장치 내구성 증가

⊕해설
② 경제 운전 시 차량에 주는 부담이 적어지므로, 고장 수리나 유지관리 때문에 투자하게 되는 시간이 감소한다.

58 경제 운전의 용어 중 연료가 차단된다는 의미로, 관성을 이용한 운전에 속하는 용어는 무엇인가?

① 토-인   ② 슬로우-인, 패스트-아웃
③ 퓨얼-컷   ④ 아웃-인-아웃

⊕해설
퓨얼-컷(Fuel-cut)이란 운전자가 주행하다가 가속 페달을 밟고 있던 발을 떼었을 때, 자동차의 모든 제어 및 명령을 담당하는 컴퓨터인 ECU가 가속 페달의 신호에 따라 스스로 연료를 차단시키는 작업을 말한다. 자동차가 달리고 있던 관성(가속력)에 의해 축적된 운동 에너지의 힘으로 계속 달려가게 되는 경제 운전 방법 중 하나이다. ①은 앞바퀴를 위에서 내려다봤을 때 양쪽 바퀴의 중심선 사이 거리가 뒤쪽보다 앞쪽이 약간 작게 돼 있는 것을 지칭하는 용어이다. ②, ④는 커브 길 주행 시 사용되는 운전 방법을 지칭하는 용어이다.

59 다음 중 경제 운전에 영향을 미치는 요인으로 옳지 않은 것은?

① 운전자의 감정   ② 도심의 교통 상황
③ 기상 조건   ④ 도로 조건

⊕해설
② 도심은 고밀도 인구에 도로가 복잡하고 교통 체증도 심각한 환경이므로 운전자들이 바쁘고, 그로인해 가속·감속 및 잦은 브레이크에 자동차 연비도 증가한다.
③ 맞바람은 공기 저항을 증가시켜 연료 소모율을 높인다.
④ 도로의 젖은 노면과 경사도는 연료 소모를 증가시킨다.

60 운전 중 정지 시 기본 운행 수칙에 어긋나는 것은?

① 정지를 위한 감속 시, 엔진 브레이크와 고단 기어를 활용한다.
② 미끄러운 노면에서는 제동으로 인해 차량이 회전하지 않도록 주의
③ 정지할 때는 미리 감속하여 급정지로 인한 타이어 흔적이 발생하지 않도록 주의
④ 정지할 때까지 여유가 있는 경우에는 브레이크 페달을 가볍게 2~3회 나누어 밟는 조작을 통해 정지

⊕해설
① 정지할 때는 미리 감속하여 급정지로 인한 타이어 흔적이 발생하지 않도록 한다. 이때 엔진 브레이크와 저단 기어 변속을 활용하도록 한다.

61 다음 중 앞지르기 시 기본 운행에 관한 설명으로 어긋나는 것은?

① 앞지르기를 할 때는 항상 방향 지시등을 작동시킨다.
② 앞지르기한 후 본 차로로 진입할 때에는 뒤차와의 안전을 고려하여 진입한다.
③ 앞지르기는 허용된 구간에서만 시행한다.
④ 앞 차량의 우측 차로를 통해 앞지르기를 한다.

⊕해설 ④ 앞 차량의 좌측 차로를 통해 앞지르기를 한다.

62 다음 중 진로 변경에 관한 기본 운행 수칙으로 옳지 않은 것은?

① 다른 통행 차량 등에 대한 배려나 양보 없이 본인 위주의 진로 변경을 하지 않는다.
② 일반 도로에서는 차로를 변경하려는 지점에 도착하기 전 30m(고속도로에서는 100m) 이상의 지점에 이르렀을 때 방향 지시등을 작동시킨다.
③ 백색 실선이 설치된 곳에서만 진로를 변경한다.
④ 갑작스럽게 차로 변경을 하지 않는다.

⊕해설 ③ 백색 실선이 설치된 곳에서는 진로를 변경하지 않는다.

63 다음 중 기본 운행 수칙에 따른 올바른 주행 방법으로 옳지 않은 것은?

① 앞차가 급제동할 때 후미를 추돌하지 않도록 안전거리를 유지한다.
② 노면 상태가 불량한 도로에서는 감속하여 주행한다.
③ 해질 무렵, 터널 등 조명 조건이 불량한 경우에는 감속하여 주행한다.
④ 앞뒤로 일정한 간격을 유지하되, 좌·우측 차량과는 밀접한 거리를 유지한다.

🔾 해설
④ 좌·우측 차량과 일정 거리를 유지한다.

64 운행 중 과로나 운전피로로 인해 발생하는 현상은?

① 현혹 현상
② 증발 현상
③ 졸음 현상
④ 수막 현상

🔾 해설
①, ②는 야간 운전 시 발생하는 현상이며, ④는 빗길에서 고속주행 시 나타나는 현상이다.

65 다음 중 주차에 관한 기본 운행 수칙으로 옳지 않은 것은?

① 주차가 허용된 지역이나 갓길에 주차한다.
② 도로에서 차가 고장이 일어난 경우에는 안전한 장소로 이동한 후 비상 삼각대와 같은 고장 자동차의 표지를 설치한다.
③ 주행 차로로 주차된 차량의 일부분이 돌출되지 않도록 주의한다.
④ 경사가 있는 도로에 주차할 때에는 밀리는 현상을 방지하기 위해 바퀴에 고임목 등을 설치하여 안전 여부를 확인한다.

🔾 해설
① 주차가 허용된 지역이나 안전한 지역에 주차한다. 갓길 주차는 매우 위험하므로 피한다.

66 다음 중 출발 시 기본 운행 수칙에 어긋나는 행동은?

① 운행을 시작하기 전에 제동등이 점등되는지 확인한다.
② 주차 브레이크가 채워진 상태에서 출발한다.
③ 매일 운행을 시작할 때는 후사경이 제대로 조정되어 있는지 확인한다.
④ 출발 후 진로 변경이 끝나면 신호를 중지한다.

🔾 해설
② 주차 브레이크가 채워진 상태에서는 출발하지 않는다.

67 고속도로 주행 시 연료 절약을 위한 경제속도는?

① 60km/h
② 80km/h
③ 100km/h
④ 110km/h

68 차량 운행에 있어 봄철의 계절별 특성에 해당 되는 것은?

① 날씨가 따뜻해짐에 따라 사람들의 활동이 활발함
② 무더운 현상이 지속되는 열대야 현상이 나타남
③ 단풍을 구경하려는 행락객 등 교통수요가 많음
④ 사람, 자동차, 도로환경 등 다른 계절에 비해 열악함

🔾 해설
②는 여름, ③은 가을 ④는 겨울이다.

69 겨울철에 해야 하는 자동차 점검 사항으로 옳지 않은 것은?

① 정온기(온도조절기) 상태 점검
② 월동장비 점검
③ 에어컨 냉매 가스 관리
④ 냉각장치 점검

🔾 해설
③ 여름철 점검 사항이다.

70 습도와 불쾌지수로 인해 사고가 발생하게 되는 계절은?

① 가을
② 봄
③ 겨울
④ 여름

71 보행자의 통행, 교통량이 증가함에 따라 어린이 관련 교통사고가 많이 발생하는 계절은?

① 여름
② 가을
③ 겨울
④ 봄

72 가을철 안전 운행 및 교통사고 예방법으로 옳지 않은 것은?

① 보행자에 주의하여 운행
② 농기계와의 사고 주의
③ 안개 지역을 통과할 때는 고속 운행
④ 행락철에는 단체 여행의 증가로 운전자의 주의력이 산만해질 수 있으므로 주의

🔾 해설
③ 안개 지역을 통과할 때는 감속 운행

73 다음 중 겨울철 안전 운행 및 교통사고 예방법으로 옳지 않은 것은?

① 앞바퀴는 직진 상태로 변경해서 출발
② 충분한 차간 거리 확보 및 감속 운행
③ 도로가 미끄러울 때에는 부드럽게 천천히 출발
④ 다른 차량과 나란히 주행

🔾 해설
④ 다른 차량과 나란히 주행하지 않도록 주의

74 여름철 무더위와 장마로 인해 습도와 불쾌지수가 높아지면 나타날 수 있는 현상으로 옳지 않은 것은?

① 스트레스의 증가로 신체이상이 나타날 수 있다.
② 차량 조작의 민첩성이 떨어지고, 운전 시 예민해진다.
③ 감정에 치우친 운전으로 사고가 발생할 수 있다.
④ 불쾌지수로 인한 예민도가 높아져 주변 상황에 민감하게 대처가 가능하다.

🔾 해설
④ 감정이 예민해져 사소한 일에도 주의를 쏟게 되고, 그로인해 주변 상황에 대한 대처가 저하될 가능성이 높다.

75 다음 중 겨울철 자동차 관리법으로 옳지 않은 것은?

① 히터 및 서리제거 장치를 점검한다.
② 부동액의 양 및 점도를 점검한다.
③ 눈길에 대비하여 바퀴 체인을 구비한다.
④ 온도조절기의 상태를 확인한다.

⊕해설
①은 가을철 관리법이다.

76 다음 중 봄철 자동차 관리법으로 옳지 않은 것은?

① 월동장비 정리　　② 배터리 및 오일류 점검
③ 에어컨 작동 확인　④ 에어컨 냉매 가스 관리

⊕해설
④는 여름철 관리법이다.

77 다음 중 가을철에 자동차 관리 시 요령에 대해 옳은 것은?

① 에어컨 작동 확인
② 정온기(온도조절기) 상태 점검
③ 세차 및 곰팡이 제거
④ 월동장비 점검

⊕해설
①은 봄철 관리법이고, ②, ④는 겨울철 관리법이다.

78 계절별 교통사고를 예방하기 위한 안전운행 수칙에 대한 설명으로 옳지 않은 것은?

① 봄에는 졸음이 오기 쉬운 계절이므로 과로운전에 주의
② 여름에 주행 중 갑자기 시동이 꺼졌을 경우 더위 때문에 위험하므로 신속하게 재시동
③ 가을에는 단체 여행의 증가로 운전자의 주의력이 산만해질 수 있으므로 주의
④ 겨울에 장거리 운행 시 기상악화나 불의의 사태에 대비

⊕해설
② 주행 중 갑자기 시동이 꺼졌을 경우 통풍이 잘 되고 그늘진 곳으로 옮겨 열을 식힌 후 재시동을 건다.

79 유턴을 할 수 있는 곳의 도로 표시로 옳은 것은?

① 중앙선이 백색 점선으로 표시된 곳
② 중앙선이 황색 실선으로 표시된 곳
③ 중앙선이 황색 점선으로 표시된 곳
④ 중앙선이 백색 실선으로 표시된 곳

80 앞지르기할 수 있는 곳은?

① 중앙선이 황색실선인 구간
② 중앙선이 황색점선인 구간
③ 백색실선 구간
④ 황색실선과 황색점선의 복선구간

81 베이퍼 록과 페이드 현상에 대한 설명으로 틀린 것은?

① 페이드 현상 등이 발생하면 브레이크가 듣지 않아 대형 사고의 원인이 된다.
② 내리막길을 내려갈 때에는 반드시 핸드 브레이크만 사용해야 한다.
③ 베이퍼 록이란 브레이크를 자주 밟으면 마찰열로 인해 브레이크가 듣지 않는 현상이다.
④ 페이드란 브레이크를 자주 밟으면 마찰열이 브레이크 라이닝 재질을 변화시켜 브레이크가 밀리거나 듣지 않는 현상이다.

⊕해설
② 길이가 긴 내리막 도로에서는 저단 기어로 변속하여 엔진 브레이크가 작동되게 한다.

82 제동 장치의 마찰부가 과열되어 제동력이 저하되는 현상은?

① 베이퍼 록 현상　② 페이드 현상
③ 노킹 현상　　　　④ 오버 히트 현상

83 브레이크슈와 드럼의 과열로 인해 마찰력이 급격히 떨어져 브레이크가 잘 듣지 않게 되는 페이드 현상의 원인은?

① 긴 내리막길에서 풋 브레이크를 한 번에 세게 밟았을 때
② 긴 내리막길에서 엔진 브레이크를 세게 밟았을 때
③ 긴 내리막길에서 풋 브레이크를 남용했을 때
④ 긴 내리막길에서 엔진 브레이크를 남용했을 때

84 수막현상에 대한 대응 방법 중 맞는 것은?

① 과다 마모된 타이어나 재생타이어 사용을 자제한다.
② 출발하기 전 브레이크를 몇 차례 밟아 녹을 제거한다.
③ 엔진 브레이크를 사용하여 저단 기어를 유지한다.
④ 속도를 낮추고 타이어 공기압을 높인다.

85 빗길 속 수막현상에 대한 설명으로 올바르지 않은 것은?

① 속도를 조절할 수 없어 사고가 많이 일어난다.
② 이러한 현상은 시속 90km 이상일 때 많이 일어나지만 물이 고여 있는 곳에서는 더 낮은 속도에서도 나타난다.
③ 타이어가 새 것일수록 이러한 현상이 많이 나타난다.
④ 타이어와 노면과의 사이에 물막이 생겨 자동차가 물 위에 뜨는 현상이 나타난다.

86 스탠딩 웨이브 현상이 일어나는 원인이 아닌 것은?

① 속도가 빠를 때　　② 타이어 공기압이 낮을 때
③ 타이어가 펑크 났을 때　④ 빗길일 때

87 자동차의 동력 전달 장치에 대한 설명으로 옳은 것은?

① 동력을 주행 상황에 맞는 적절한 상태로 변화를 주어 바퀴에 전달하는 장치
② 자동차의 진행 방향을 운전자가 의도하는 바에 따라 임의로 조작할 수 있는 장치
③ 노면으로부터 발생하는 진동이나 충격을 완화시켜 자동차를 보호하고 주행 안전성을 향상시키는 장치
④ 자동차의 주행과 주행에 필요한 보조 장치들을 작동시키기 위한 동력을 발생시키는 장치

⊕해설
②는 조향 장치, ③은 현가장치, ④는 동력 발생 장치이다.

88 타이어의 기능으로 옳지 않은 것은?

① 자동차의 진행 방향을 전환 또는 유지
② 자동차의 동력을 발생
③ 자동차의 하중을 지탱
④ 엔진의 구동력 및 브레이크의 제동력을 노면에 전달

🔎 해설
②는 동력 발생 장치에 대한 설명이다. 타이어는 노면으로부터 전달되는 충격을 완화하는 기능도 있다.

89 자동 변속기 차량의 엔진 시동 순서로 옳은 것은?

① 시동키 작동 → 브레이크 밟음 → 변속 레버의 위치 확인 → 핸드브레이크 확인
② 핸드브레이크 확인 → 브레이크 밟음 → 변속 레버의 위치 확인 → 시동키 작동
③ 핸드브레이크 확인 → 브레이크 밟음 → 시동키 작동 → 변속 레버의 위치 확인
④ 브레이크 밟음 → 핸드브레이크 확인 → 변속 레버의 위치 확인 → 시동키 작동

90 타이어 마모 시 발생하는 현상으로 옳지 않은 것은?

① 빗길에서의 빈번한 미끄러짐
② 수막현상
③ 제동거리의 증가
④ 브레이크의 성능 증가

91 튜브리스타이어에 대한 설명으로 옳지 않은 것은?

① 펑크 수리가 간단하고, 작업 능률이 향상됨
② 튜브 타이어에 비해 공기압을 유지하는 성능이 떨어짐
③ 못에 찔려도 공기가 급격히 새지 않음
④ 유리 조각 등에 의해 손상되면 수리가 곤란

🔎 해설
② 튜브 타이어에 비해 공기압을 유지하는 성능이 우수

92 바이어스 타이어의 대한 것으로 옳은 것은?

① 스탠딩 웨이브 현상이 잘 일어나지 않음
② 오랜 연구 기간의 연구 성과로 인해 전반적으로 안정된 성능을 발휘
③ 현재는 타이어의 주류로 주목받고 있음
④ 저속 주행 시 조향 핸들이 다소 무거움

🔎 해설
①, ④는 레디얼 타이어에 관한 설명이다.
• 바이어스 타이어
　㉠ 오랜 연구 기간의 연구 성과로 인해 전반적으로 안정된 성능을 발휘
　㉡ 현재는 타이어의 주류에서 서서히 밀리고 있음

93 수막현상의 예방법으로 옳지 않은 것은?

① 배수 효과가 좋은 타이어를 사용
② 마모된 타이어 사용 금지
③ 고속 주행
④ 공기압을 조금 높임

🔎 해설 ③ 저속 주행

94 레디얼 타이어의 설명으로 옳은 것은?

① 림이 변형되면 타이어와의 밀착 불량으로 공기가 새기 쉬워짐
② 회전할 때 구심력이 좋음
③ 주행 중 발생하는 열의 발산이 좋아 발열이 적음
④ 유리 조각 등에 의해 손상되면 수리가 곤란

🔎 해설
①, ③, ④는 튜브리스타이어에 대한 설명이다.

95 주행 시 변형과 복원을 반복하는 타이어가 고속 회전으로 인해 속도가 올라가면 변형된 접지부가 복원되기 전에 다시 접지하게 된다. 이때 접지한 곳 뒷부분에서 진동의 물결이 발생하게 되는데, 이를 무엇이라 하는가?

① 페이드 현상　　　② 스탠딩웨이브 현상
③ 수막현상　　　　④ 베이퍼록 현상

🔎 해설
①, ④는 브레이크 이상 현상이고, ③은 빗길에서의 타이어 이상으로 인한 현상이다.

96 스탠딩웨이브 현상의 원인으로 옳지 않은 것은?

① 타이어의 펑크
② 고속으로 2시간 이상 주행 시 타이어에 축적된 열
③ 배수 효과가 나쁜 타이어
④ 타이어의 공기압 부족

🔎 해설
③은 수막현상의 원인이다.

97 다음 중 스노 타이어에 대한 설명으로 옳지 않은 것은?

① 견인력 감소를 막기 위해 천천히 출발해야 함
② 눈길 미끄러짐을 막기 위한 타이어로, 바퀴가 고정되면 제동 거리가 길어짐
③ 트레드 부위가 30% 이상 마멸되면 제 기능을 발휘하지 못함
④ 구동 바퀴에 걸리는 하중을 크게 해야 함

🔎 해설
③ 트레드 부위가 50% 이상 마멸되면 제 기능을 발휘하지 못함

98 자동차 클러치가 미끄러지는 원인으로 옳지 않은 것은?

① 오일이 묻은 클러치 디스크
② 강한 클러치 스프링의 장력
③ 자유간극 (유격)이 없는 클러치 페달
④ 마멸이 심각한 클러치 디스크

🔎 해설
② 클러치 스프링의 장력이 약할 때 발생한다.

99 자동 변속기의 장점과 단점에 대한 설명으로 옳지 않은 것은?

① 연료 소비율이 약 10% 정도 많아진다.
② 충격이나 진동이 적다.
③ 구조가 복잡하고 가격이 비싸다.
④ 발진과 가속·감속이 원활하지 못해 승차감이 떨어진다.

🔎 해설 ④ 발진과 가속·감속이 원활하여 승차감이 좋다.

정답　88 ②　89 ②　90 ④　91 ②　92 ②　93 ③　94 ②　95 ②　96 ③　97 ③　98 ②　99 ④

100 변속기에 대한 설명으로 옳지 않은 것은?

① 엔진과 차축 사이에서 회전력을 변환시켜 전달해준다.
② 엔진을 시동할 때 엔진을 무부하 상태로 만들어준다.
③ 노면으로부터 발생하는 진동이나 충격을 완화시킨다.
④ 자동차를 후진시키기 위하여 필요하다.

⊕ 해설
③ 현가장치에 대한 설명이다.

101 다음 중 현가장치의 구성품으로 옳지 않은 것은?

① 쇽업소버
② 캠버
③ 스프링
④ 스태빌라이저

⊕ 해설
② 조향 장치에 속한다.

102 스프링의 종류에 관한 설명 중, 잘못 짝지어진 것은?

① 공기 스프링 – 차체의 기울기를 감소시킴
② 코일 스프링 – 승용차에 많이 사용
③ 토션바 스프링 – 진동의 감쇠 작용이 없어 쇽업소버를 병용
④ 판 스프링 – 버스나 화물차에 사용

⊕ 해설
① 쇽업소버에 관한 설명이다. 공기 스프링은 스프링의 세기가 하중과 거의 비례해서 변화하는 특징이 있다.

103 현가장치의 주요 기능으로 옳지 않은 것은?

① 타이어의 접지 상태를 유지
② 올바른 휠 밸런스 유지
③ 차체의 무게를 지탱
④ 엔진의 구동력 및 브레이크의 제동력을 노면에 전달

⊕ 해설
④는 타이어의 기능이다.

104 자동차의 진행 방향을 운전자가 의도하는 바에 따라 임의로 조작할 수 있는 장치로 앞바퀴의 방향을 바꿀 수 있는 장치를 무엇이라 하는가?

① 제동 장치
② 현가장치
③ 조향 장치
④ 동력 전달 장치

105 조향 장치 중 조향하였을 때 직진 방향으로의 복원력을 부여하는 장치는 무엇인가?

① 토인
② 캠버
③ 조향축
④ 캐스터

106 조향 장치 중 조향 핸들 조작을 가볍게 하고, 수직 방향 하중에 의한 앞 차축의 휨을 방지하는 장치는 무엇인가?

① 토인
② 캠버
③ 캐스터
④ 조향축

107 주행 자동차를 감속 또는 정지시키고 동시에 주차 상태를 유지하기 위해 사용하는 자동차 구조 장치를 무엇이라 하는가?

① 현가장치
② 동력 발생 장치
③ 조향 장치
④ 제동 장치

108 제동 장치 ABS(Anti-lock Break System)의 특징으로 옳은 것은?

① 노면이 비에 젖으면 제동 효과가 떨어짐
② 자동차의 방향 안정성, 조종 성능을 확보해 줌
③ 뒷바퀴의 고착에 의한 조향 능력 상실 방지
④ 경우에 따라 바퀴의 미끄러짐이 다소 발생함

⊕ 해설 ABS(Anti-lock Break System)
'기계'와 '노면의 환경'에 따른 제동 시 바퀴의 잠김 순간을 컴퓨터로 제어해 1초에 10여 차례 이상, 브레이크 유압을 통해 바퀴가 잠기기 직전 풀고 잠그고를 반복하는 기능으로, 차량 급제동 시 차체는 주행함에도 바퀴가 잠기는 상태를 방지하는 시스템
㉠ 바퀴의 미끄러짐이 없는 제동 효과를 얻을 수 있음
㉡ 자동차의 방향 안정성, 조종 성능을 확보해 줌
㉢ 앞바퀴의 고착에 의한 조향 능력 상실 방지
㉣ 노면이 비에 젖더라도 우수한 제동 효과를 얻을 수 있음

109 운행 전 차량 외관 점검 사항으로 옳지 않은 것은?

① 유리의 상태 및 손상 여부
② 차체의 기울기 여부
③ 액셀레이터 페달 상태
④ 휠 너트의 조임 상태

⊕ 해설
③ 액셀레이터 페달 상태는 운행 중 출발 전에 하는 점검 사항이다.

110 운행 전 차량 엔진 점검 시 확인해야 할 사항으로 옳지 않은 것은?

① 각종 벨트의 장력 상태 및 손상의 여부
② 냉각수의 적당량과 변색 유무
③ 배선의 정리, 손상, 합선 등의 누전 여부
④ 연료의 게이지량

⊕ 해설
④는 운행 전 자동차 점검 중 운전석에서 점검할 사항이다.

111 운행 중에 해야 할 점검 사항 중 출발 전 점검 사항으로 옳지 않은 것은?

① 공기 압력 상태
② 시동 시 잡음 유무
③ 브레이크 페달 상태
④ 휠 너트의 조임 상태

⊕ 해설
④는 운행 전에 해야 할 점검 사항 중 외관 점검에 해당한다.

112 자동차 일상 점검 시의 주의사항으로 옳지 않은 것은?

① 경사가 없는 평탄한 장소에서 점검
② 점검은 항상 밀폐 된 공간에서 시행
③ 검사 시에는 반드시 엔진의 시동을 끈 후 점검
④ 변속 레버를 '주차'에 위치시킨 후 주차 브레이크 걸기

⊕ 해설
② 점검은 항상 환기가 잘 되는 장소에서 시행

113 다음의 일상 점검 내용 중 엔진 룸 내부에 관한 점검 내용이 아닌 것은?

① 변속기 오일
② 라디에이터 상태
③ 윈도 워셔액
④ 배기가스의 색깔

🔎 해설
④ 자동차 외관의 배기가스 관련 점검 사항이다.

114 운행 중에 하는 점검 중 출발 전 점검 사항으로 옳은 것은?

① 동력 전달 이상 유무
② 등화 장치 이상 유무
③ 계기 장치 위치
④ 배선 상태

🔎 해설
①, ③은 운행 중 점검 사항, ④는 운행 후 점검 사항이다.

115 일상적으로 점검해야 하는 사항 중 운전석에서 검사할 사항으로 옳지 않은 것은?

① 라이트의 점등 상황
② 브레이크 페달의 밟히는 정도
③ 와이퍼 정상 작동 여부
④ 오작동 신호 확인

🔎 해설
①은 일상 점검 중 자동차의 외관에서 검사할 사항이다.

116 다음 중 운행 중 안전 수칙에 어긋나는 행동은 무엇인가?

① 창문 밖으로 신체의 일부를 내밀지 않는다.
② 문이 잘 닫혔는지 확인 후 운전한다.
③ 급한 용무가 있을 때는 잠시 핸드폰을 사용한다.
④ 높이 제한이 있는 도로에서는 차의 높이에 주의한다.

🔎 해설
③ 핸드폰 사용을 금지한다.

117 다음 중 운행 후의 안전 수칙으로 옳지 않은 것은?

① 워밍업이나 주·정차를 할 때는 배기관 주변을 확인한다.
② 점검이나 워밍업 시도는 반드시 밀폐된 공간에서 한다.
③ 차에서 내리거나 후진할 경우 차 밖의 안전을 확인한다.
④ 주행 종료 후에도 긴장을 늦추지 않는다.

🔎 해설
② 밀폐된 곳에서는 점검이나 워밍업 시도를 금한다.

118 다음은 주차 시 안전 수칙에 관한 설명이다. 안전 수칙을 위반한 경우는 무엇인가?

① 오르막길 주차는 1단, 내리막길 주차는 후진에 기어를 놓고, 바퀴에는 고임목을 설치한다.
② 가능한 편평한 곳에 주차한다.
③ 습하고 통풍이 없는 차고에는 주차하지 않는다.
④ 주차 브레이크는 상황에 따라 작동시킨다.

🔎 해설
④ 반드시 주차 브레이크를 작동시킨다.

119 다음 자동차 관리 요령 중 세차해야 하는 시기에 관한 설명으로 옳지 않은 것은?

① 해안 지대를 주행하였을 경우
② 아스팔트 공사 도로를 주행하였을 경우
③ 차체가 열기로 뜨거워졌을 경우
④ 진흙 및 먼지 등으로 심하게 오염되었을 경우

120 다음 중 LPG 자동차의 일반적 특성으로 옳지 않은 것은?

① 원래 무색무취의 가스이나 가스누출 시 위험을 감지할 수 있도록 부취제가 첨가 됨
② 감압 또는 가열 시 쉽게 기화되며 발화하기 쉬우므로 취급 주의
③ 과충전 방지 장치가 내장돼 있어 75% 이상 충전되지 않으나 약 70%가 적정
④ 주성분은 부탄과 프로판의 혼합체

🔎 해설
③ 과충전 방지 장치가 내장돼 있어 85% 이상 충전되지 않으나 약 80%가 적정

121 다음 중 LPG 자동차의 장·단점에 관한 설명이다. 잘못된 설명은 무엇인가?

① 연료비가 적게 들어 경제적
② 가스 누출 시 가스가 잔류하여 점화원에 의해 폭발의 위험성이 있음
③ LPG 충전소가 적어 연료 충전이 불편
④ 유해 배출 가스량이 높음

🔎 해설
④ 유해 배출 가스량이 적음

122 LPG 자동차의 엔진 시동 전 점검 사항으로 옳지 않은 것은?

① 연료 파이프의 연결 상태 및 연료 누기 여부 점검
② LPG 탱크 밸브(적색, 녹색)의 잠김 상태 점검
③ LPG 탱크 고정 벨트의 풀림 여부 점검
④ 냉각수 적정 여부를 점검

🔎 해설
② LPG 탱크 밸브(적색, 녹색)의 열림 상태 점검

123 LPG 자동차 주행 중 준수사항으로 잘못된 것은?

① LPG 용기의 구조상 급가속, 급제동, 급선회 및 경사로를 지속 주행할 시 경고등이 점등될 우려가 있으나 이상 현상은 아니다.
② 주행 상태에서 계속 경고등이 점등되면 바로 연료를 충전한다.
③ 주행 중 갑자기 시동이 꺼졌을 경우 통풍이 잘 되고 그늘진 곳으로 옮겨 열을 식힌 후 재시동한다.
④ 주행 중에는 LPG 스위치에 손을 대지 않는다.

🔎 해설
③은 여름철 안전 운행 및 교통사고 예방 수칙이다.

124 엔진 과열 시 조치 사항에 관한 내용으로 짝지어진 내용 중 옳지 않은 것은?

① 느슨한 팬벨트의 장력 – 적정 공기압으로 조정
② 냉각수 부족 및 누수 – 냉각수 보충 및 누수 부위 수리
③ 라디에이터 캡의 완전한 장착 – 라디에이터 캡의 완전한 장착
④ 냉각팬 작동 불량 – 냉각팬, 전기배선 등의 수리

해설
① 느슨한 팬벨트의 장력 – 팬벨트 장력 조정

125 배기가스의 색이 검을 때 추정해 볼 수 있는 원인과 할 수 있는 조치 방법은?

① 연료 부족 – 연료 보충 후 공기 배출
② 연료 누출 – 연료 계통 점검 및 누출 부위 정비
③ 비정상적인 밸브 간극 – 밸브 간극 조정
④ 공기 누설 – 브레이크 계통 점검 후 다시 조임

해설
①은 시동 모터가 작동되나 시동이 걸리지 않는 상황
②는 연료 소비량이 많은 상황
④는 브레이크의 제동 효과가 나쁜 상황

126 타이어 펑크 시 조치 사항으로 옳지 않은 것은?

① 브레이크를 밟아 차를 도로 옆 평탄하고 안전한 장소에 주차 후 주차 브레이크 당기기
② 밤에는 사방 500m 지점에서 식별 가능한 적색 섬광 신호, 전기제등 또는 불꽃 신호 추가 설치
③ 핸들이 돌아가지 않도록 견고하게 잡고, 비상 경고등 작동
④ 잭으로 차체를 들어 올릴 시 교환할 타이어의 반대편 쪽 타이어에 고임목 설치

해설
④ 잭으로 차체를 들어 올릴 시 교환할 타이어의 대각선 쪽 타이어에 고임목 설치

127 잭을 사용할 때 주의해야 할 사항으로 옳지 않은 것은?

① 잭 사용 시 후륜의 경우에는 리어 액슬 윗부분에 설치
② 잭으로 차량을 올린 상태일 때 차량 하부로 들어가면 위험
③ 잭 사용 시 시동 금지
④ 잭 사용 시 평탄하고 안전한 장소에서 사용

해설
① 잭 사용 시 후륜의 경우에는 리어 액슬 아랫부분에 설치

128 LPG 가스 누출 시 주의해야 하는 사항으로 옳지 않은 것은?

① LPG 스위치를 끈다.
② 비눗물로 누출 여부를 확인한다.
③ 엔진을 정지시킨다.
④ 누출량이 많은 부위는 하얗게 서리 현상이 발생하면 곧바로 닦는다.

해설
④ 누출량이 많아 하얗게 서리 현상이 발생한 곳은 동상 위험이 있으므로 절대 손대지 않는다.

129 LPG 자동차 주차 요령으로 옳은 것은?

① 장시간 주차 시 연료 충전 밸브(적색)를 잠가야 한다.
② 주차 시, 지하 주차장이나 밀폐된 장소 등에 주차한다.
③ 연료 출구 밸브(적색, 황색)를 반시계 방향으로 돌려 잠근다.
④ 옥외 주차 시에는 엔진룸의 위치가 건물 벽을 향하도록 주차한다.

해설
LPG 자동차 주차 시 준수 사항
㉠ 지하 주차장이나 밀폐된 장소 등에 장시간 주차하지 말아야 하고 장시간 주차 시 연료 충전 밸브(녹색)를 잠가야 한다.
㉡ 연료 출구 밸브(적색, 황색)를 시계 방향으로 돌려 잠근다.
㉢ 가급적 환기가 잘되는 건물 내 또는 지하 주차장에 주차 하거나 옥외 주차 시에는 엔진룸의 위치가 건물 벽을 향하도록 주차한다.

130 다음 중 LPG 연료 충전 방법으로 옳지 않은 것은?

① 연료를 충전하기 전에 반드시 시동을 끈다.
② LPG 주입 뚜껑을 열어, LPG 충전량이 85%를 초과하지 않도록 충전한다.
③ 밀폐된 공간에서는 충전하지 않는다.
④ 연료 출구 밸브(적색, 황색)를 연다.

해설
출구 밸브 핸들(적색)을 잠근 후, 충전 밸브 핸들(녹색)을 연다.

131 자동차 정기검사를 받지 않은 경우 과태료 최고 한도 금액으로 옳은 것은?

① 30만원 ② 40만원
③ 50만원 ④ 60만원

해설
자동차 종합 검사 미필시 과태료 부과 기준
㉠ 자동차 종합 검사를 받아야 하는 기간 만료일부터 30일 이내인 경우 : 4만원
㉡ 자동차 종합 검사를 받아야 하는 기간 만료일부터 30일 초과 114일 이내인 경우 : 4만원에 31일째부터 계산하여 3일 초과 시마다 2만원을 더한 금액
㉢ 자동차 종합 검사를 받아야 하는 기간 만료일부터 115일 이상인 경우 : 60만원

132 다음 중 정밀검사 대상 자동차에 속하지 않는 것은 무엇인가?

① 차령이 4년 초과인 비사업용 경형·소형의 승합 및 화물 자동차
② 차령이 2년 미만인 사업용 승용 자동차
③ 차령이 4년 초과인 비사업용 승용 자동차
④ 차령이 2년 초과 사업용 대형 화물 자동차

해설
② 차령이 2년 초과인 사업용 승용 자동차

133 사업용 승용 자동차의 검사 유효기간으로 옳은 것은?

① 5년
② 3년
③ 1년
④ 2년

해설
③ 단, 신조차로서 신규 검사를 받은 것으로 보는 자동차의 최초 검사 유효 기간은 2년이다.

134 튜닝 승인 불가 항목으로 옳지 않은 것은?

① 튜닝 전보다 성능 또는 안전도가 저하될 우려가 있는 경우의 튜닝

② 총중량이 감소하는 튜닝

③ 승차 정원 또는 최대 적재량의 증가를 가져오는 승차 장치 또는 물품 적재 장치의 튜닝

④ 자동차의 종류가 변경되는 튜닝

● 해설
② 총중량이 증가되는 튜닝

135 자동차 보험 중 대인 배상Ⅰ(책임 보험)에 미가입시 부과되는 벌금으로 옳은 것은?

① 400만 원 이하 벌금

② 500만 원 이하 벌금

③ 200만 원 이하 벌금

④ 300만 원 이하 벌금

136 자동차 보험 중 대인 배상Ⅱ가 보상하는 손해가 아닌 것은?

① 사망(2017년 이후)

② 부상

③ 후유 장애

④ 무면허 운전을 하거나 무면허 운전을 승인한 사람

● 해설
자동차 보험 중 대인 배상Ⅱ가 보상하지 않는 손해

㉠ 기명 피보험자 또는 그 부모, 배우자 및 자녀

㉡ 피보험 자동차를 운전 중인 자(운전 보조자 포함) 및 그 부모, 배우자, 자녀

㉢ 허락 피보험자 또는 그 부모, 배우자, 자녀

㉣ 피보험자의 피용자로서 산재 보험 보상을 받을 수 있는 사람. (단, 산재 보험 초과 손해는 보상)

㉤ 피보험자의 동료로서 산재 보험 보상을 받을 수 있는 사람

㉥ 무면허 운전을 하거나 무면허 운전을 승인한 사람

㉦ 군인, 군무원, 경찰 공무원, 향토 예비군 대원이 전투 훈련 기타 집무 집행과 관련하거나 국방 또는 치안 유지 목적상 자동차에 탑승 중 전사, 순직 또는 공상을 입은 경우 보상하지 않음

제1장 여객운수종사자의 기본자세

제1절 서비스의 개념

01. 올바른 서비스 제공을 위한 5요소
① 단정한 용모 및 복장
② 밝은 표정
③ 공손한 인사
④ 친근한 말
⑤ 따뜻한 응대

02. 서비스의 특징
① 무형성 : 눈에 보이지 않음
② 동시성 : 생산과 소비가 동시에 발생하므로 재고가 발생하지 않음
③ 인적 의존성 : 사람에 의존
④ 소멸성 : 즉시 사라짐
⑤ 무소유권 : 소유가 불가
⑥ 변동성 : 운송 서비스의 소비 활동은 택시 실내의 공간적 제약 요인으로 인해 상황의 발생 정도에 따라 시간, 요일 및 계절별로 변동성을 가질 수 있음
⑦ 다양성 : 승객 욕구의 다양함과 감정의 변화, 서비스 제공자에 따라 상대적이며, 승객의 평가 역시 주관적이어서 일관되고 표준화된 서비스 질을 유지하기 어려움

제2절 승객 만족

01. 기본 예절
① 승객을 기억하기
② 자신만 챙기는 이기주의는 바람직한 인간관계 형성의 저해 요소
③ 약간의 어려움을 감수하는 것은 좋은 인간관계 유지를 위한 투자
④ 예의란 인간관계에서 지켜야할 도리
⑤ 연장자는 사회의 선배로서 존중하고, 공·사를 구분하여 예우
⑥ 상스러운 말의 금지
⑦ 승객을 향한 관심은 승객으로 하여금 나를 향한 호감을 불러일으킴
⑧ 관심을 통해 인간관계는 더욱 성숙함
⑨ 승객의 입장을 이해하고 존중
⑩ 승객의 여건, 능력, 개인차를 인정하고 배려
⑪ 승객의 결점 지적 시 진지한 충고와 격려가 동반돼야 함
⑫ 승객을 존중하는 것은 돈 한 푼 들이지 않고 승객을 접대하는 효과를 가져옴
⑬ 모든 인간관계는 성실을 바탕으로 함
⑭ 항상 변함없는 진실한 마음으로 승객을 대하기

02. 승객의 욕구
① 기억되길 원함
② 환영받길 원함
③ 관심 받길 원함
④ 중요한 사람으로 인식되길 원함
⑤ 편안해지고자 함
⑥ 존경받길 원함
⑦ 기대와 욕구가 수용되고 인정받길 원함

제3절 승객을 위한 행동예절

01. 인사

1 올바른 인사
① 밝고 부드러운 미소 (표정)
② 고개는 반듯하게 들되, 턱을 내밀지 않고 자연스럽게 당긴 상태 (고개)
③ 인사 전·후에 상대방의 눈을 정면으로 바라보며, 진심으로 존중하는 마음을 눈빛에 담기 (시선)
④ 머리와 상체는 일직선이 된 상태로 천천히 숙이기 (머리와 상체)
⑤ 남자는 가볍게 쥔 주먹을 바지 재봉 선에 자연스럽게 붙이고 주머니에 손 넣지 않기 (손)
⑥ 뒤꿈치를 붙이되, 양발의 각도는 여자 15°, 남자 30° 정도 유지 (발)
⑦ 적당한 크기와 속도의 자연스러운 음성 (음성)
⑧ 본 사람이 먼저 하는 것이 좋으며, 상대방이 먼저 인사한 경우에는 응대 (인사)

2 잘못된 인사
① 턱을 쳐들거나 눈을 치켜뜨는 인사
② 할까 말까 망설이는 인사
③ 성의 없이 말로만 하는 인사
④ 무표정한 인사
⑤ 경황없이 급히 하는 인사
⑥ 뒷짐을 지고 하는 인사
⑦ 상대방 눈을 보지 않는 인사
⑧ 자세가 흐트러진 인사
⑨ 머리만 까딱거리는 인사
⑩ 고개를 옆으로 돌리고 하는 인사

02. 호감받는 표정 관리

1 시선 처리

① 자연스럽고 부드러운 시선으로 응시

② 눈동자는 항상 중앙에 위치

③ 가급적 승객의 눈높이와 맞추기

> **승객이 싫어하는 시선**
>
> ㉠ 위로 치켜뜨는 눈
> ㉡ 곁눈질
> ㉢ 한 곳만 응시하는 눈
> ㉣ 위·아래로 훑어보는 눈

2 좋은 표정 만들기

① 밝고 상쾌한 표정

② 얼굴 전체가 웃는 표정

③ 돌아서면서 굳어지지 않는 표정

④ 가볍게 다문 입

⑤ 양 꼬리가 올라간 입

3 잘못된 표정

① 상대의 눈을 보지 않는 표정

② 무관심하고 의욕 없는 표정

③ 입을 일자로 굳게 다문 표정

④ 갑자기 자주 변하는 표정

⑤ 눈썹 사이에 세로 주름이 지는 찡그리는 표정

⑥ 코웃음을 치는 것 같은 표정

4 승객 응대 마음가짐 10가지

① 사명감 가지기

② 승객의 입장에서 생각하기

③ 원만하게 대하기

④ 항상 긍정적인 생각하기

⑤ 승객이 호감을 갖게 만들기

⑥ 공사를 구분하고 공평하게 대하기

⑦ 투철한 서비스 정신을 가지기

⑧ 예의를 지켜 겸손하게 대하기

⑨ 자신감을 갖고 행동하기

⑩ 부단히 반성하고 개선하기

03. 용모 및 복장

첫인상과 이미지에 영향을 미치는 중요한 사항

1 복장의 기본 원칙

① 깨끗함

② 단정함

③ 품위있게

④ 규정에 적합함

⑤ 통일감있게

⑥ 계절에 적합함

⑦ 편한 신발 (단, 샌들이나 슬리퍼는 금지)

2 불쾌감을 주는 주요 몸가짐

① 충혈 된 눈

② 잠잔 흔적이 남아 있는 머릿결

③ 정리되지 않은 덥수룩한 수염

④ 길게 자란 코털

⑤ 지저분한 손톱

⑥ 무표정한 얼굴

04. 언어 예절

1 대화의 원칙

① 밝고 적극적인 어조

② 공손한 어조

③ 명료한 어투

④ 품위 있는 어조

2 승객에 대한 호칭과 지칭

① 누군가를 부르는 말은 그 사람에 대한 예의를 반영하므로 매우 조심스럽게 사용

② '고객'보다는 '승객'이나 '손님'이란 단어를 사용하는 것이 바람직

③ 나이 드신 분들은 '어르신'으로 호칭하거나 지칭

④ '아줌마', '아저씨'는 하대하는 인상을 주기 때문에 호칭이나 지칭으로 사용 자제

⑤ 초등학생과 미취학 어린이는 호칭 끝에 '어린이', '학생' 등의 호칭이나 지칭을 사용

⑥ 중·고등학생은 호칭 끝에 '승객'이나 '손님' 등 성인에 준하는 호칭이나 지칭을 사용

3 주의 사항

① 듣는 입장

　㉠ 무관심한 태도 금물

　㉡ 불가피한 경우를 제외하고 가급적 논쟁 금물

　㉢ 상대방 말을 중간에 끊거나 말참견 금물

　㉣ 다른 곳을 보면서 듣거나 말하기 금물

　㉤ 팔짱 끼거나 손장난 금물

② 말하는 입장

　㉠ 함부로 불평불만 말하기 금물

　㉡ 전문적인 용어나 외래어 남용 금물

　㉢ 욕설, 독설, 험담, 과장된 몸짓 금물

　㉣ 중상모략의 언동 금물

　㉤ 쉽게 감정에 치우치고 흥분하기 금물

　㉥ 손아랫사람이라 할지라도 언제나 농담 조심

　㉦ 함부로 단정하고 말하기 금물

　㉧ 상대방의 약점을 잡는 언행 주의

　㉨ 일반화의 오류 주의

　㉩ 도전적 말하기, 태도 그리고 버릇 조심

　㉪ 일방적인 말하기 주의

제2장 운송사업자 및 운수종사자 준수 사항

제1절 운송사업자 준수 사항

01. 일반적인 준수사항

① 운송사업자는 노약자·장애인 등에 대해서는 특별한 편의를 제공해야 한다.

② 운송사업자는 여객에 대한 서비스의 향상 등을 위하여 관할 관청이 필요하다고 인정하는 경우에는 운수종사자로 하여금 단정한 복장 및 모자를 착용하게 해야 한다.

③ 운송사업자는 자동차를 항상 깨끗하게 유지하여야 하며, 관할 관청이 단독으로 실시하거나 관할 관청과 조합이 합동으로 실시하는 청결 상태 등의 검사에 대한 확인을 받아야 한다.

④ 운송사업자[대형(승합자동차를 사용하는 경우로 한정) 및 고급형 택시운송사업자는 제외]는 회사명(개인택시운송사업자의 경우는 게시하지 아니한다), 자동차번호, 운전자 성명, 불편사항 연락처 및 차고지 등을 적은 표지판을 승객이 자동차 안에서 쉽게 볼 수 있는 위치에 게시해야 한다. 이 경우 택시운송사업자는 앞좌석의 승객과 뒷좌석의 승객이 각각 볼 수 있도록 2곳 이상에 게시해야 한다.

⑤ 운송사업자는 운수종사자로 하여금 여객을 운송할 때 다음의 사항을 성실하게 지키도록 하고, 이를 항시 지도·감독해야 한다.

  ㉠ 정류소 또는 택시 승차대에서 주차 또는 정차할 때에는 질서를 문란하게 하는 일이 없도록 할 것

  ㉡ 정비가 불량한 사업용자동차를 운행하지 않도록 할 것

  ㉢ 위험 방지를 위한 운송사업자·경찰 공무원 또는 도로 관리청 등의 조치에 응하도록 할 것

  ㉣ 교통사고를 일으켰을 때에는 긴급조치 및 신고의 의무를 충실하게 이행하도록 할 것

  ㉤ 자동차의 차체가 헐었거나 망가진 상태로 운행하지 않도록 할 것

⑥ 운송사업자는 속도 제한 장치 또는 운행 기록계가 장착된 운송사업용 자동차를 해당 장치 또는 기기가 정상적으로 작동되는 상태에서 운행되도록 해야 한다.

⑦ 택시운송사업자 [대형(승합자동차를 사용하는 경우로 한정) 및 고급형 택시운송사업자는 제외]는 차량의 입·출고 내역, 영업 거리 및 시간 등 택시 미터기에서 생성되는 택시운송사업용 자동차의 운행 정보를 1년 이상 보존해야 한다.

⑧ 일반택시운송사업자는 소속 운수종사자가 아닌 자(형식상의 근로 계약에도 불구하고 실질적으로는 소속 운수종사자가 아닌 자를 포함)에게 관계 법령상 허용되는 경우를 제외하고는 운송사업용 자동차를 제공해서는 안 된다.

⑨ 운송사업자(개인택시운송사업자 및 특수여객자동차운송사업자는 제외)는 차량 운행 전에 운수종사자의 건강 상태, 음주 여부 및 운행 경로 숙지 여부 등을 확인해야 하고, 확인 결과 운수종사자가 질병·피로·음주 또는 그 밖의 사유로 안전한 운전을 할 수 없다고 판단되는 경우에는 해당 운수종사자가 차량을 운행하도록 해서는 안 된다.

⑩ 수요응답형 여객자동차운송사업자는 여객의 운행 요청이 있는 경우 이를 거부해서는 안 된다.

⑪ 운송사업자(개인택시운송사업자 및 특수여객자동차운송사업자는 제외)는 운수종사자를 위한 휴게실 또는 대기실에 난방 장치, 냉방 장치 및 음수대 등 편의 시설을 설치해야 한다.

02. 자동차의 장치 및 설비 등에 관한 준수 사항

❶ 택시운송사업용 자동차 및 수요응답형 여객자동차(승용 자동차만 해당)

① 택시운송사업용 자동차[대형(승합자동차를 사용하는 경우로 한정) 및 고급형 택시운송사업용 자동차는 제외]의 안에는 여객이 쉽게 볼 수 있는 위치에 요금미터기를 설치해야 한다.

② 대형(승합자동차를 사용하는 경우는 제외) 및 모범형 택시운송사업용 자동차에는 요금영수증 발급과 신용카드 결제가 가능하도록 관련기기를 설치해야 한다.

③ 택시운송사업용 자동차 및 수요응답형 여객자동차 안에는 난방 장치 및 냉방 장치를 설치해야 한다.

④ 택시운송사업용 자동차 [대형(승합자동차를 사용하는 경우로 한정) 및 고급형 택시운송사업용 자동차는 제외] 윗부분에는 택시운송사업용 자동차임을 표시하는 설비를 설치하고, 빈차로 운행 중일 때에는 외부에서 빈차임을 알 수 있도록 하는 조명 장치가 자동으로 작동되는 설비를 갖춰야 한다.

⑤ 대형(승합자동차를 사용하는 경우는 제외) 및 모범형 택시운송사업용 자동차에는 호출 설비를 갖춰야 한다.

⑥ 택시운송사업자[대형(승합자동차를 사용하는 경우로 한정) 및 고급형 택시운송사업자는 제외]는 택시 미터기에서 생성되는 택시운송사업용 자동차 운행 정보의 수집·저장 장치 및 정보의 조작을 막을 수 있는 장치를 갖춰야 한다.

⑦ 수요응답형 여객자동차에는 시·도지사가 정하는 수요응답 시스템을 갖춰야 한다.

⑧ 그 밖에 국토교통부장관이나 시·도지사가 지시하는 설비를 갖춰야 한다.

제2절 운수종사자 준수 사항

01. 준수 사항

① 여객의 안전과 사고 예방을 위하여 운행 전 사업용 자동차의 안전 설비 및 등화 장치 등의 이상 유무를 확인해야 한다.

② 질병·피로·음주나 그 밖의 사유로 안전한 운전을 할 수 없을 때에는 그 사정을 해당 운송사업자에게 알려야 한다.

③ 자동차의 운행 중 중대한 고장을 발견하거나 사고가 발생할 우려가 있다고 인정될 때는 즉시 운행을 중지하고 적절한 조치를 해야 한다.

④ 운전 업무 중 해당 도로에 이상이 있었던 경우에는 운전 업무를 마치고 교대할 때에 다음 운전자에게 알려야 한다.

⑤ 관계 공무원으로부터 운전면허증, 신분증 또는 자격증의 제시 요구를 받으면 즉시 이에 따라야 한다.

⑥ 여객자동차운송사업에 사용되는 자동차 안에서 담배를 피워서는 안 된다.

⑦ 사고로 인하여 사상자가 발생하거나 사업용 자동차의 운행을 중단할 때는 사고의 상황에 따라 적절한 조치를 취해야 한다.

⑧ 영수증 발급기 및 신용카드 결제기를 설치해야 하는 택시의 경우 승객이 요구하면 영수증의 발급 또는 신용카드 결제에 응해야 한다.

⑨ 관할 관청이 필요하다고 인정하여 복장 및 모자를 지정할 경우에는 그 지정된 복장과 모자를 착용하고, 용모를 항상 단정하게 해야 한다.

⑩ 택시운송사업의 운수종사자[구간 운임제 시행 지역 및 시간 운임제 시행 지역의 운수종사자와 대형(승합자동차를 사용하는 경우로 한정) 및 고급형 택시운송사업의 운수종사자는 제외]는 승객이 탑승하고 있는 동안에는 미터기를 사용해 운행해야 한다.

⑪ 운송사업자의 운수종사자는 운송 수입금의 전액에 대하여 다음 각 호의 사항을 준수해야 한다.

㉠ 1일 근무 시간 동안 택시요금미터에 기록된 운송 수입금의 전액을 운수종사자의 근무 종료 당일 운송사업자에게 납부할 것

㉡ 일정 금액의 운송 수입금 기준액을 정하여 납부하지 않을 것

⑫ 운수종사자는 차량의 출발 전에 여객이 좌석 안전띠를 착용하도록 안내해야 한다. 이때 안내의 방법, 시기, 그 밖에 필요한 사항은 국토교통부령으로 정한다.

⑬ 그 밖에 이 규칙에 따라 운송사업자가 지시하는 사항을 이행해야 한다.

02. 금지 사항

① 문을 완전히 닫지 않은 상태에서 자동차를 출발시키거나 운행하는 행위

② 택시요금미터를 임의로 조작 또는 훼손하는 행위

제3장 운수종사자가 알아야 할 응급처치 방법 등

제1절 운전자의 기본자세 및 예절

01. 기본자세

① 교통 법규에 대해 이해하고 이를 준수해야 한다.
② 여유 있는 마음가짐으로 양보 운전을 해야 한다.
③ 운전 시 주의력이 흐트러지지 않도록 집중해야 한다.
④ 운전하기에 알맞은 안정된 심신 상태에서 운전을 해야 한다.
⑤ 추측 운전을 하지 않도록 주의해야 한다.
⑥ 자신의 운전 기술에 대해 과신하지 않도록 해야 한다.
⑦ 배출 가스로 인한 대기 오염 및 소음 공해를 최소화하려 노력해야 한다.

02. 운전예절

1 운전자가 지켜야 하는 행동

① 횡단보도에서의 올바른 행동
㉠ 신호등이 없는 횡단보도에서 보행자가 통행 중이라면 일시 정지하여 보행자를 보호한다.
㉡ 보행자가 통행하고 있는 횡단보도 안으로 차가 넘어가지 않도록 정지선을 지킨다.

② 전조등의 올바른 사용
㉠ 야간 운행 중 반대 방향에서 오는 차가 있으면 전조등을 하향등으로 조정해 상대 운전자의 눈부심 현상을 방지한다.
㉡ 야간에 커브 길에 진입하기 전, 상향등을 깜박여 반대 방향에서 주행 중인 차에게 자신의 진입을 알린다.

③ 차로 변경에서 올바른 행동
방향 지시등을 작동시켜 차로 변경을 시도하는 차가 있는 경우, 속도를 줄여 원활하게 진입할 수 있도록 도와준다.

④ 교차로를 통과할 때 올바른 행동
㉠ 교차로 전방의 정체 현상으로 인해 통과하지 못할 때는 교차로에 진입하지 않고 대기한다.
㉡ 앞 신호에 따라 진행 중인 차가 있는 경우, 안전하게 통과하는 것을 확인한 후 출발한다.

2 운전자가 삼가야 하는 행동

① 다른 운전자를 불안하게 만드는 행동을 하지 않는다.
② 과속 주행을 하며 급브레이크를 밟는 행위를 하지 않는다.
③ 운행 중 갑자기 끼어들거나 다른 운전자에게 욕설을 하지 않는다.
④ 도로상에서 사고가 발생 시, 시비·다툼 등의 행위로 다른 차량의 통행을 방해하지 않는다.
⑤ 운행 중 갑자기 오디오 볼륨을 올려 승객을 놀라게 하거나, 경음기를 눌러 다른 운전자를 놀라게 하지 않는다.
⑥ 신호등이 바뀌기 전, 빨리 출발하라고 전조등을 깜빡이거나 경음기를 누르는 등의 행위를 하지 않는다.
⑦ 교통 경찰관의 단속에 불응·항의하는 행위를 하지 않는다.
⑧ 갓길 통행하지 않는다.

제2절 운전자 상식

01. 교통사고조사규칙(경찰청 훈령)에 따른 사고

1 대형 사고
① 3명 이상이 사망 (교통사고 발생일로부터 30일 이내에 사망)
② 20명 이상의 사상자가 발생

2 중대한 교통사고
① 전복 사고
② 화재가 발생한 사고
③ 사망자 2명 이상이 발생한 사고
④ 사망자 1명과 중상자 3명 이상이 발생한 사고
⑤ 중상자 6명 이상이 발생한 사고

02. 교통사고조사규칙에 따른 교통사고 용어

① 충돌 사고 : 차가 반대 방향 또는 측방에서 진입하여 그 차의 정면으로 다른 차의 정면 또는 측면을 충격한 것
② 추돌 사고 : 2대 이상의 차가 동일 방향으로 주행 중 뒤차가 앞차의 후면을 충격한 것
③ 접촉 사고 : 차가 추월, 교행 등을 하려다가 차의 좌우측면을 서로 스친 것
④ 전도 사고 : 차가 주행 중 도로 또는 도로 이외의 장소에 차체의 측면이 지면에 접하고 있는 상태

> **전도 사고**
> 좌측면이 지면에 접해 있으면 좌전도 사고, 우측면이 지면에 접해 있으면 우전도 사고

⑤ 전복 사고 : 차가 주행 중 도로 또는 도로 이외의 장소에 뒤집혀 넘어진 것
⑥ 추락 사고 : 자동차가 도로의 절벽 등 높은 곳에서 떨어진 사고

03. 자동차와 관련된 용어

① 공차 상태 : 자동차에 사람이 승차하지 않고 물품(예비 부분품 및 공구 기타 휴대 물품을 포함)을 적재하지 않은 상태로서, 연료·냉각수 및 윤활유를 만재하고 예비 타이어(예비 타이어를 장착한 자동차만 해당)를 설치하여 운행할 수 있는 상태

② 차량 중량 : 공차 상태의 자동차 중량

③ 적차 상태 : 공차 상태의 자동차에 승차 정원의 인원이 승차하고 최대 적재량의 물품이 적재된 상태

> **적재 시, 다음과 같이 적재시킨 상태여야 한다.**
> ① 승차 정원 1인의 중량은 65kg으로 계산 (13세 미만의 자는 1.5인이 승차 정원 1인)
> ② 좌석 정원의 인원은 정위치에, 입석 정원의 인원은 입석에 균등하게 승차
> ③ 물품은 물품 적재 장치에 균등하게 적재시킨 상태

④ 차량 총중량 : 적차 상태의 자동차의 중량

⑤ 승차 정원 : 자동차에 승차할 수 있도록 허용된 최대 인원 (운전자 포함)

04. 교통사고 현장에서의 원인조사

1 노면에 나타난 흔적 조사
타이어 자국, 적재물의 낙하 위치, 혈흔, 피해자의 위치 및 방향 등

2 사고 차량 및 피해자 조사
사고 차량의 손상 부위 및 방향, 사고 차량에 묻은 흔적, 피해자의 위치 및 방향 등

3 사고 당사자 및 목격자 조사
운전자, 탑승자, 목격자 등에 대한 사고 상황 조사

4 사고 현장 시설물 조사
사고 지점 부근의 시설물 위치, 신호등 및 신호 체계, 안전표지, 노면 상태 등

5 사고 현장 측정 및 사진 촬영
사고 지점의 위치, 물리적 흔적 등에 대한 사진촬영, 도로의 시설물 위치 등

제3절 응급 처치 방법

01. 부상자 의식 상태 확인

① 말을 걸거나 팔을 꼬집어 눈동자를 확인 후 의식이 있으면 말로 안심시키기

② 의식이 없다면 기도 확보 시도. 머리를 뒤로 충분히 젖힌 후, 입안에 있는 피나 토한 음식물 등을 긁어내 막힌 기도 확보하기

③ 의식이 없거나 구토할 시 질식을 방지하기 위해 옆으로 눕히기

④ 목뼈 손상의 가능성이 있는 경우 목 뒤쪽을 한 손으로 받치기

⑤ 환자의 몸을 심하게 흔드는 것은 금지

02. 심폐소생술

1 의식·호흡 확인 및 주변에 도움 요청
① 성인·소아 : 환자를 바로 눕히고 양쪽 어깨를 가볍게 두드리며 의식 확인. 정상적인 호흡이 이뤄지는 지 확인 후, 주변 사람들에게 119 신고 및 자동 제세동기를 가져오도록 요청

② 영아 : 한쪽 발바닥을 가볍게 두드리며 의식이 있는지 확인. 정상적인 호흡이 이뤄지는지 확인 후 주변 사람들에게 119 신고 및 자동 제세동기를 가져오도록 요청

2 가슴 압박 30회
① 성인, 소아 : 가슴 압박 30회 (분당 100~120회 / 약 5cm 이상의 깊이)
② 영아 : 가슴압박 30회 (분당 100~120회 / 약 4cm 이상의 깊이)

3 기도 개방 및 인공호흡 2회
성인, 소아, 영아 – 가슴이 충분히 올라올 정도로 2회 실시(1회당 1초간)

4 반복 시행
30회 가슴 압박과 2회 인공호흡 반복 (30:2)

> **심폐소생술**
> (1) 가슴 압박 방법
> 1) 성인
> ① 가슴의 중앙인 흉골의 아래쪽 절반 부위에 손바닥을 위치
> ② 양손을 깍지 낀 상태로 손바닥의 아래 부위만을 환자의 흉골 부위에 접촉
> ③ 시술자의 어깨는 환자의 흉골이 맞닿는 부위와 수직이 되게 위치
> ④ 양어깨의 힘을 이용해 분당 100~120회 속도, 5cm 이상 깊이로 강하고 빠르게 30회 압박
> 2) 소아
> ① 양쪽 젖꼭지의 부위를 잇는 선의 정중앙 바로 아랫부분에 위치
> ② 한 손으로 손바닥의 아래 부위만을 환자의 흉골 부위에 접촉
> ③ 시술자의 어깨는 환자의 흉골이 맞닿는 부위와 수직이 되게 위치
> ④ 한 손으로 분당 100~120회 정도의 속도, 5cm 이상 깊이로 강하고 빠르게 30회 압박
> 3) 영아
> ① 양쪽 젖꼭지 부위를 잇는 선 정중앙의 바로 아랫부분에 위치
> ② 검지·중지 또는 중지·약지 손가락을 모아 첫마디 부위를 환자의 흉골 부위에 접촉
> ③ 시술자의 손가락은 환자의 흉골이 맞닿는 부위와 수직이 되게 위치
> ④ 분당 100~120회의 속도, 4cm 이상의 깊이로 강하고 빠르게 30회 압박
> (2) 기도 개방 및 인공호흡 방법
> 1) 성인
> ① 한 손으로 턱을 들어 올리고, 다른 손으로 머리를 뒤로 젖혀 기도를 개방
> ② 머리를 젖힌 손의 검지와 엄지로 코 막기
> ③ 가슴 상승이 눈으로 확인될 정도로 1초 동안 인공호흡을 2회 실시
> 2) 소아
> ① 한 손으로 턱을 들어 올리고, 다른 손으로 머리를 뒤로 젖혀 기도를 개방
> ② 머리를 젖힌 손의 검지와 엄지로 코 막기
> ③ 가슴 상승이 눈으로 확인될 정도로 1초 동안 인공호흡을 2회 실시
> 3) 영아
> ① 한 손으로 귀와 바닥이 평행하도록 턱을 들어 올리고, 다른 손으로 머리를 뒤로 젖혀 기도 개방
> ② 환자의 입과 코에 동시에 숨을 불어 넣을 준비
> ③ 가슴 상승이 눈으로 확인될 정도로 1초 동안 인공호흡을 2회 실시

03. 출혈 또는 골절

1 출혈
① 출혈이 심할 시 출혈 부위보다 심장에 가까운 부위를 헝겊 또는 손수건 등으로 지혈될 때까지 꽉 잡아맨다.
② 출혈이 적을 때에는 거즈나 깨끗한 손수건으로 상처를 꽉 누른다.

2 내출혈
① 가슴이나 배를 강하게 부딪쳐 내출혈 발생 시, 얼굴에 핏기가 사라져 창백해지고 식은땀을 흘리며 호흡이 얕고 빨라지는 쇼크 증상이 나타난다.

② 옷을 헐렁하게 하고 하반신을 높게 한다.

③ 부상자가 춥지 않도록 모포 등을 덮어주되, 햇볕은 직접 쬐지 않도록 조치한다.

❸ 골절

① 골절 부상자는 가급적 구급차가 올 때까지 기다리는 것이 바람직하다.

② 지혈이 필요하다면 골절 부분은 건드리지 않도록 주의하며 지혈한다.

③ 팔이 골절되었다면 헝겊으로 띠를 만들어 팔을 매달도록 한다.

04. 차멀미

① 환자의 경우 통풍이 잘되고 비교적 흔들림이 적은 앞쪽으로 앉도록 조치한다.

② 심한 경우 휴게소 내지는 안전하게 정차할 수 있는 곳에 정차 후 차에서 내려 시원한 공기를 마시도록 조치한다.

③ 토할 경우를 대비해 위생 봉지를 준비한다.

④ 토한 경우에는 주변 승객이 불쾌하지 않도록 신속히 처리한다.

05. 교통사고 발생 시 조치 사항

피해 최소화와 제2차 사고 방지를 우선적으로 조치

❶ 탈출

우선 엔진을 멈추게 하고 연료가 인화되지 않도록 조치. 안전하고 신속하게 사고차량에서 탈출해야 하며 반드시 침착할 것

❷ 인명구조

① 적절한 유도로 승객의 혼란 방지

② 부상자, 노인, 여자, 어린이 등 노약자를 우선적으로 구조

③ 정차 위치가 위험한 장소일 때는 신속히 도로 밖의 안전 장소로 유도

④ 부상자가 있을 때는 우선 응급조치를 시행

⑤ 야간에는 특히 주변 안전에 주의 하며 냉정하고 기민하게 구출 유도

❸ 후방방호

고장 시 조치 사항과 동일. 특히 경황이 없는 와중 위험한 행동은 금물

❹ 연락

보험 회사나 경찰 등에 다음 사항을 연락

① 사고 발생 지점 및 상태

② 부상 정도 및 부상자 수

③ 회사명

④ 운전자 성명

⑤ 우편물, 신문, 여객의 휴대 화물 상태

⑥ 연료 유출 여부

❺ 대기

고장 시 조치 사항과 동일. 다만, 부상자가 있는 경우 부상자 구호에 필요한 조치를 먼저 하고 후속 차량에 긴급 후송을 요청할 것. 이때 부상자는 위급한 환자부터 먼저 후송하도록 조치

06. 차량 고장 시 조치 사항

① 정차 차량의 결함이 심할 시 비상등을 점멸시키면서 갓길에 바짝 차를 대어 정차

② 차에서 하차 시, 옆 차로의 차량 주행 상황을 살핀 후 하차

③ 야간에는 밝은 색 옷 혹은 야광 옷 착용이 좋음

④ 비상 전화하기 전, 차의 후방에 경고 반사판을 설치. 야간에는 특히 더욱 주의

⑤ 비상 주차대에 정차할 때는 다른 차량의 주행에 지장이 없도록 정차

⑥ 후방에 대한 안전 조치 시행

07. 재난 발생 시 조치 사항

① 신속하게 차량을 안전지대로 이동시킨 후 즉각 회사 및 유관 기관에 보고

② 장시간 고립 시 유류, 비상식량, 구급 환자 발생 등을 현재 상황을 즉시 신고한 뒤, 한국도로공사 및 인근 유관 기관 등에 협조를 요청

③ 승객의 안전 조치를 가장 우선적으로 시행

　㉠ 폭설 및 폭우 시, 응급환자 및 노인, 어린이를 우선적으로 안전지대에 대피시킨 후, 유관 기관에 협조 요청

　㉡ 차내에 유류 확인 및 업체에 현재 위치보고 후, 도착 전까지 차내에서 안전하게 승객을 보호

　㉢ 차량 내부의 이상 여부 확인 및 신속하게 안전지대로 차량 대피

1 승객의 만족을 위해 파악해야 할 일반적인 승객의 욕구에 관한 설명 중 옳지 않은 것은?

① 환영받길 원함
② 관심받길 원함
③ 평범한 사람으로 인식되길 원함
④ 기대와 욕구가 수용되고 인정받길 원함

⊕ 해설
③ 중요한 사람으로 인식되길 원함

2 올바른 서비스를 제공하기 위한 요소들 중 옳지 않은 것은?

① 가벼운 인사
② 따뜻한 응대
③ 밝은 표정
④ 단정한 용모 및 복장

⊕ 해설
① 공손한 인사

3 승객을 응대할 때 지녀야 할 마음가짐으로 옳지 않은 것은?

① 항상 긍정적인 생각하기
② 원만하게 대하기
③ 예의를 지켜 겸손하게 대하기
④ 특별한 손님에겐 차별화 된 서비스 제공하기

⊕ 해설
④ 공사를 구분하고 공평하게 대하기

4 승객을 위해 지켜야 하는 언어 예절로 옳지 않은 것은?

① 손아랫사람에겐 농담을 섞어 친숙하게 말하기
② 공손한 어조를 사용하여 말하기
③ 품위 있는 어조로 말하기
④ '고객'보다는 '승객'이나 '손님'이란 단어를 사용하는 것이 바람직

⊕ 해설
① 손아랫사람이라 할지라도 언제나 농담 조심

5 다음 중 서비스의 특징에 속하지 않는 것은 무엇인가?

① 무형성
② 소멸성
③ 획일성
④ 동시성

⊕ 해설
③ 다양성 – 승객 욕구의 다양함과 감정의 변화, 서비스 제공자에 따라 상대적이며, 승객의 평가도 주관적이어서 일관되고 표준화된 서비스 질을 유지하기 어려운 특징이 있다.

6 택시운전자가 지켜야할 기본예절 중 옳지 않은 것은?

① 승객의 여건, 능력, 개인차는 배제하기
② 상스러운 말의 금지
③ 승객의 입장을 이해하고 존중
④ 모든 인간관계는 성실을 바탕으로 한다는 것을 유념

⊕ 해설
① 승객의 여건, 능력, 개인차를 인정하고 배려해야 한다.

7 다음 기본예절에 대한 설명 중 올바른 것은 무엇인가?

① 승객보다 자신의 입장을 먼저 고려하기
② 관심을 통해 인간관계는 더욱 성숙함을 기억하기
③ 상스러운 농담을 섞어 분위기를 부드럽게 만들기
④ 승객의 결점 지적 시 따끔하게 혼내기

⊕ 해설
① 승객의 입장을 이해하고 존중
③ 상스러운 말의 금지
④ 승객의 결점 지적 시 진지한 충고와 격려가 동반돼야 함

8 다음 중 올바른 인사법이 아닌 것은?

① 우렁차고 시원한 음성
② 머리와 상체는 일직선이 된 상태로 천천히 숙이기
③ 밝고 부드러운 미소
④ 고개는 반듯하게 들되, 턱을 내밀지 않고 자연스럽게 당긴 상태

⊕ 해설
① 적당한 크기와 속도의 자연스러운 음성

9 올바른 서비스 제공을 위한 요소에 해당되지 않는 것은?

① 단정한 용모 및 복장
② 공손한 인사와 밝은 표정
③ 친근한 말과 따뜻한 응대
④ 문의할 때 무응답

10 다음 중 잘못된 인사법에 해당하는 것은 무엇인가?

① 적당한 크기와 속도를 지닌 인사.
② 공손한 자세로 하는 인사
③ 머리만 까딱거리는 인사
④ 밝고 부드러운 미소가 동방된 인사

정답 1 ③ 2 ① 3 ④ 4 ① 5 ③ 6 ① 7 ② 8 ① 9 ④ 10 ③

11 승객만족을 위한 기본예절에 대한 설명으로 아닌 것은?

① 승객에 대한 관심을 표현함으로써 승객과의 관계는 더욱 가까워진다.

② 예의란 인간관계에서 지켜야할 도리이다.

③ 승객에게 관심을 갖는 것은 승객으로 하여금 회사에 호감을 갖게 한다.

④ 승객을 존중하는 것은 돈 한 푼 들이지 않고 승객을 접대하는 효과가 있다.

🔵 해설
③ 승객을 향한 관심은 승객으로 하여금 나를 향한 호감을 불러일으킨다.

12 승객을 위한 행동예절 중 "인사의 의미"에 대한 설명으로 틀린 것은?

① 인사는 서비스의 첫 동작이다.

② 인사는 서비스의 마지막 동작이다.

③ 인사는 서로 만나거나 헤어질 때 "말"로만 하는 것이다.

④ 인사는 존경, 사랑, 우정을 표현하는 행동 양식이다.

🔵 해설
③ 진심으로 존중하는 마음을 담아야 한다.

13 호감 받는 표정 관리에서 "표정의 중요성"의 설명이다. 틀린 것은?

① 표정은 첫인상을 좋게 만든다.

② 밝은 표정과 미소는 회사를 위함이다.

③ 상대방과의 원활하고 친근한 관계를 만들어 준다.

④ 밝은 표정과 미소는 신체와 정신 건강을 향상시킨다.

🔵 해설
② 밝은 표정과 미소는 나를 향한 호감으로 이어진다.

14 호감 받는 표정 관리 중 "좋은 표정 만들기" 표현이 아닌 것은?

① 밝고 상쾌한 표정을 만든다.

② 얼굴 전체가 웃는 표정을 만든다.

③ 돌아서면서 표정이 굳어지지 않도록 한다.

④ 상대의 눈을 보지 않는다.

🔵 해설
④ 가급적 승객의 눈높이와 맞춰야 한다.

15 여객자동차 운전자의 "복장의 기본원칙"으로 옳지 않은 것은?

① 깨끗하게. 단정하게.

② 통일감 있게. 규정에 맞게.

③ 품위 있게. 계절에 맞게.

④ 편한 신발을 착용하고, 샌들이나 슬리퍼도 무방하다.

🔵 해설
④ 편한 신발을 신되, 샌들이나 슬리퍼는 금지다.

16 택시운전자의 서비스와 관계가 없는 사항은?

① 단정한 복장

② 고객서비스 정신 유지

③ 친절한 태도

④ 회사의 수익 확대

17 승객에게 행선지를 물어볼 때의 적당한 시기로 옳은 것은 무엇인가?

① 승차 전 행선지를 물어본다.

② 승차 후 출발하기 전 행선지를 물어본다.

③ 승차하기 전 운행하면서 승객에게 행선지를 물어본다.

④ 승차 후 출발하면서 행선지를 물어본다.

18 택시운수종사자가 미터기를 작동시켜야 하는 시점으로 옳은 것은?

① 승객이 문을 열었을 때

② 승객이 탑승하여 착석한 때

③ 목적지를 확인한 때

④ 목적지로 출발할 때

19 불쾌감을 주는 몸가짐에 속하지 않는 것은?

① 정리되지 않은 덥수룩한 수염

② 지저분한 손톱

③ 밝은 표정의 얼굴

④ 잠잔 흔적이 남아 있는 머릿결

20 고객과 대화를 할 때 바람직하지 않은 것은?

① 잦은 농담으로 고객을 즐겁게 한다.

② 도전적 언사는 가급적 자제한다.

③ 불평불만을 함부로 떠들지 않는다.

④ 불가피한 경우를 제외하고 논쟁을 피한다.

🔵 해설
① 손아랫사람이라 할지라도 언제나 농담 조심

21 운송사업자는 운수종사자로 하여금 여객을 운송할 때 다음 사항을 성실하게 지키도록 지도·감독해야 한다. 적절하지 않은 것은?

① 정류소에서 주차 또는 정차할 때에는 질서를 문란하게 하는 일이 없도록 할 것

② 자동차의 차체가 다소 헐었어도 운행에 지장이 없으면 운행 조치 할 것

③ 위험방지를 위한 운송사업자·경찰공무원 또는 도로관리청 등의 조치에 응하도록 할 것

④ 교통사고를 일으켰을 때에는 긴급조치 및 신고의 의무를 충실하게 이행하도록 할 것

🔵 해설
② 자동차의 차체가 헐었거나 망가진 상태로 운행하지 않도록 할 것

22 운송사업자의 일반적 준수사항 설명이 잘못되어 있는 것은?

① 운송사업자는 13세 미만의 어린이에 대해서는 특별한 편의를 제공해야 한다.

② 운송사업자는 관할관청이 필요하다고 인정하는 경우 운수종사자로 하여금 단정한 복장 및 모자를 착용하게 해야 한다.

③ 운송사업자는 자동차를 항상 깨끗하게 유지하여야 하며, 관할관청이 실시하거나 관할관청과 조합이 합동으로 실시하는 청결 상태 등의 확인을 받아야 한다.

④ 운송사업자는 회사명, 자동차번호, 운전자 성명, 불편사항 연락처 및 차고지 등을 적은 표지판이나 운행계통도 등을 승객이 자동차 안에서 쉽게 볼 수 있는 위치에 게시하여야 한다.

⊕해설
① 운송사업자는 노약자·장애인 등에 대해서는 특별한 편의를 제공해야 한다.

23 다음의 여객자동차 운수종사자의 준수사항 중 옳지 않은 것은?

① 여객의 안전과 사고예방을 위하여 운행 전 사업용 자동차의 안전설비 및 등화 장치 등의 이상 유무를 확인해야 한다.

② 자동차의 운행 중 중대한 고장을 발견하거나 사고가 발생할 우려가 있다고 인정될 때에는 즉시 운행을 중지하고 적절한 조치를 해야 한다.

③ 운전업무 중 해당 도로에 이상이 있을 경우에는 즉시 운행을 중지하고 운송사업자에게 알려야 한다.

④ 1일 근무 시간 동안 택시요금미터에 기록된 운송 수입금의 전액을 운수종사자의 근무 종료 당일 운송사업자에게 납부해야 한다.

⊕해설
③ 운전 업무 중 해당 도로에 이상이 있었던 경우에는 운행을 마치고 교대할 때에 다음 운전자에게 알려야 한다.

24 운수종사자 준수 사항이 아닌 것은?

① 질병·피로·음주나 그 밖의 사유로 안전한 운전을 할 수 없을 때에는 그 사정을 해당 운송사업자에게 알리는 것

② 관계 공무원으로부터 운전면허증 또는 자격증의 제시 요구를 받으면 즉시 응해야 하는 것

③ 택시 안에서 담배를 피워서 아니 되는 것

④ 택시 안에 냉·난방장치를 설치하는 것

⊕해설
④ 운송사업자의 준수 사항이다.

25 운수종사자의 준수 사항으로 옳지 않은 것은?

① 사고로 인하여 사상자가 발생하거나 사업용 자동차의 운행을 중단할 때는 사고의 상황에 따라 적절한 조치를 취해야 한다.

② 승객이 탑승하고 있는 동안에는 미터기를 사용해 운행해야 한다.

③ 운수종사자는 좌석 안전띠 착용에 대해 안내할 의무가 없다.

④ 운송사업 중 자동차 안에서 흡연을 금지한다.

⊕해설
③ 운수종사자는 차량의 출발 전에 여객이 좌석 안전띠를 착용하도록 안내해야 한다.

26 택시운전 금지사항에 속하지 않는 것은?

① 충분한 휴식을 취하고 운전하였다.

② 피로한 상태에서 운전하였다.

③ 술을 마시고 운전하였다.

④ 감기약을 먹고 운전하였다.

27 운송사업자의 준수사항 중, 자동차의 장치 및 설비 등에 관한 준수 사항에 관한 설명으로 옳지 않은 것은?

① 모든 택시운송사업용 자동차는 윗부분에 택시운송사업용 자동차임을 표시하는 설비를 설치해야 한다.

② 택시운송사업용 자동차의 안에는 여객이 쉽게 볼 수 있는 위치에 요금미터기를 설치해야 한다.

③ 대형 및 모범형 택시운송사업용 자동차에는 호출 설비를 갖춰야 한다.

④ 택시운송사업용 자동차 안에는 난방 장치 및 냉방 장치를 설치해야 한다.

⊕해설
① 대형 및 고급형 택시운송사업용 자동차는 제외한다.

28 운송사업자의 일반적인 준수사항으로 옳은 것은?

① 수요응답형 여객자동차운송사업자는 여객의 운행 요청이 있는 경우 이를 거부해도 된다.

② 운송사업자는 어린이에게 특별한 편의를 제공해야 한다.

③ 운송사업자는 자동차를 항상 깨끗하게 유지해야 한다.

④ 운송사업자는 소속 운수종사자가 아닌 자에게 운송사업용 자동차를 임의 제공이 가능하다.

⊕해설
① 수요응답형 여객자동차운송사업자는 여객의 운행 요청이 있는 경우 이를 거부해서는 안 된다.
② 운송사업자는 노약자·장애인 등에 대해서는 특별한 편의를 제공해야 한다.
④ 운송사업자는 소속 운수종사자가 아닌 자에게 관계 법령상 허용되는 경우를 제외하고 운송사업용 자동차를 제공해서는 안 된다.

29 운행기록이나 다른 택시운행정보들을 보관해야 하는 기간으로 옳은 것은?

① 1개월   ② 3개월

③ 6개월   ④ 1년

⊕해설
택시 미터기에서 생성되는 택시운송사업용 자동차의 운행 정보를 1년 이상 보존해야 한다.

30 승객이 택시 안에 반입해서는 안 되는 것으로 옳지 않은 것은?

① 혐오동물   ② 시체

③ 인화물질   ④ 인사불성 상태의 환자

31 애완견을 태울 수 있는 경우는?

① 애완견만을 뒷좌석에 싣는 경우

② 애완견을 트렁크 안에 싣는 경우

③ 장애인 보조견 또는 애완견 승차요금을 별도로 지불하는 경우

④ 장애인 보조견 또는 애완견 케이스 안에 있는 경우

정답 22 ① 23 ③ 24 ④ 25 ③ 26 ① 27 ① 28 ③ 29 ④ 30 ④ 31 ④

32 다음의 택시운송사업용 자동차 유형 중 윗부분에 택시임을 표시하는 설비를 부착하지 않고 운행할 수 있는 유형은 무엇인가?

① 중형
② 모범형
③ 고급형
④ 경형

해설
③ 대형 및 고급형 택시운송사업용 자동차는 윗부분에 택시임을 표시하는 설비를 부착하지 않고 운행할 수 있다.

33 택시운전자가 택시 안에 반드시 게시해야 할 내용이 아닌 것은?

① 운전자 성명
② 운행계통도
③ 불편사항 연락처 및 차고지 등을 적은 표지판
④ 택시운전자격증명

해설
② 운행계통도는 노선운송사업자에게만 해당된다.

34 택시 청결을 항상 유지해야 하는 이유로 가장 알맞은 것은?

① 회사의 규칙을 준수하기 위하여
② 승객에게 많은 요금을 받기 위하여
③ 승객에게 쾌적함을 제공하기 위하여
④ 승객에게 안정감을 제공하기 위하여

35 택시운송사업자가 택시의 바깥에 반드시 표시해야할 사항으로 옳지 않은 것은?

① 자동차의 종류
② 여객자동차운송가맹사업자 전화번호
③ 운송사업자의 명칭, 기호
④ 관할관청

36 운수종사자의 금지사항으로 옳지 않은 것은?

① 문을 완전히 닫지 않은 상태에서 자동차를 출발시키거나 운행하는 행위
② 자동차 안에서 담배를 피우는 행위
③ 택시요금미터를 임의로 조작 또는 훼손하는 행위
④ 안전한 운전을 할 수 없을 시 그 사정을 해당 운송사업자에게 알리는 행위

해설
④ 운수종사자의 준수사항이다.

37 다음 중 운수종사자가 지켜야 할 준수사항으로 옳은 것은?

① 자동차의 운행 중 중대한 고장을 발견하면 운행 업무를 마치는 대로 적절한 조치를 해야 한다.
② 영수증 발급기 및 신용카드 결제기를 설치해야 하는 택시의 경우 승객의 요구에도 불구하고 영수증의 발급 또는 신용카드 결제를 거부할 수 있다.

③ 관계 공무원으로부터 자격증의 제시 요구를 받으면 즉시 이에 따라야 한다.
④ 운수종사자는 승객이 좌석 안전띠를 착용하도록 안내할 의무는 없다.

해설
① 자동차의 운행 중 중대한 고장을 발견하거나 사고가 발생할 우려가 있다고 인정될 때는 즉시 운행을 중지하고 적절한 조치를 해야 한다.
② 영수증 발급기 및 신용카드 결제기를 설치해야 하는 택시의 경우 승객이 요구하면 영수증의 발급 또는 신용카드 결제에 응해야 한다.
④ 운수종사자는 차량의 출발 전에 여객이 좌석 안전띠를 착용하도록 안내해야 한다.

38 택시운수종사자의 금지사항에 속하는 경우가 아닌 것은?

① 문을 완전히 닫기 전에 자동차를 출발시키는 경우
② 승객의 승차를 거부한 경우
③ 승객에게서 부당한 요금을 받는 경우
④ 승객을 태운 자동차를 운행 중, 중대한 고장을 발견한 뒤, 즉시 운행을 중단하고 조치한 경우

해설
④ 운수종사자의 준수사항 중 하나다.

39 다음 중 운수종사자가 승객을 제지할 수 있는 대상에서 제외되는 경우는?

① 혐오 동물과 함께 탑승하려는 승객
② 장애 보조견과 함께 승차하려는 장애인
③ 인화성 물질을 들고 승차하려는 승객
④ 케이스에 넣지 않은 애완동물을 들고 탑승하려는 승객

해설
장애인 보조견과 전용 운반상자에 넣은 애완동물은 함께 탑승할 수 있다.

40 운송사업자가 운수종사자에게 성실하게 지키도록 항시 지도·감독해야 하는 사항 중 옳지 않은 것은?

① 택시 승차대에서 주차 또는 정차할 시 질서를 문란하게 하는 일이 없도록 할 것
② 정비가 불량한 사업용자동차를 운행하지 않도록 할 것
③ 위험 방지를 위한 운송사업자·경찰 공무원 또는 도로 관리청 등의 조치에 응하도록 할 것
④ 교통사고를 일으켰을 때에는 회사에 피해가 없도록 사고지를 신속히 이탈하게 할 것

해설
④ 교통사고를 일으켰을 때는 긴급조치 및 신고의 의무를 충실하게 이행하도록 할 것

41 운전자의 기본자세에 대한 사항으로 옳지 않은 것은?

① 여유 있는 마음가짐으로 양보 운전을 해야 한다.
② 추측운전을 하지 않도록 주의해야 한다.
③ 다소 컨디션이 안 좋더라도 참고 운전한다.
④ 교통 법규에 대해 이해하고 이를 준수해야 한다.

해설
③ 운전하기에 알맞은 안정된 심신 상태에서 운전을 해야 한다.

42 각 상황과 장소에 따른 운전자의 운전 예절로 옳지 않은 것은?

① 보행자가 통행하고 있는 횡단보도 안으로 차가 넘어가지 않도록 정지선을 지킨다.
② 앞 신호에 따라 진행 중인 앞차만 주시하며 교차로에 진입한다.
③ 야간에 커브 길 진입 전, 상향등을 깜박여 대향차에게 자신의 진입을 알린다.
④ 차로 변경을 시도하는 차가 있는 경우, 속도를 줄여 원활하게 진입할 수 있도록 도와준다.

> **해설**
> ② 앞 신호에 따라 진행 중인 차가 있는 경우, 안전하게 통과하는 것을 확인한 후 출발한다.

43 운전자가 준수해야 할 운전 예절에 대한 설명 중 옳지 않은 것은?

① 운전 기술이 뛰어난 경우 다소 여유를 가져도 무방하다.
② 교통 법규에 대해 이해하고 이를 준수해야 한다.
③ 여유 있는 마음가짐으로 양보 운전을 해야 한다.
④ 추측운전을 하지 않도록 주의해야 한다.

> **해설**
> ① 자신의 운전 기술에 대해 과신하지 않도록 해야 한다.

44 운전자가 지녀야 할 친절한 운전자의 자세로 옳은 것은?

① 승객에게 농담을 많이 해준다.
② 손님에게 동의를 얻고 담배를 피운다.
③ 손님에게 무표정한 얼굴로 응대한다.
④ 손님과 대화 중 비속어나 외래어를 사용하지 않는다.

> **해설**
> ① 나이 어린 승객일지라도 함부로 농담을 건네지 않는다.
> ② 손님의 동의 여부에 상관없이 차내에서는 반드시 금연한다.
> ③ 손님에게는 밝고 부드러운 표정을 유지한다.

45 운전자가 지녀서는 안 되는 자세로 옳은 것은?

① 이기적인 사고
② 심신의 안정을 도모
③ 추측 운전 금지
④ 교통법규의 이해와 준수

> **해설**
> 여유로운 마음으로 양보운전을 습관화해야 한다.

46 다음 중 운전자가 삼가야 하는 사항으로 옳지 않은 것은?

① 도로상에서 사고가 발생 시, 시비·다툼 등의 행위로 다른 차량의 통행을 방해하지 않는다.
② 상황에 따라 갓길 통행 등의 유동적인 운전을 한다.
③ 교통 경찰관의 단속에 불응·항의하는 행위를 하지 않는다.
④ 다른 운전자를 불안하게 만드는 행동을 하지 않는다.

> **해설**
> ② 갓길 통행하지 않는다.

47 외국인 승객에게 하지 말아야 할 행동으로 옳은 것은?

① 언어의 부족을 정중하게 설명하고 승차를 거부한다.
② 목적지까지 올바른 코스로 운행한다.
③ 부당한 요금을 받지 않는다.
④ 언어가 부족한 경우 보디랭귀지를 적극 활용한다.

> **해설**
> 언어가 부족한 경우, 여타 다른 기기의 도움을 받아 승차 거부를 하지 않도록 한다.

48 다음의 상황 중 승차거부에 해당하지 않는 것은 무엇인가?

① 승객이 탑승 후 목적지에 따라 하차시키는 경우
② 빈차임에도 목적지를 들은 후 승차를 거부하는 경우
③ 급한 환자를 태운 상황에서 승객을 지나친 경우
④ 목적지로 향하는 도중 승객을 하차시키는 경우

49 방향 지시등의 행동 절차로 올바른 것은?

① 예측 → 행동 → 확인
② 행동 → 확인 → 예측
③ 확인 → 행동 → 예고
④ 예고 → 확인 → 행동

50 야간 시 전조등 사용에 관한 운전 예절로 옳은 것은?

① 대향차의 눈부심을 방지하기 위해 야간에는 전조등을 끈다.
② 전조등을 하향등으로 조정해 대향차의 눈부심을 방지한다.
③ 전조등을 상향등으로 조정해 대향차에게 자신의 위치를 명확히 알린다.
④ 야간 커브 길에서는 자신의 진입을 알릴 필요가 없다.

> **해설**
> 야간 시 전조등에 관한 운전 예절
> ㉠ 야간 운행 중 반대 방향에서 오는 차가 있으면 전조등을 하향등으로 조정해 상대 운전자의 눈부심 현상을 방지한다.
> ㉡ 야간에 커브 길을 진입하기 전, 상향등을 깜박여 반대 방향에서 주행 중인 차에게 자신의 진입을 알린다.

51 운전자가 횡단보도에서 지켜야 할 운전 예절로 옳지 않은 것은?

① 신호가 끊기기 전 갑자기 튀어나오는 보행자가 있음을 항상 인지한다.
② 신호등이 없는 횡단보도에서 보행자가 통행 중이라면 일시 정지하여 보행자를 보호한다.
③ 녹색불임에도 보행자가 없으면 그냥 신속히 통과한다.
④ 보행자가 통행하고 있는 횡단보도 안으로 차가 넘어가지 않도록 정지선을 지킨다.

> **해설**
> ③ 반드시 정지선을 지켜 녹색불에 횡단보도를 침범하지 않도록 한다.

52 사업용 운전자가 가져야 할 기본자세가 아닌 것은?

① 교통법규 이해와 준수 : 그 상황에 맞는 적절한 판단으로 교통법규를 준수한다.
② 운전 기술에 대한 자기 신뢰 : 자신의 경험과 판단을 믿고 행동한다.
③ 여유 있는 양보운전 : 서로 양보하는 마음의 자세로 운전한다.
④ 주의력 집중 : 한 순간의 방심도 허용되지 않는 복잡한 과정이다.

53 교통사고 발생 시 경찰관서에 신고할 내용으로 적절치 않은 것은?

① 운전자 주민등록번호　② 사고 일시
③ 사고 장소　④ 피해 정도

54 응급처치법의 정의를 설명 중 옳지 않은 것은?

① 전문적인 의료서비스를 받을 때까지 도움이 되게 한다.
② 치료비용을 줄이는 데 있다.
③ 귀중한 목숨을 구하는 데 있다.
④ 환자의 고통을 경감시키는 데 있다.

55 응급처치에 대한 설명으로 올바르지 않은 것은?

① 환자나 부상자의 보호를 통해 고통을 덜어주는 것
② 의약품을 사용하여 환자나 부상자를 치료하는 행위
③ 전문적인 의료행위를 받기 전에 이루어지는 처치
④ 즉각적이고, 임시적인 적절한 처치

🔍해설
응급처치는 치료 행위가 아닌 전문적 치료를 받기 전에 이루어지는 행위이다.

56 교통사고 현장에서 부상자 구호조치에 대한 설명으로 적절하지 못한 것은?

① 접촉차량 안에 유아나 어린이 유무를 살핀다.
② 부상자는 최대한 빨리 인근 병원으로 후송한다.
③ 후송이 어려우면 호흡상태, 출혈상태 등을 관찰 위급 순위에 따라 응급처치 한다.
④ 부상자가 토하려고 할 때에는 토할 수 있게 앞으로 엎드리게 자세를 조정한다.

🔍해설
④ 기도가 막히지 않도록 옆으로 눕힌다.

57 응급처치의 실시 범위에 대한 설명으로 옳지 않은 것은?

① 전문 의료 요원에 의한 처치
② 원칙적으로 의약품을 사용하지 않음
③ 처치요원 자신의 안전을 확보
④ 환자나 부상자에 대한 생사의 판정은 금물

58 교통사고 발생 시 부상자에 대한 응급구호요령으로 틀린 것은?

① 부상자가 의식이 없는 때에는 바르게 눕힌 자세를 유지한다.
② 호흡이 멈춘 경우 호흡이 원활하도록 기도를 확보하고 인공호흡을 실시한다.
③ 출혈이 심한 때에는 우선적으로 지혈을 하여야 한다.
④ 심장박동이 느껴지지 않는 경우 인공호흡과 심장마사지를 하여야 한다.

🔍해설
① 의식이 없거나 구토할 시 질식을 방지하기 위해 옆으로 눕히기

59 가장 먼저 응급처치를 해야 할 대상은?

① 임신한 산모　② 어린아이
③ 위독한 사람　④ 나이든 어르신

🔍해설
항상 가장 먼저 응급처치를 할 사람은 가장 위독한 상태에 있는 사람이다.

60 다음 중 부상자가 의식이 있는지 확인하는 방법으로 올바른 것은?

① 말을 걸어보거나 꼬집어본다.
② 기도에 이물질이 있는지 확인한다.
③ 귀를 심장 가까이 대고 심장이 뛰는지 확인한다.
④ 상처 부위의 출혈정도를 확인한다.

61 부상자의 기도 확보에 대한 설명으로 옳지 않은 것은?

① 의식이 없을 경우 머리를 뒤로 젖히고 턱을 끌어 올려 목구멍을 넓힌다.
② 기도 확보는 공기가 입과 코를 통해 폐에 도달할 수 있는 통로를 확보하는 것이다.
③ 엎드려 있을 경우에는 무리가 가지 않도록 그대로 둔 상태에서 등을 두드린다.
④ 기도에 이물질 또는 분비물이 있는 경우 이를 우선 제거한다.

🔍해설
반드시 바로 눕혀 기도를 확보해야 한다. 단, 의식이 없거나 구토를 하는 경우는 옆으로 눕혀 질식의 위험을 방지한다.

62 기도가 폐쇄되어 말은 할 수 있으나 호흡이 힘들 때에 응급처치법으로 맞는 것은?

① 하임리히법　② 인공호흡법
③ 가슴압박법　④ 심폐소생술

63 교통사고로 부상자 발생 시 가장 먼저 확인해야 할 사항은?

① 부상자의 체온 확인
② 부상자의 신분 확인
③ 부상자의 출혈 확인
④ 부상자의 호흡 확인

64 교통사고 시 심폐소생술의 순서로 올바른 것은?

① 인공호흡 → 가슴압박 → 기도개방
② 기도개방 → 인공호흡 → 가슴압박
③ 가슴압박 → 인공호흡 → 기도개방
④ 인공호흡 → 기도개방 → 가슴압박

65 신속한 후송을 하기 위해 적절한 응급처치 시간은?

① 2시간
② 1시간
③ 30분
④ 10분

정답　53 ①　54 ②　55 ②　56 ④　57 ①　58 ①　59 ③　60 ①　61 ③　62 ①　63 ④　64 ②　65 ④

66 인공호흡에 대한 설명으로 거리가 먼 것은?

① 우선 인공호흡으로 환자의 가슴이 올라오지 않는다면 기도를 다시 확보한다.
② 인공호흡을 시도했으나 잘 되지 않는다면 잘 될 때까지 시도한다.
③ 인공호흡의 가장 일반적인 방법은 구강 대 구강법이다.
④ 인공호흡하기 전에 기도 확보가 되어 있어야 한다.

67 교통사고 시 부상자에 대한 인공호흡을 해야 하는 경우는?

① 호흡은 없고 맥박이 있을 때
② 호흡과 맥박이 둘 다 없을 때
③ 호흡은 있고 맥박이 없을 때
④ 출혈이 심할 때

68 골절 부상자를 위한 응급조치로 옳지 않은 것은?

① 팔이 골절되었다면 헝겊으로 띠를 만들어 팔을 매달도록 한다.
② 골절 부상자는 가급적 구급차가 올 때까지 기다리는 것이 바람직하다.
③ 다친 부위를 심장보다 낮게 한다.
④ 잘못 다루면 위험하므로 움직이지 않도록 한다.

⊕ 해설
③ 지혈이 필요하다면 골절 부분은 건드리지 않도록 주의하며 지혈한다.

69 척추 골절이 의심되는 경우 응급조치 방법으로 옳지 않은 것은?

① 환자를 움직이지 말고 손으로 머리를 고정하고 환자를 지지한다.
② 가급적 구급차가 오기를 기다린다.
③ 체온이 떨어지지 않도록 모포를
④ 얼른 차에 싣고 병원으로 이송한다.

⊕ 해설
골절 부상자는 가급적 움직이지 않은 채로 구급차를 기다리는 것이 바람직하다.

70 교통사고로 부상자가 쓰러져 있는 경우 가장 우선적으로 해야 하는 행동으로 옳은 것은?

① 말을 걸거나 팔을 꼬집어서 의식이 있는지 확인한다.
② 가슴압박을 실시한다.
③ 고개를 뒤로 젖혀 기도를 확보한다.
④ 인공호흡을 실시한다.

71 교통사고 현장에서의 원인 조사 시 파악해야 하는 사항으로 옳지 않은 것은?

① 노면에 나타난 흔적 조사
② 사고 현장 시설물 조사
③ 부상자의 주민등록 번호
④ 사고 현장 측정 및 사진 촬영

⊕ 해설
③ 운전자, 탑승자, 목격자 등에 대한 사고 상황에 대한 것을 조사한다.

72 자동제세동기의 사용 순서로 옳은 것은?

① 전원 켜기 → 패드 부착 → 멀리 떨어져 심장리듬 분석 → 심폐 소생술 반복 → 전기 충격
② 전원 켜기 → 패드 부착 → 전기 충격 → 멀리 떨어져 심장리듬 분석 → 심폐 소생술 반복
③ 전원 켜기 → 패드 부착 → 전기 충격 → 심폐 소생술 반복 → 멀리 떨어져 심장리듬 분석
④ 전원 켜기 → 패드 부착 → 멀리 떨어져 심장리듬 분석 → 전기 충격 → 심폐 소생술 반복

⊕ 해설 자동제세동기 사용 순서
전원 켜기 → 패드 부착 → 멀리 떨어져 심장리듬 분석 → 전기 충격 → 심폐 소생술 반복

73 교통사고 발생 시 조치 사항으로 옳지 않은 것은?

① 보험회사와 경찰에 신고하고 부상자는 위급한 환자부터 후송하도록 조치한다.
② 탈출 → 인명구조 → 후방방호 → 신고 → 대기 의 순서로 조치한다.
③ 엔진을 정지시키고 신속히 탈출 한다.
④ 어린이, 노약자부터 응급조치를 시행한다.

⊕ 해설
④ 위급한 부상자가 있을 때는 우선적으로 응급조치를 시행한다.

74 다음의 설명 중 내출혈 시 조치 사항으로 옳지 않은 것은?

① 부상자가 춥지 않도록 모포 등을 덮어준다.
② 얼굴에 핏기가 사라져 창백해지고 식은땀을 흘리며 호흡이 얕고 빨라지는 쇼크 증상이 나타나는 지 확인한다.
③ 추위를 호소하면 양지로 옮겨 햇볕을 직접 쬐도록 조치한다.
④ 옷을 헐렁하게 하고 하반신을 높게 한다.

⊕ 해설
③ 햇볕은 직접 쬐지 않도록 조치한다.

75 다음 중 차멀미를 하는 승객이 있을 때 조치할 수 있는 사항으로 옳지 않은 것은?

① 토할 경우를 대비해 위생 봉지를 준비한다.
② 토한 경우에는 신속히 처리한다.
③ 안전하게 정차할 수 있는 곳에 정차 후 차에서 내려 시원한 공기를 마시도록 조치한다.
④ 환자의 경우 가급적 뒤쪽으로 앉도록 조치한다.

⊕ 해설
④ 환자의 경우 통풍이 잘되고 비교적 흔들림이 적은 앞쪽으로 앉도록 조치한다.

76 다음 중 차량 고장 시 조치해야 하는 사항 중 옳은 것은?

① 정차 차량의 결함이 심하더라도 갓길에 차를 대는 것은 위험하다.
② 후방에 대한 안전 조치를 시행한다.
③ 야간에는 검은색이나 회색 옷을 입는 것이 좋다.
④ 차에서 하차 시, 후방 상황을 살핀 후 하차한다.

⊕ 해설
① 정차 차량의 결함이 심할 시 비상등을 점멸시키면서 갓길에 바짝 차를 대어 정차
③ 야간에는 밝은 색 옷 혹은 야광 옷 착용이 좋음
④ 차에서 하차 시, 옆 차로의 차량 주행 상황을 살핀 후 하차

77 폭우나 폭설로 인한 재난 발생 시 해야 하는 조치사항으로 옳지 않은 것은?

① 장시간 고립 시 현재 상황을 즉시 신고하고 한국도로공사 등에 협조를 요청
② 신속하게 차량을 안전지대로 이동시킨 후 즉각 회사 및 유관 기관에 보고
③ 업체에 현재 위치보고 후, 도착 전까지 만일을 대비해 차 밖에서 안전하게 승객을 보호
④ 승객의 안전 조치를 가장 우선적으로 시행

🔍**해설**
③ 차내에 유류 확인 및 업체에 현재 위치보고 후, 도착 전까지 차내에서 안전하게 승객을 보호

78 교통사고 시 보험 회사나 경찰 등에 연락해야 할 사항으로 옳지 않은 것은?

① 사고 발생 지점 및 상태
② 여객과 운전자의 주민등록번호
③ 부상 정도 및 부상자 수
④ 운전자 성명

🔍**해설**
교통사고 시, 보험 회사나 경찰 등에 다음 사항을 연락해야 한다.
① 사고 발생 지점 및 상태
② 부상 정도 및 부상자 수
③ 회사명
④ 운전자 성명
⑤ 우편물, 신문, 여객의 휴대 화물 상태
⑥ 연료 유출 여부

79 열사병의 응급조치에 관한 설명으로 틀린 것은?

① 환자의 회복은 응급처치의 신속성과 효율성에 따라 달라진다.
② 환자의 의복을 제거하고 젖은 타월 등으로 환자의 체온을 떨어뜨린다.
③ 환자의 몸을 얼음물에 담가 체온을 떨어뜨리는 것이 가장 좋다.
④ 환자를 서늘하고 그늘진 곳으로 옮긴다.

🔍**해설**
열사병 환자를 얼음물에 담그는 것은 매우 위험하고 환자의 몸에 부담이 많이 가는 행동이다. 가장 좋은 방법은 그늘진 곳에서 옷을 벗기고 몸을 적시면서 시원한 바람을 통해 중심 체온을 40도 이하로 빨리 떨어뜨리는 것이다.

80 화상 환자의 응급처치에 관한 사항으로 옳지 않은 것은?

① 피부에 붙은 의류를 강제로 떼어내는 것은 절대 금지
② 환자의 호흡 상태를 관찰하여 필요 시 고농도 산소를 투여
③ 체액 손실이 많은 화상 환자에게 현장에서 음식과 수분을 즉시 보충
④ 화상 환자를 위험 지역에서 멀리 이격 후, 신속하게 불이 붙거나 탄 옷을 제거

🔍**해설**
③ 체액 손실이 많은 화상 환자에게는 정확한 투여량과 배설량을 측정하여 수액투여 여부를 결정한다. 그러므로 현장에서의 직접적인 음식물 섭취는 삼간다.

대전광역시 지역 응시자용

요 약

위 치	동·북쪽으로는 충청북도, 남·서쪽으로는 충청남도에 접한 중심부의 광역시
면 적	539.5km²
행정구분	5개구 177동
시청 소재지	대전광역시 서구 둔산동 1420
시 의 꽃	백목련
시 의 나무	소나무
시 의 새	까치
인 구	1,448,933명 (2022.05.)

※ 다음의 주요 위치는 통합 검색 사이트에서 검색한 결과를 수록한 것으로 오차가 있을 수 있습니다.

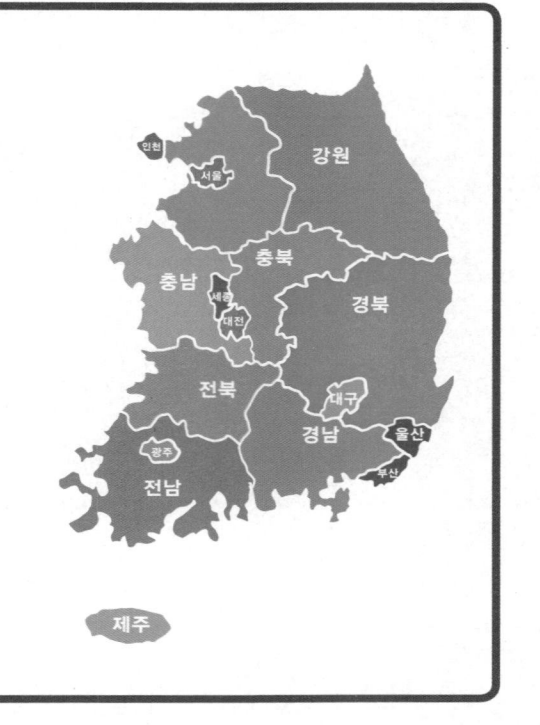

01. 지역별 주요 관공서 및 공공건물 위치

소재지		명 칭
대덕구	문평동	한국교통안전공단 대전충남본부, 대덕우체국
	미호동	대청댐
	법 동	대덕소방서, 대덕경찰서, 근로복지공단대전병원
	상서동	신탄진한일병원
	석봉동	대전이문고교
	송촌동	대전송촌고교
	신탄진동	대전보훈병원, 신탄진고교
	연축동	Kwater(한국수자원공사)본사
	오정동	대덕구청, 대전지방법원 대덕등기소, 한남대학교, 대전신학대학교, 대전생활과학고등학교, 국민연금공단 북대전지사
	중리동	대전수도시설관리사업소, 동대전고교
	평촌동	KT&G인재개발원, 대전철도차량정비단
동 구	가양동	대전보건대학교, 한국폴리텍대학교 대전캠퍼스, 명석고교, 대성여고, 대전동부소방서, 대전상수도사업본부 동부사업소
	가오동	동구청, 대전가오고교
	대 동	대전여고, 대전기독요양병원
	대별동	대전운전면허시험장
	비룡동	대전동신과학고교
	삼성동	계룡디지텍고교, 보문고교

소재지		명 칭
동 구	성남동	대전한국병원
	용운동	대전대학교
	용전동	대전지방국토관리청
	원 동	대전우체국
	인 동	대전동부경찰서
	자양동	우송대학교, 우송고교, 동아마이스터고교
	정 동	전국직업전문학교총연합회
서 구	갈마동	대전상수도사업본부 서부사업소, 대전둔산여고, 대전둔원고교, 한밭고교, 대전둔산소방서, 대전택시운송사업조합
	관저동	서일고교, 서일여고, 관저고교, 건양대학교 대전메디컬캠퍼스, 건양대학교병원, 구봉고교, 동방고교
	괴정동	괴정고교
	내 동	TBN한국교통방송 대전본부, 대전외고
	도안동	목원대학교
	도마동	대전지방조달청, 배재대학교, 서대전여고, 대전제일고교
	둔산동	서구청, 대전광역시청, 충청지방우정청, 특허법원, 대전소방본부, 서대전세무서, 대전경찰청, 정부대전청사, 대전광역시교육청, 대전고등·지방법원, 대전고등·지방검찰청, 대전고용노동청, 충남고교, 대전상공회의소, 대전지방국세청, 둔산경찰서, 정부대전청사문화재청, 대전을지대학교병원
	만년동	KBS대전방송총국, 만년고교

소재지		명 칭
서 구	복수동	대전서부경찰서, 대전서부소방서, 대전과학기술대학교, 대신고교, 대전복수고교
	월평동	대전지방보훈청, 대전도시철도공사, 서대전고교, 충청지방통계청
	정림동	대청병원
	탄방동	대전우리병원, 국민연금공단 서대전지사
유성구	가정동	한국조폐공사(화폐박물관), 과학기술연합대학원대학교
	관평동	중일고교
	구성동	대전지방기상청, 국립중앙과학관, 대전과학고교, 금강유역환경청
	구암동	유성고교, 유성생명과학고
	궁 동	충남대학교 대덕캠퍼스
	노은동	노은고교
	대정동	대전지방교정청, 대전교도소(방동으로 이전 예정)
	덕명동	한밭대학교 유성덕명캠퍼스
	덕진동	한국원자력연구원
	도룡동	대전MBC, 대덕고교, 대전유성소방서, TJB대전방송, 대전교통문화연수원
	봉명동	유성우체국
	상대동	대전예고
	어은동	카이스트 본원, 유성구청, 한국항공우주연구원
	용산동	대전용산고교
	원내동	대전공고
	원신흥동	대전도안고교, 대전체육고교
	자운동	국군대전병원
	장대동	유성금호고속터미널
	장 동	대덕소프트웨어마이스터고교, 한국기계연구원, 한국해양과학기술원, 대덕대학교, 한국에너지기술연구원, 대전세종지방중소벤처기업청, 한국화학연구원
	전민동	대전전민고교
	죽 동	유성여고, 대전유성경찰서, 북대전세무서
	지족동	대전극동방송, 유성선병원, 대전반석고교, 대전지족고교
	학하동	대전시립정신병원
	화암동	대전전자디자인고
중 구	대사동	충남대학교병원
	대흥동	중구청, 대전중부경찰서, 대전성모여고, 대전고교, 대전도시공사, 대전가톨릭평화방송, 가톨릭대학교대전성모병원
	목 동	대성고교, 충남여고, 대전선병원, 을지대학교 대전캠퍼스
	문화동	중구보건소, 대전국제통상고, 동산고교, 충남기계공고, 대전충남지방병무청, 대전CBS, 대전일보
	부사동	남대전고교, 신일여고, 청란여고, 대전차량등록사업소
	산성동	대전개인택시운송사업조합
	선화동	대전세무서, 호수돈여고, 대전여상, 대전준법지원센터, 국민연금공단 동대전지사
	안영동	대전한빛고
	용두동	을지대학교 대전캠퍼스
	중촌동	대전출입국외국인사무소, 대전중앙고

02. 문화유적·관광지

소재지		명 칭
대덕구	송촌동	동춘당공원
	신대동	중부자동차종합시장
	신일동	을미기공원
	연축동	죽림정사
	장 동	장동산림욕장
동 구	가양동	남간정사(대전유형문화재 4호), 우암사적공원, 가팔어린이공원, 대전보건대학교박물관, 선샤인호텔
	대성동	식장산
	삼성동	한밭교육박물관
	용운동	용운근린공원, 대전대학교박물관
	용전동	더휴식노크인호텔 대전지점, 벨레자호텔, 플라밍고호텔, XYM호텔, BEN호텔
	정 동	태웅관광호텔
	하소동	만인산자연휴양림
	효평동	계족산성
서 구	괴정동	롯데백화점 대전점
	둔산동	갤러리아백화점타임월드
	만년동	한밭수목원, 대전예술의전당
	월평동	둔산선사유적지, 월평공원, 대전자동차시장
	장안동	장태산자연휴양림
	탄방동	도산서원, 로데오타운
유성구	가정동	지질박물관
	갑 동	국립대전현충원
	계산동	수통골
	노은동	대전월드컵경기장, 대전선사박물관
	덕명동	유성컨트리클럽
	도룡동	엑스포과학공원, 롯데시티호텔 대전
	봉명동	유림공원, JH레전드호텔, 라온컨벤션, 스탕달호텔, 유성호텔, 호텔인터시티, 호텔비스테이션, 계룡스파텔
	신성동	대전시민천문대
	원촌동	솔로몬로파크
	지족동	은구비공원
중 구	대사동	보문산성
	문화동	보문산공원(문화지구), 서대전공원, 세이백화점
	부사동	한밭종합운동장, 한화생명이글스파크
	사정동	사정공원, 대전오월드
	선화동	대전근현대사전시관, NC 중앙로역점, 베니키아호텔대림
	어남동	신채호선생생가
	은행동	으능정이문화의거리, 성심당 본점
	침산동	뿌리공원
	태평동	유등체육공원

03. 주요 도로

1 고속도로

명 칭	구 간
경부고속도로	신탄진IC－대전IC－비룡JC
호남고속도로	회덕JC－북대전IC－유성IC－서대전IC
당진영덕고속도로	북유성IC－유성JC－북대전IC－회덕JC－신탄진IC
통영대전고속도로	비룡JC－판암IC－남대전IC
대전남부순환고속도로	서대전IC－안영IC－산내JC－판암IC－비룡JC

2 대전광역시 주요 도로

명 칭	구 간
계룡로	충대병원네거리 － 구암역사거리
계백로	서대전네거리 － 강경읍 채산리
금산로	머들령터널 － 구도교
대덕대로	신탄진네거리 － 안골네거리
동서대로	대전IC － 덕명네거리
월드컵대로	계룡대교네거리 － 월드컵네거리
한밭대로	덕명네거리 － 동부네거리
대학로	유성네거리 － 과학공원네거리
계족로	효동네거리 － 읍내삼거리
문화로	도마교 － 충대병원네거리
중앙로	동서교 － 서대전네거리
대전로	읍내삼거리 － 구도교
신탄진로	읍내동삼거리 － 신탄진네거리
아리랑로	원촌삼거리 － 평생교육문화센터교차로
가정로	신성네거리 － 연구단지네거리
둔산대로	카이스트교삼거리 － 대전산업단지
대종로	남선공원네거리 － 대성동삼거리
대흥로	예술가의집네거리 － 원동네거리
문정로	숭어리샘네거리 － 서구 둔산동
도산로	도마교 － 남선공원네거리
동대전로	동부네거리 － 원동네거리
문지로	문지삼거리 － 도룡삼거리
오정로	농수산시장오거리－한남오거리
유등로	사정교－컨벤션센터네거리
진잠로	교촌삼거리 － 서대전나들목삼거리
충무로	충대병원네거리 － 신흥삼거리
청사로	수정삼거리 － 은뜰삼거리
태평로	수침교 － 버드내네거리
갈마로	가장교 － 갈마삼거리
과학로	구성삼거리 － 승적골삼거리
벌곡로	우명교 － 가수원네거리
보문로	효동네거리 － 대종로네거리
엑스포로	청벽산공원네거리 － 과학공원네거리
우암로	대종로네거리 － 가양비래공원네거리
유천로	태평오거리 － 문화초교네거리
대청로	신탄진네거리 － 대청교
태전로	대전로987번길 － 중앙로

04. 대전광역시 주요 교통시설

1 주요 철도역, 버스터미널

소재지		명 칭
대덕구	석봉동	신탄진역
동 구	용전동	대전복합버스터미널
	정 동	대전역
유성구	구암동	유성시외버스정류소
중 구	오류동	서대전역
	유천동	대전서남부터미널

2 주요 지하철역

소재지		명 칭
동 구	대 동	대동역(우송대)
	정 동	대전역
	판암동	신흥역, 판암역
서 구	갈마동	갈마역
	둔산동	시청역, 정부청사역
	용문동	용문역
	월평동	갑천역, 월평역
	탄방동	탄방역
유성구	구암동	구암역, 현충원역
	노은동	월드컵경기장역
	반석동	반석역
	봉명동	유성온천역
	지족동	노은역, 지족(침신대)역
중 구	대흥동	중구청역
	오류동	서대전네거리역, 오룡역
	은행동	중앙로역

3 주요 하천 및 교량

하천명	교량명	연결 지점
갑 천	가수원교	가수원동－정림동
	갑천대교	유성대교－월평네거리
	대덕대교	엑스포과학공원네거리－만년동
	둔산대교	도룡동－만년동
	만년교	유성네거리－월평동
	신구교	송강네거리－대전3·4산업단지
	원촌교	원촌삼거리－대화동
유등천	한밭대교	한밭대교네거리－농수산시장오거리
	삼천교	삼천교네거리－중촌동
	용문교	남선공원네거리－중촌동
	수침교	용문역네거리－계룡육교
	가장교	가장네거리－태평오거리
	태평교	변동네거리－태평동
	유등교	도마네거리－버드내네거리
	버드내교	복수동－산성동
	대화대교	한밭수목원－대전1·2산업단지

하천명	교량명	연결 지점
유성천	어은교	유성구청–유림공원
	유성대교	충대정문오거리–갑천대교
	온천교	충대정문오거리–유성네거리
대전천	현암교	중촌네거리–삼성오거리
	삼선교	대종로네거리–삼성네거리
	선화교	선화초교–정동네거리
	목척교	중앙로역네거리–대전역네거리
	대흥교	대흥동네거리–원동네거리
	문창교	부사오거리–효동네거리
	보문교	충무로네거리–인동네거리

4 주요 터널

소재지		터널명(고속도로명)
동 구	비룡동	대전터널(경부고속도로)
중 구	구완동	구완터널(대전남부순환고속도로)
	침산동	안영2터널(대전남부순환고속도로)
서 구	가수원동	구봉터널(대전남부순환고속도로)
	괴곡동	안영1터널(대전남부순환고속도로)

대전 철도 노선표

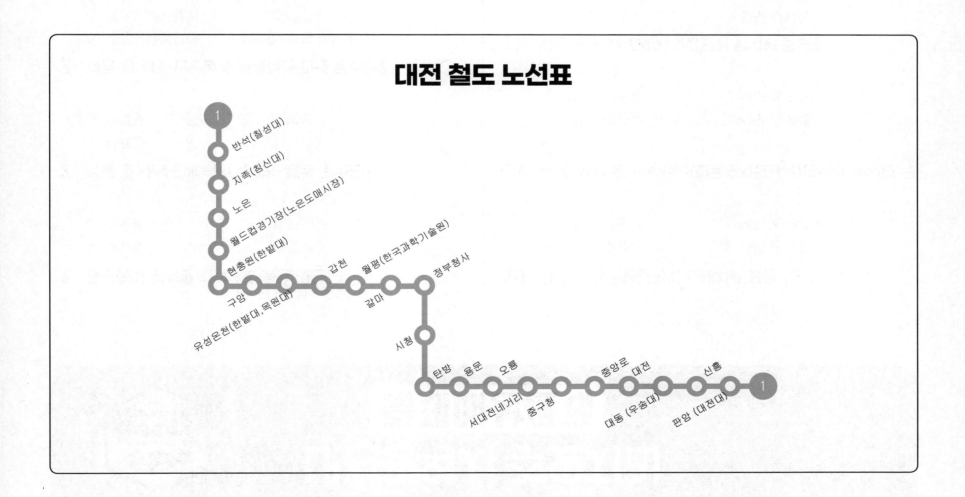

1 동구청이 위치한 지역으로 옳은 것은?

① 성남동 ② 용인동
③ 가오동 ④ 자양동

2 다음 중 대덕구에 속하지 않는 행정 구역은?

① 미호동 ② 관저동
③ 오정동 ④ 법동

3 다음 중 서구 만년동에 위치하는 관광 명소는?

① 대전시민천문대 ② 벨레자호텔
③ 엑스포과학공원 ④ 한밭수목원

4 다음 중 대덕구 오정동에 위치한 대학교로 옳은 것은?

① 우송대학교 ② 한남대학교
③ 목원대학교 ④ 대전보건대학교

5 다음 중 대전지방보훈청이 위치한 지역으로 옳은 것은?

① 대덕구 연축동 ② 유성구 봉명동
③ 중구 문화동 ④ 서구 월평동

6 다음 중 대덕경찰서의 소재지로 옳은 것은?

① 미호동 ② 석봉동
③ 신탄진동 ④ 법동

7 다음 중 대덕구 문평동에 위치하는 것은?

① 대덕우체국
② 대덕소방서
③ 대전가오고교
④ 국민연금공단 북대전지사

8 다음 중 중구에 소재한 관광 명소로 옳지 않은 것은?

① 한화생명이글스파크 ② 보문산공원(문화지구)
③ 으능정이문화의거리 ④ 대전선사박물관

9 다음 중 장동산림욕장 인근에 위치한 것으로 옳은 것은??

① 유등체육공원 ② 죽림정사
③ 신채호선생생가 ④ 뿌리공원

10 다음 중 동춘당공원의 소재지로 옳은 것은?

① 서구 괴정동 ② 대덕구 장동
③ 서구 만년동 ④ 대덕구 송촌동

11 다음 지역 중 Kwater(한국수자원공사)본사가 위치한 곳은?

① 대덕구 평촌동 ② 서구 둔산동
③ 대덕구 연축동 ④ 서구 정림동

12 다음 중 KT&G인재개발원이 위치한 곳은?

① 유성구 장동 ② 동구 성남동
③ 서구 복수동 ④ 대덕구 평촌동

13 다음 중 구성삼거리 – 승적골삼거리로 이어지는 도로명은?

① 대덕대로 ② 계백로
③ 도산로 ④ 과학로

14 다음 중 대전근현대사전시관이 있는 곳으로 옳은 것은?

① 동구 가양동 ② 서구 장안동
③ 중구 선화동 ④ 유성구 원촌동

15 다음 중 수침교 – 버드내네거리를 지나는 도로의 명칭은?

① 태평로 ② 아리랑로
③ 문지로 ④ 우암로

16 다음 중 서대전공원의 위치로 정확한 것은?

① 동구 삼성동 ② 대덕구 연축동
③ 중구 문화동 ④ 유성구 노은동

17 다음 중 유성구의 행정 구역이 아닌 것은?

① 둔산동 ② 덕명동
③ 도룡동 ④ 지족동

18 다음 중 대전광역시청의 소재지로 옳은 것은?

① 서구 관저동 ② 유성구 화암동
③ 서구 둔산동 ④ 유성구 용산동

19 다음 중 대전광역시청 인근에 위치한 건물이 아닌 것은?

① 대전고용노동청,　　② 대전지방교정청
③ 대전지방국세청　　④ 대전을지대학교병원

20 다음 중 대전전자디자인고의 위치로 옳은 것은?

① 유성구 어은동　　② 동구 삼성동
③ 동구 비룡동　　④ 유성구 화암동

21 다음 중 대전에 위치한 경찰서와 그 소재지가 잘못 짝지어진 것은?

① 대전경찰청 – 서구 둔산동
② 대덕경찰서 – 대덕구 법동
③ 대전유성경찰서 – 유성구 봉명동
④ 대전동부경찰서 – 동구 인동

22 다음 중 대전지방국토관리청의 위치로 옳은 것은?

① 대덕구 연축동　　② 서구 탄방동
③ 동구 용전동　　④ 유성구 원내동

23 다음 중 대전광역시 차량등록사업소의 소재지로 옳은 것은?

① 유성구 구암동　　② 중구 부사동
③ 유성구 자운동　　④ 중구 중촌동

24 다음 중 도산서원의 소재지로 옳은 것은?

① 서구 탄방동　　② 대덕구 신일동
③ 유성구 계산동　　④ 동구 용전동

25 다음 중 유성구 장동에 위치한 건물이 아닌 것은?

① 한국에너지기술연구원
② 대덕소프트웨어마이스터고교
③ 대덕대학교
④ 대전체육고교

26 다음 중 대학교와 그 소재지가 잘못 짝지어진 것은?

① 대전대학교 – 동구 용운동
② 충남대학교 대덕캠퍼스 – 유성구 궁동
③ 카이스트 본원 – 유성구 어은동
④ 한국폴리텍대학 대전캠퍼스 – 동구 자양동

27 다음 중 유성구 봉명동에 위치하지 않는 호텔은?

① 유성호텔　　② 선샤인호텔
③ 스탕달호텔　　④ 호텔비스테이션

28 다음 중 중구에 소재하는 공원으로 옳지 않은 것은?

① 유등체육공원　　② 뿌리공원
③ 서대전공원　　④ 월평공원

29 다음 공원 중 그 소재지가 잘못 짝지어진 것은?

① 을미기공원 – 대덕구 신일동
② 가팔어린이공원 – 동구 가양동
③ 유림공원 – 유성구 봉명동
④ 솔로몬로파크 – 유성구 계산동

30 다음 중 엑스포과학공원의 소재지로 옳은 것은?

① 동구 효평동　　② 동구 하소동
③ 유성구 지족동　　④ 유성구 도룡동

31 다음 중 대전역의 소재지로 옳은 것은?

① 서구 탄방동　　② 대덕구 석봉동
③ 중구 오류동　　④ 동구 정동

32 다음 중 대전운전면허시험장 인근에 위치한 것으로 옳은 것은?

① 한밭교육박물관
② 국군대전병원
③ 대전월드컵경기장
④ 대전예고

33 다음 중 가장교 – 갈마삼거리로 연결되는 도로는?

① 동서대로　　② 갈마로
③ 대전로　　④ 가정로

34 다음 중 신탄진네거리 – 대청교로 이어지는 도로명으로 옳은 것은?

① 대덕대로　　② 문화로
③ 대청로　　④ 과학로

35 다음 중 동서교 – 서대전네거리로 이어지는 도로는?

① 오정로　　② 유천로
③ 한밭대로　　④ 중앙로

36 다음 중 농수산시장오거리–한남오거리로 연결되는 도로로 옳은 것은?

① 오정로　　② 문지로
③ 벌곡로　　④ 엑스포로

정답　19 ②　20 ④　21 ③　22 ③　23 ②　24 ①　25 ④　26 ④　27 ②　28 ④　29 ④　30 ④　31 ④　32 ①　33 ②
34 ③　35 ④　36 ①

37 다음 중 대전복합버스터미널 인근에 위치하는 것으로 옳지 않은 것은?

① XYM호텔
② 더휴식노크인호텔
③ 대전지방국토관리청
④ 국립대전현충원

38 다음 중 대전시민천문대의 소재지로 옳은 것은?

① 서구 괴정동
② 동구 용운동
③ 유성구 신성동
④ 중구 선화동

39 다음 중 중구에 위치한 성심당 본점의 정확한 소재지로 옳은 것은?

① 부사동
② 태평동
③ 은행동
④ 침산동

40 다음 중 갑천역 인근에 위치한 것으로 옳은 것은?

① 갤러리아백화점타임월드
② 둔산선사유적지
③ 남간정사
④ 대전보건대학교박물관

41 다음 중 서구청의 소재지로 옳은 것은?

① 갈마동
② 내동
③ 탄방동
④ 둔산동

42 다음 중 배재대학교가 있는 지역으로 옳은 것은?

① 서구 정림동
② 중구 안영동
③ 서구 도마동
④ 중구 부사동

43 동구 용전동에 소재하는 것으로 옳은 것은?

① 수통골
② 로데오타운
③ 계족산성
④ BEN호텔

44 다음 중 대전대학교 인근에 위치한 것으로 옳은 것은?

① 용운근린공원
② 대전선사박물관
③ 대전시민천문대
④ 장태산자연휴양림

45 다음 중 한국폴리텍대학 대전캠퍼스가 위치한 곳으로 옳은 것은?

① 중구 산성동
② 동구 가양동
③ 서구 도안동
④ 대덕구 오정동

46 다음 중 중구에 위치한 충남여고의 정확한 소재지로 옳은 것은?

① 대사동
② 목동
③ 안영동
④ 중촌동

47 다음 중 동구 성남동에 위치하는 병원으로 옳은 것은?

① 대전기독요양병원
② 대전보훈병원
③ 대전한국병원
④ 유성선병원

48 다음 중 지질박물관의 소재지로 옳은 것은?

① 서구 괴정동
② 유성구 가정동
③ 동구 정동
④ 대덕구 신일동

49 다음 중 대전의 자연 명소인 식장산이 위치하는 곳으로 옳은 것은?

① 동구 대성동
② 유성구 노은동
③ 중구 문화동
④ 서구 장안동

50 다음 중 동구에 소재한 만인산자연휴양림이 정확한 위치로 옳은 것은?

① 대성동
② 가양동
③ 하소동
④ 용전동

51 다음 중 대전예술의전당의 위치로 옳은 것은?

① 대덕구 연축동
② 서구 만년동
③ 동구 삼성동
④ 유성구 도룡동

52 다음 중 동구에 위치한 박물관이 아닌 것은?

① 대전대학교박물관
② 대전보건대학교박물관
③ 한밭교육박물관
④ 대전선사박물관

53 다음 중 대덕구에 소재한 관광 명소가 아닌 것은?

① 장동산림욕장
② 죽림정사
③ 계족산성
④ 동춘당공원

54 다음 중 대전근현대사전시관과 그 소재지가 같은 것은?

① 중구청
② 대전출입국외국인사무소
③ 대전세무서
④ 중구보건소

55 다음 중 동구에 소재한 대전운전면허시험장의 정확한 위치로 옳은 것은?

① 성남동
② 자양동
③ 용전동
④ 대별동

56 다음 중 우송대학교와 같은 지역에 소재한 학교로 옳은 것은?

① 대전예고
② 동아마이스터고교
③ 대전외고
④ 대전이문고교

정답

37 ④ 38 ③ 39 ③ 40 ② 41 ④ 42 ③ 43 ④ 44 ① 45 ② 46 ② 47 ③ 48 ② 49 ① 50 ③ 51 ②
52 ④ 53 ③ 54 ③ 55 ④ 56 ②

57 다음 중 한국항공우주연구원의 소재지로 옳은 것은?

① 서구 복수동　　　　② 동구 가오동
③ 중구 부사동　　　　④ 유성구 어은동

58 다음 중 대전오월드 인근에 있는 공원으로 옳은 것은?

① 동춘당공원　　　　② 사정공원
③ 가팔어린이공원　　④ 용운근린공원

59 다음 중 대전로987번길 – 중앙로로 이어지는 도로의 이름은?

① 태전로　　　　　　② 청사로
③ 충무로　　　　　　④ 오정로

60 다음 중 유성시외버스정류소의 소재지로 옳은 것은?

① 갑동　　　　　　　② 가정동
③ 구암동　　　　　　④ 덕명동

61 다음 중 유성구청의 소재지로 옳은 것은?

① 원내동　　　　　　② 구암동
③ 자운동　　　　　　④ 어은동

62 다음 중 한국해양과학기술원과 같은 지역에 위치한 것은?

① 대전개인택시운송사업조합
② 대전세종지방중소벤처기업청
③ 충남대학교병원
④ 대전국제통상고

63 다음 중 서구 탄방동에 위치하는 것으로 옳은 것은?

① 서일고교　　　　　② 국민연금공단 서대전지사
③ 충청지방통계청　　④ 충청지방우정청

64 다음 중 서구에 소재한 정부대전청사의 정확한 위치로 옳은 것은?

① 둔산동　　　　　　② 도안동
③ 관저동　　　　　　④ 덕명동

65 다음 중 정부대전청사문화재청의 소재지로 옳은 것은?

① 중구 대흥동　　　　② 서구 괴정동
③ 중구 산성동　　　　④ 서구 둔산동

66 다음 중 북대전세무서의 소재지로 옳은 것은?

① 유성구 원신흥동　　② 유성구 죽동
③ 중구 선화동　　　　④ 중구 용두동

67 다음 중 서구 월평동에 위치하지 않는 것은?

① 충청지방통계청　　② 대전도시철도공사
③ 대청병원　　　　　④ 서대전고교

68 다음 중 한국조폐공사(화폐박물관)가 있는 지역으로 옳은 것은?

① 동구 비룡동　　　　② 유성구 가정동
③ 동구 인동　　　　　④ 유성구 학하동

69 다음 중 계룡디지텍고교와 같은 지역에 있는 학교로 옳은 것은?

① 보문고교　　　　　② 대전체육고교
③ 서일여고　　　　　④ 대전제일고교

70 다음 지역 중 대전택시운송사업조합의 소재지로 옳은 것은?

① 유성구 덕진동　　　② 대덕구 연축동
③ 서구 갈마동　　　　④ 중구 산성동

71 다음 중 대전철도차량정비단의 소재지로 옳은 것은?

① 서구 도안동　　　　② 대덕구 평촌동
③ 유성구 상대동　　　④ 동구 용운동

72 다음 중 대전MBC이 위치한 지역으로 옳은 것은?

① 서구 관저동　　　　② 유성구 가정동
③ 서구 만년동　　　　④ 유성구 도룡동

73 다음 중 대전일보의 소재지로 옳은 것은?

① 유성구 구성동　　　② 중구 문화동
③ 유성구 지족동　　　④ 중구 중촌동

74 다음 지역 중 롯데백화점 대전점이 위치한 곳으로 옳은 것은?

① 서구 괴정동　　　　② 대덕구 신일동
③ 대덕구 장동　　　　④ 서구 월평동

75 다음 중 TBN한국교통방송 대전본부가 위치한 지역으로 옳은 것은?

① 중구 목동　　　　　② 유성구 장동
③ 서구 내동　　　　　④ 동구 정동

76 다음 중 동구 비룡동에 소재한 학교로 옳은 것은?

① 대전도안고교　　　② 대전외고
③ 우송고교　　　　　④ 대전동신과학고교

정답　57 ④　58 ②　59 ①　60 ③　61 ④　62 ②　63 ②　64 ①　65 ④　66 ②　67 ③　68 ②　69 ①　70 ③　71 ②
72 ④　73 ②　74 ①　75 ③　76 ④

77 다음 중 대전극동방송 인근에 위치한 것으로 옳은 것은?

① 월평공원   ② 사정공원
③ 은구비공원   ④ 용운근린공원

78 다음 중 서구 장안동에 소재한 것으로 옳은 것은?

① 장태산자연휴양림   ② 유등체육공원
③ NC 중앙로역점   ④ TJB대전방송

79 다음 중 노은역과 같은 지역에 있는 지하철역은?

① 월드컵경기장역   ② 중앙로역
③ 지족(침신대)역   ④ 현충원역

80 다음 중 중구청역 근처에서 발견할 수 있는 것으로 옳은 것은?

① 한국항공우주연구원   ② 대전도시공사
③ 한국원자력연구원   ④ 대전지방국세청

81 다음 중 유등천에서 볼 수 있는 교량으로 옳지 않은 것은?

① 용문교   ② 수침교
③ 버드내교   ④ 문창교

82 다음 중 중촌네거리-삼성오거리를 잇는 교량으로 옳은 것은?

① 현암교   ② 대흥교
③ 선화교   ④ 보문교

83 다음 중 변동네거리-태평동을 잇는 교량은?

① 한밭대교   ② 둔산대교
③ 태평교   ④ 목척교

84 다음 중 가장교가 위치한 하천으로 옳은 것은?

① 갑천   ② 유등천
③ 대전천   ④ 유성천

85 다음 중 대화대교의 연결 지점으로 옳은 것은?

① 도마네거리-버드내네거리
② 복수동-산성동
③ 한밭수목원-대전1·2산업단지
④ 대종로네거리-삼성네거리

86 다음 중 중촌네거리-삼성오거리를 잇는 교량이 소재한 하천의 이름은?

① 대전천   ② 유성천
③ 유등천   ④ 갑천

87 다음 교량 중 중촌동을 잇는 교량으로 옳은 것은?

① 태평교   ② 원촌교
③ 대덕대교   ④ 삼천교

88 다음 중 대전시립정신병원이 위치한 행정 구역으로 옳은 것은?

① 동구 인동   ② 유성구 학하동
③ 동구 대동   ④ 유성구 노은동

89 다음 중 서구에 속하는 행정 구역이 아닌 것은?

① 장안동   ② 대사동
③ 관저동   ④ 정림동

90 다음 중 신채호선생생가의 소재지로 옳은 것은?

① 중구 어남동   ② 중구 문화동
③ 대덕구 신일동   ④ 대덕구 송촌동

91 다음 중 가톨릭대학교대전성모병원이 위치한 지역은?

① 동구 대별동   ② 유성구 상대동
③ 서구 둔산동   ④ 중구 대흥동

92 다음 중 신탄진한일병원이 속한 행정 구역으로 옳은 것은?

① 상서동   ② 오정동
③ 신탄진동   ④ 문평동

93 다음 중 중구 선화동에 위치하지 않는 것은?

① 베니키아호텔대림   ② 충남여고
③ NC 중앙로역점   ④ 대전여상

94 다음 중 선샤인호텔의 소재지로 옳은 것은?

① 서구 둔산동   ② 중구 침산동
③ 동구 가양동   ④ 유성구 계산동

95 다음 중 보문산성의 위치로 옳은 것은?

① 서구 탄방동   ② 중구 대사동
③ 대덕구 오정동   ④ 유성구 봉명동

96 다음 중 유성시외버스정류소와 같은 구역에 소재하는 학교로 옳은 것은?

① 중일고교   ② 유성생명과학고
③ 대전반석고교   ④ 대전용산고교

정답
77 ③   78 ①   79 ③   80 ②   81 ④   82 ①   83 ③   84 ②   85 ③   86 ①   87 ④   88 ②   89 ②   90 ①   91 ④
92 ①   93 ②   94 ③   95 ②   96 ②

97 다음 중 금강유역환경청의 소재지로 옳은 것은?

① 중구 중촌동
② 서구 내동
③ 유성구 구성동
④ 동구 자양동

98 다음 중 계족산성이 있는 행정 구역으로 옳은 것은?

① 대덕구 송촌동
② 유성구 원촌동
③ 중구 은행동
④ 동구 효평동

99 다음 중 송강네거리-대전3·4산업단지를 잇는 교량으로 옳은 것은?

① 가수원교
② 목척교
③ 신구교
④ 어은교

100 다음 중 충무로네거리-인동네거리를 이어주는 교량은?

① 보문교
② 만년교
③ 대덕대교
④ 삼천교

101 다음 중 카이스트 본원 인근에서 찾아볼 수 있는 것은?

① 대전복합버스터미널
② 한국항공우주연구원
③ 대전운전면허시험장
④ 근로복지공단대전병원

102 다음 중 동방고교와 같은 구역에 위치한 학교가 아닌 것은?

① 한밭대학교 유성덕명캠퍼스
② 구봉고교
③ 건양대학교 대전메디컬캠퍼스
④ 서일여고

103 다음 중 서구에 소재한 대전둔산소방서의 행정 구역으로 옳은 것은?

① 도마동
② 갈마동
③ 정림동
④ 둔산동

104 다음 중 유성금호고속터미널의 소재지로 옳은 것은?

① 상대동
② 구성동
③ 장대동
④ 원신흥동

105 다음 중 대전월드컵경기장이 위치한 곳은?

① 대덕구 장동
② 동구 용전동
③ 서구 만년동
④ 유성구 노은동

106 다음 중 청란여고 인근에서 볼 수 없는 학교는?

① 신일여고
② 유성여고
③ 남대전고교
④ 대전한빛고

107 다음 중 서대전네거리역이 위치한 지역으로 옳은 것은?

① 동구 판암동
② 중구 오류동
③ 서구 갈마동
④ 유성구 구암동

108 다음 도로 중 계룡대교네거리 – 월드컵네거리로 이어지는 것은?

① 유등로
② 한밭대로
③ 월드컵대로
④ 진잠로

109 다음 중 문화로의 구간으로 옳은 것은?

① 도마교 – 충대병원네거리
② 구성삼거리-연구단지
③ 신탄진네거리-대청교
④ 수침교-태평오거리-버드내네거리

110 다음 중 서대전IC-안영IC-산내JC-판암IC-비룡JC를 지나는 고속도로는?

① 당진영덕고속도로
② 경부고속도로
③ 대전남부순환고속도로
④ 통영대전고속도로

111 다음 중 중구청이 위치한 행정 구역으로 옳은 것은?

① 용두동
② 대흥동
③ 대사동
④ 산성동

112 다음 중 중구에 위치하지 않는 행정 구역은?

① 중촌동
② 산성동
③ 목동
④ 자운동

113 다음 중 대전교통문화연수원의 소재지로 옳은 것은?

① 서구 도안동
② 대덕구 석봉동
③ 유성구 도룡동
④ 중구 용두동

114 다음 중 중구청과 같은 지역에 소재하는 학교로 옳은 것은?

① 동산고교
② 대전중앙고
③ 충남기계공고
④ 대전성모여고

115 다음 중 대전가톨릭평화방송의 소재지로 옳은 것은?

① 중구 대흥동
② 동구 용전동
③ 유성구 화암동
④ 서구 관저동

116 다음 중 대전우체국이 위치한 지역으로 옳은 것은?

① 대덕구 미호동
② 동구 원동
③ 서구 만년동
④ 중구 안영동

정답 97 ③ 98 ④ 99 ③ 100 ① 101 ② 102 ① 103 ② 104 ③ 105 ④ 106 ② 107 ② 108 ③ 109 ①
110 ③ 111 ② 112 ④ 113 ③ 114 ④ 115 ① 116 ②

117 다음 중 중구보건소의 소재지로 옳은 것은?

① 대사동 ② 부사동
③ 용두동 ④ 문화동

118 다음 지역 중 대전국제통상고 인근에 위치한 것으로 옳은 것은?

① 대전CBS ② 만인산자연휴양림
③ 대덕고교 ④ 로데오타운

119 다음 중 세이백화점의 소재지로 옳은 것은?

① 유성구 가정동 ② 중구 문화동
③ 동구 용운동 ④ 대덕구 신일동

120 다음 중 구완터널(대전남부순환고속도로)의 소재지로 옳은 것은?

① 대덕구 ② 동구
③ 중구 ④ 유성구

121 다음 중 안영1터널(대전남부순환고속도로)이 위치한 곳으로 옳은 것은?

① 중구 구완동 ② 유성구 반석동
③ 서구 괴곡동 ④ 동구 비룡동

122 다음 중 도룡동-만년동을 잇는 교량은?

① 가장교 ② 어은교
③ 보문교 ④ 둔산대교

123 다음 중 부사오거리-효동네거리를 잇는 교량으로 옳은 것은?

① 문창교 ② 목척교
③ 대흥교 ④ 현암교

124 다음 중 안영2터널(대전남부순환고속도로)의 위치로 옳은 것은?

① 동구 용전동 ② 서구 탄방동
③ 중구 침산동 ④ 대덕구 송촌동

125 갑천에 위치한 교량으로 옳지 않은 것은?

① 가수원교 ② 원촌교
③ 둔산대교 ④ 삼선교

126 다음 중 남선공원네거리-중촌동을 잇는 교량으로 옳은 것은?

① 어은교 ② 용문교
③ 선화교 ④ 갑천대교

127 다음 중 대전서남부터미널의 위치로 옳은 것은?

① 중구 유천동 ② 유성구 구암동
③ 동구 용전동 ④ 대덕구 석봉동

128 다음 중 머들령터널 – 구도교로 이어지는 도로는?

① 도산로 ② 동서대로
③ 금산로 ④ 계룡로

129 다음 중 비룡JC-판암IC-남대전IC를 지나는 고속도로는?

① 호남고속도로 ② 당진영덕고속도로
③ 통영대전고속도로 ④ 경부고속도로

130 다음 중 대전터널(경부고속도로)의 소재지로 옳은 것은?

① 서구 가수원동 ② 대덕구 석봉동
③ 유성구 노은동 ④ 동구 비룡동

충청남도 지역 응시자용

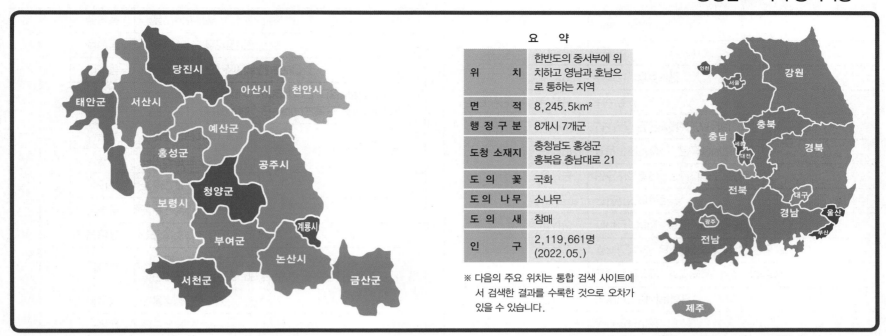

요 약	
위 치	한반도의 중서부에 위치하고 영남과 호남으로 통하는 지역
면 적	8,245.5km²
행정구분	8개시 7개군
도청 소재지	충청남도 홍성군 홍북읍 충남대로 21
도 의 꽃	국화
도 의 나무	소나무
도 의 새	참매
인 구	2,119,661명 (2022.05.)

※ 다음의 주요 위치는 통합 검색 사이트에서 검색한 결과를 수록한 것으로 오차가 있을 수 있습니다.

01. 지역별 주요 관공서 및 공공건물 위치

소재지		명 칭
공주시	교 동	공주시보건소
	금성동	공주교육지원청
	금학동	공주여고
	금흥동	충청남도교육연수원
	반죽동	공주세무서, 공주우체국, 공주사대부고
	반포면	충남과학고
	봉황동	공주시청, 공주교육대학교
	사곡면	국가민방위재난안전교육원
	신관동	공주대학교 신관캠퍼스, 공주종합버스터미널, 공주생명과학고
	오곡동	국립공주병원
	웅진동	공주경찰서, 공주소방서
	이인면	국선도대학교
	정안면	한일고교
	중학동	공주고교
계룡시	금암동	계룡시청, 계룡시보건소, 계룡도서관
	두마면	계룡고교
	신도안면	계룡대, 계룡대체력단련장, 용남고교
	엄사면	계룡소방서
금산군	금산읍	금산군청, 금산경찰서, 금산우체국, 금산교육지원청, 새금산병원, 금산시외·시내버스터미널, 금산소방서
	부리면	무지개다리
	추부면	중부대학교

소재지		명 칭
논산시	강경읍	충남논산경찰서, 한국폴리텍대학교 바이오캠퍼스, 강경고교
	강산동	논산세무서
	내 동	논산시청, 논산소방서, 건양대학교 논산창의융합캠퍼스
	등화동	논산대건고교
	상월면	금강대학교
	양촌면	국방대학교
	연무읍	육군훈련소
	연산면	충남인터넷고교
	취암동	논산계룡교육지원청, 논산시외버스터미널, 백제종합병원, 논산공고, 논산여고
	화지동	논산우체국
당진시	대덕동	당진교육지원청
	수청동	당진시청, 당진버스터미널
	시곡동	당진종합병원
	읍내동	당진경찰서, 당진우체국, 당진성모병원, 호서고교
	신평면	신평고교
	정미면	신성대학교
	채운동	당진시보건소, 당진고교, 당진소방서
	합덕읍	합덕제철고교, 서야고교
보령시	궁촌동	보령종합터미널, 보령우체국, 신제일병원
	대천동	보령교육지원청, 대천동우체국
	명천동	보령경찰서, 보령시청, 보령세무서, 고용노동부 보령지청, 보령소방서
	주포면	아주자동차대학
	죽정동	보령아산병원, 대천고교
부여군	규암면	한국전통문화대학교, 부여소방서
	부여읍	부여군청, 부여경찰서, 부여교육지원청, 부여우체국, 건양대학교부여병원, 부여시외버스터미널
	홍산면	한국식품마이스터고교

소재지		명 칭
서산시	동문동	서산우체국, 서령고교
	석림동	서산세무서, 서산의료원
	수석동	서산중앙병원
	예천동	서산시보건소, 서산소방서
	읍내동	서산시청, 서산경찰서, 서산교육지원청
	지곡면	서일고교
	해미면	한서대학교, 서산해미도서관
서천군	서천읍	서천군청, 서천우체국, 서천교육지원청, 서천고교
	장항읍	서천경찰서, 서천소방서
세종특별자치시	대평동	세종고속시외버스터미널
	보람동	세종특별자치시청
	어진동	정부세종청사, 국립세종도서관, 세종소방서
	연서면	농업기술센터
	장군면	한국영상대학교
	조치원읍	세종경찰서, 세종시보건소, 홍익대학교 세종캠퍼스, 대전지방법원세종시법원, 고려대학교 세종캠퍼스
아산시	모종동	아산충무병원, 아산시외버스터미널, 아산소방서, 아산시보건소
	배방읍	설화고교, 천안아산역, 아산세무서
	신창면	한국폴리텍대학교 아산캠퍼스, 순천향대학교, 경찰대학
	실옥동	아산교육지원청
	염치읍	아산농업기술센터
	온천동	아산시청, 아산우체국, 온양고교, 아산고교
	음봉면	유원대학교 아산캠퍼스, 아산스파비스
	탕정면	선문대학교 아산캠퍼스, 충남외고
	풍기동	아산경찰서
예산군	삽교읍	충남경찰청, 덕산고교
	신암면	충청남도농업기술원
	예산읍	예산군청, 예산교육지원청, 충남예산경찰서, 예산우체국, 예산고교, 예산여고, 예산종합병원, 예산종합터미널, 충남문화재돌봄사업단
	오가면	예산소방서, 예산세무서
천안시	동남구	구성동	천안동남소방서
		대흥동	대흥동우체국365
		병천면	한국기술교육대학교 제1캠퍼스, 관세국경관리연수원, 병천고교
		봉명동	순천향대학교 천안병원, 천안여상, 천안고교
		문화동	동남구청, 동남구보건소
		목천읍	목천고교
		삼룡동	선문대학교 천안캠퍼스
		신부동	천안종합터미널, 북일고교
		안서동	단국대학교 천안캠퍼스, 단국대학교병원, 백석대학교, 호서대학교 천안캠퍼스, 상명대학교 천안캠퍼스
		원성동	천안중앙도서관, 천안제일교교
		청당동	천안세무서, 천안동남경찰서
		유량동	우정인재개발원

소재지		명 칭
천안시	서북구	부대동	공주대학교 천안캠퍼스, 한국기술교육대학교 제2캠퍼스
		불당동	천안시청, 천안교육지원청, 서북구보건소
		성거읍	서북구청, 충남예고
		성정동	천안우체국
		성환읍	남서울대학교, 연암대학교, 성환고교
		신당동	천안상고
		쌍용동	천안쌍용고교, 나사렛대학교
		업성동	천안서북경찰서
		직산읍	천안서북소방서
청양군	청양읍	청양군청, 청양경찰서, 청양소방서, 청양교육지원청, 청양우체국, 청양도서관, 충남도립대학교, 청양시외버스터미널, 청양군보건의료원, 청양고교, 청양군민체육관
태안군	근흥면	국립수산과학원서해수산연구소 태안센터
	남 면	한서대학교 태안캠퍼스, 농업기술원양념채소연구소
	안면읍	창정교
	태안읍	태안군청, 태안교육지원청, 태안우체국, 태안경찰서, 태안해양경찰서, 태안여고, 태안소방서
홍성군	갈산면	갈산고교
	홍북읍	충청남도청, 충남교육청, 충남소방본부, 충남교육청연구정보원, 홍성고교
	홍성읍	홍성군청, 홍성경찰서, 홍성세무서, 홍성우체국, 충남홍성의료원, 홍성교육지원청, 혜전대학교, 한국폴리텍대학교 홍성캠퍼스, 청운대학교

02. 문화유적·관광지

소재지		명 칭
공주시	계룡면	갑사
	금성동	공산성
	금학동	우금치전적지
	반포면	계룡산, 은선폭포, 동학사, 이안숲속, 문호텔
	사곡면	마곡사
	신관동	호텔공주, 금강관광호텔, 초이한옥호텔
	웅진동	무령왕릉, 국립공주박물관, 송산리고분군전시관, 공주한옥마을
	중 동	충청남도역사박물관
계룡시	금암동	금암리염선재, 호텔계룡, 더에이스호텔
	두마면	두계은농재, 신도내주초석석재, 모원재
	엄사면	천마산, 비너스호텔, 호텔더존
	신도안면	구룡골프연습장
금산군	금산읍	금산인삼호텔, 금산한방스파&호텔휴
	금성면	온양이씨어필각, 금산칠백의총
	남이면	보석사, 금산백령성, 개삼터
	남일면	십이폭포
	부리면	적벽강, 청풍서원
	제원면	신안사
	진산면	대둔산도립공원

논산시	강경읍	근대역사문화거리, 리치호텔
	관촉동	관촉사(은진미륵)
	내 동	뷰티호텔 내동점
	노성면	명재고택
	반월동	링스호텔
	벌곡면	군지폭포, 수락계곡, 대둔산도립공원오토캠핑장
	부적면	계백장군유적전승지
	양촌면	쌍계사, 양촌자연휴양림
	연무읍	선샤인랜드, 에버그린호텔
	연산면	돈암서원
	취암동	더시티호텔, 조선호텔
당진시	석문면	난지도, 도비도, 난지도해수욕장, 왜목마을해수욕장, 왜목마을, 도비도유람선, 썬라이즈호텔
	송악읍	당진호텔
	신평면	행담도, 서해대교, 삽교호관광지, 삽교호비치파크호텔
보령시	남포면	최고운유적, 용두해수욕장
	대천동	더시티호텔 대천동점
	성주면	보령성주사지, 백운사, 석탄박물관, 성주산자연휴양림
	신흑동	대천해수욕장, 호텔머드린, 파레브호텔, 한화리조트대천파로스
	오천면	삽시도
	웅천읍	무창포해수욕장
부여군	규암면	백제문화단지, 롯데리조트 부여
	부여읍	궁남지, 낙화암, 부소산성, 부여정림사지, 부여정림사지오층석탑, 정림사지박물관, 국립부여박물관, 백제관광호텔, 백제관광진흥회, 삼정관광호텔
	임천면	부여성흥산성
	장암면	부여가림성
서산시	갈산동	베니키아호텔서산
	부석면	부석사, 간월암, 서산버드랜드
	운산면	문수사, 개심사, 용현계곡, 서산보원사지, 서산마애삼존불상, 유기방가옥
	음암면	정순왕후생가
	읍내동	브라운도트호텔 서산점, 서산보보호텔
	지곡면	진충사
	해미면	해미읍성
서천군	기산면	문헌전통호텔
	마서면	국립생태원
	서 면	춘장대해수욕장, 산하에이치엠
	장항읍	장항스카이워크, 달이빛나는밤에호텔
	한산면	신성리갈대밭
세종특별자치시	금남면	금강수목원, 금강자연휴양림, 충남산림박물관
	어진동	머큐어앰배서더세종
	연기면	세종호수공원, 국립세종수목원
	연서면	월드파크호텔
	전동면	뒤웅박고을, 베어트리파크

아산시	권곡동	온양민속박물관	
	도고면	파라다이스스파도고, 글로리콘도도고, 세계꽃식물원	
	배방읍	맹사성고택	
	송악면	외암리민속마을	
	염치읍	현충사, 은행나무길	
	영인면	영인산자연휴양림	
	온천동	온양그랜드호텔, 온양관광호텔, 온양제일호텔	
	음봉면	아산스파비스, 아산온천호텔	
	인주면	삽교천방조제	
	탕정면	지중해마을	
예산군	대흥면	봉수산, 봉수산자연휴양림	
	덕산면	충의사, 덕숭산, 수덕사, 남연군묘, 덕산싸이판대온천, 스파뷰호텔, 덕산온천타워호텔, 스플라스리솜, 가야관광호텔	
	삽교읍	세심천온천호텔	
	신암면	추사김정희선생고택	
	응봉면	예당저수지, 예당호출렁다리	
천안시	동남구	광덕면	광덕산
		목천읍	태조산, 독립기념관, 아름다운정원화수목
		병천면	유관순열사유적지, 병천순대거리
		삼룡동	천안삼거리공원, 천안흥타령춤축제
		성남면	천안종합휴양관광지, 소노벨천안
		신부동	아라리오갤러리조각광장
		안서동	각원사, 천호지
	서북구	불당동	오엔시티호텔
		성정동	신라스테이천안
		성환읍	봉선홍경사사적갈비, 왕지봉배꽃길
		쌍용동	라마다앙코르 천안호텔
청양군	대치면	칠갑산, 장곡사, 칠갑산도립공원, 지천구곡, 칠갑산살레호텔	
	목 면	모덕사	
	장평면	도림계곡	
	정산면	냉천골, 정산서정리구층석탑, 칠갑산천문대스타파크, 천장호출렁다리	
	청양읍	우산성, 청양석조삼존불입상, 고운식물원	
태안군	근흥면	신진도, 연포해수욕장	
	남 면	몽산포해수욕장, 청산수목원	
	소원면	천리포해수욕장, 만리포해수욕장, 롱비치패밀리호텔, 베이브리즈	
	안면읍	천수만, 안면도자연휴양림, 꽃지해수욕장, 안면프라자호텔	
	원북면	신두리해안사구	
	태안읍	태안마애삼존불	
홍성군	갈산면	김좌진장군생가지	
	결성면	한용운선생생가지	
	홍북읍	용봉산, 용봉산자연휴양림	
	홍성읍	홍주의사총, 홍주성역사공원, 홍성온천호텔, 홍성온천파크, 호텔솔레어	

03. 주요 도로

■ 충청남도 주요 고속도로

명 칭	구 간
경부고속도로	안성JC-천안JC-회덕JC-대전IC-비룡JC-영동IC
호남고속도로	논산JC-서순천IC
서해안고속도로	금천IC-서평택JC-당진JC-동서천JC-죽림JC
대전당진고속도로	당진JC-서공주JC
대전통영고속도로	남이JC-신탄진IC-통영IC
논산천안고속도로	천안JC-논산JC
서천공주고속도로	서공주JC-동서천IC

② 충청남도 주요 간선도로

위 치	명 칭
공주시	우금티로, 웅진로, 봉황로, 무령로
금산군	금산대로, 비호로, 비호산로, 비단로, 진산로, 사직중앙로, 오리정로
계룡시	계룡대로, 장안로, 금암로, 서금암로, 엄사중앙로, 팔거리로, 전원로
논산시	논산대로, 득안대로, 시민로, 부창로, 계백로, 강변로, 해월로, 탑정로, 논산평야로, 중앙로, 대화로, 채운로, 연은로
당진시	대산대로, 시청로, 남부로, 동부로, 서해로, 대덕로, 시곡로, 수정로, 정안로, 원당로, 돌비로, 어리로, 원우두실로
보령시	보령대로, 동대로, 시청로, 명천로, 흥곡천변로, 성주산로, 흥덕로, 보령남로, 주공로, 한내로, 동현로, 대청로, 충서로, 옥마로
부여군	부여관북리유적남북대로, 부장대로, 계백로, 사비로, 석탑로, 서동로, 궁남로, 신기정로, 성왕로, 백강로, 나성로, 나루터로, 북포로
서산시	서산대로, 대산대로, 중앙로, 서령로, 안견로, 고운로, 문화로, 서해로, 덕지천로, 동헌로, 호수공원로, 남부순환로, 한마음로
서천군	대백제로, 춘장대로, 군청로, 충절로, 서천로, 서문로, 장서로, 송신로
세종특별자치시	한누리대로, 행복대로, 대평로, 시청대로, 갈매로, 나리로, 나성로, 정부청사로, 남세종로, 도움로, 가름로, 다솜로, 보듬로, 미리내로
아산시	온천대로, 탕정면로, 시민로, 문화로, 곡교천로, 충무로, 남산로, 번영로, 아산로, 신정로, 어의정로, 남부로, 외암로
예산군	예산로, 금오대로, 군청로, 천변로, 사직로, 아리랑로, 향천사로, 차동로, 대학로, 형제고개로, 벚꽃로, 윤봉길로, 충서로
천안시	천안대로, 동서대로, 쌍룡대로, 남부대로, 서부대로, 번영로, 음봉로, 백석로, 충무로, 불당로, 풍세로, 광풍로, 신방통정로, 엘지로
청양군	중앙로, 문화예술로, 청산로, 청신로, 칠갑산로, 까치내로, 충절로
태안군	안면대로, 중앙로, 서해로, 동백로, 후곡로, 송암로, 용남로, 원이로, 백화로
홍성군	광천대로, 도청대로, 흥덕서로, 내포로, 문화로, 남장로, 충서로, 홍장북로, 충절로, 의사로, 조양로, 남부순환로, 백월로

❸ 충청남도 주요 국도

명 칭	구 간
국도1호선	목포-나주-장성-김제-논산-연기-평택-의왕-고양-신의주
국도4호선	군산-논산-옥천-김천-대구-영천-경주
국도17호선	여천-순천-남원-전주-금산-청주-안성-용인
국도19호선	남해-하동-남원-무주-옥천-괴산-충주-홍천
국도21호선	남원-정읍-전주-서천-홍성-아산-진천-이천
국도23호선	강진-영암-함평-고창-김제-논산-천안
국도29호선	보성-광주-부안-부여-홍성-서산
국도32호선	태안-당진-공주-대전
국도34호선	당진-진천-문경-안동-청송-영덕
국도36호선	보령-공주-청주-충주-단양-봉화-울진
국도37호선	거창-금산-보은-괴산-이천-가평-연천-파주
국도38호선	서산-평택-이천-제천-정선-삼척-동해
국도39호선	부여-아산-화성-부천-고양-의정부
국도40호선	예산-보령-부여-공주
국도45호선	서산-아산-용인-남양주-가평
국도77호선	마산-사천-여수-장흥-남해-영광-군산-태안-당진-평택-안산-인천

04. 충청남도 주요 교통시설

■ 주요 교통시설

소재지		명 칭
공주시	반포면	마티터널
	사곡면	신영터널
	신관동	공주종합버스터미널
	유구읍	유구터미널
	정안면	정우터널, 차령터널
	주미동	우금티터널
계룡시	금암동	계룡(금암)정류소
	두마면	계룡역, 두계터널
	반포면	계룡터널
금산군	금산읍	금산시외버스터미널, 인삼터널
	제원면	부엉산터널
	추부면	금산터널, 신평터널, 마달터널
논산시	강경읍	강경역, 강경버스정류장
	반월동	논산역
	벌곡면	물한재터널, 덕목터널
	부적면	부황역, 고정산터널
	연산면	연산역
	취암동	논산시외버스터미널
당진시	고대면	해창터널
	석문면	왜목터널
	송악읍	당진항
	수청동	당진버스터미널
	합덕읍	합덕버스터미널

보령시	궁촌동	보령종합터미널
	성주면	청라터널, 성주터널
	신흑동	대천연안여객선터미널
	오천면	보령항, 오천항여객터미널
	웅천읍	웅천역
	주교면	봉황터널
	주산면	간치역, 웅천터널
	청소면	원죽역, 청소역
부여군	부여읍	부여시외버스터미널, 사비터널
	옥산면	가덕터널
	장암면	덕림터널
서산시	대산읍	화곡터널, 대산항터널
	동문동	서산공용버스터미널
	온석동	온석터널
	운산면	고풍터널, 운산터널
서천군	기산면	서천터널
	마서면	장항역
	비인면	비인터널
	서천읍	서천역, 서천시외버스터미널
	종천면	종천터널
	판교면	판교역
	한산면	한산공용터미널
세종특별 자치시	대평동	세종고속시외버스터미널
	부강면	부강터널
	소정면	대곡터널
	장군면	수산터널
	조치원읍	조치원역
아산시	도고면	도고온천역(1호선, 장항선)
	모종동	아산시외버스터미널
	배방읍	아산역, 배방역, 용곡생태터널
	온천동	온양온천역(1호선, 장항선)
	용화동	남산터널
	음봉면	어르목터널
	탕정면	용두생태터널
예산군	대술면	향천터널
	대흥면	대흥터널
	덕산면	덕산터널, 해미터널
	봉산면	봉산터널
	삽교읍	삽교역
	신양면	차동터널
	예산읍	예산역, 예산종합터미널, 예산터널

천 안 시	동 남 구	대흥동	천안역(1호선, 경부선)
		병천면	매봉산터널
		봉명동	봉명역
		삼룡동	취암산터널
		신부동	천안종합터미널, 천안터널
		용곡동	일봉산터널
	서 북 구	두정동	두정역
		불당동	봉서산터널, 불당터널
		성환읍	성환역, 성환공용버스터미널
		직산읍	직산역
청양군		정산면	칠갑산터널, 청양터널, 솔티터널
		청양읍	청양시외버스터미널, 여주재터널
태안군		고남면	영목항, 영목항여객선터미널
		근흥면	안흥항, 안흥신진여객터미널
		남 면	남면정류소
		안면읍	안면시외버스정류소
		원북면	태안항
		태안읍	태안버스터미널, 성당터널
홍성군		갈산면	갈산터널, 임해터널
		광천읍	광천시외버스터미널
		홍성읍	홍성역, 홍성종합터미널, 마온터널

충청남도 주요지리
출제예상문제

1 다음 중 공주시청의 소재지로 옳은 것은?

① 금성동　　　　　② 중학동
③ 봉황동　　　　　④ 신관동

2 다음 중 공주시에 위치하지 않는 행정 구역은?

① 사곡면　　　　　② 부리면
③ 반포면　　　　　④ 교동

3 다음 중 계룡시 신도안면에 위치하지 않는 것은?

① 무지개다리　　　② 구룡골프연습장
③ 용남고교　　　　④ 계룡대

4 다음 중 금산군 남이면에 소재하지 않는 것은?

① 링스호텔　　　　② 금산백령성
③ 보석사　　　　　④ 개삼터

5 다음 중 보령시 성주면에 위치하는 것은?

① 돈암서원　　　　② 행담도
③ 석탄박물관　　　④ 궁남지

6 다음 중 공주시 신관동에 위치하지 않는 호텔은?

① 리치호텔　　　　② 호텔공주
③ 초이한옥호텔　　④ 금강관광호텔

7 다음 중 해미터널의 소재지로 옳은 것은?

① 서천군 비인면　　② 아산시 온천동
③ 예산군 덕산면　　④ 부여군 옥산면

8 다음 중 공주시에 위치한 공산성의 정확한 소재지로 옳은 것은?

① 신관동　　　　　② 중동
③ 금성동　　　　　④ 반포면

9 공주시 반포면에 소재한 주요 관광지가 아닌 것은?

① 은선폭포　　　　② 계룡산
③ 동학사　　　　　④ 대둔산도립공원

10 다음 중 백제 무령왕릉이 위치한 곳은?

① 공주시 금학동　　② 공주시 웅진동
③ 논산시 반월동　　④ 논산시 관촉동

11 다음 중 당진JC-서공주JC로 이어지는 고속도로는?

① 경부고속도로　　② 논산천안고속도로
③ 대전당진고속도로　④ 서천공주고속도로

12 다음 중 논산JC-서순천IC로 이어지는 고속도로는?

① 대전당진고속도로　② 서해안고속도로
③ 호남고속도로　　④ 대전통영고속도로

13 다음 중 금산군청이 위치한 곳으로 옳은 것은?

① 추부면　　　　　② 부리면
③ 금산읍　　　　　④ 금성면

14 다음 중 계룡시 금암동에 소재하는 호텔로 옳은 것은?

① 더에이스호텔　　② 파레브호텔
③ 리치호텔　　　　④ 문헌전통호텔

15 다음 중 김좌진장군생가지의 소재지로 옳은 것은?

① 아산시 송악면　　② 홍성군 갈산면
③ 서산시 음암면　　④ 예산군 덕산면

16 다음 중 논산시 벌곡면에 위치한 자연 명소로 옳은 것은?

① 낙화암　　　　　② 십이폭포
③ 수락계곡　　　　④ 은선폭포

17 다음 중 우금치전적지의 소재지로 옳은 것은?

① 부여군 규암면　　② 당진시 석문면
③ 논산시 노성면　　④ 공주시 금학동

18 다음 중 국립공주박물관의 위치로 옳은 것은?

① 금성동　　　　　② 웅진동
③ 신관동　　　　　④ 사곡면

19 다음 중 국립생태원의 소재지로 옳은 것은?

① 태안군 소원면
② 서천군 마서면
③ 아산시 송악면
④ 홍성군 결성면

20 다음 중 예산-보령-부여-공주로 이어지는 국도로 옳은 것은?

① 국도37호선
② 국도21호선
③ 국도40호선
④ 국도77호선

21 다음 중 계룡시청이 위치한 곳으로 옳은 것은?

① 금암동
② 두마면
③ 신도안면
④ 엄사면

22 다음 중 금산군에 위치하지 않는 행정 구역은?

① 부리면
② 풍기동
③ 남일면
④ 추부면

23 다음 중 아산시 탕정면에 소재하는 학교로 옳은 것은?

① 덕산고교
② 북일고교
③ 성환고교
④ 충남외고

24 다음 중 공주시에 위치하는 도로가 아닌 것은?

① 시청로
② 우금티로
③ 웅진로
④ 봉황로

25 다음 중 봉수산자연휴양림이 위치한 곳으로 옳은 것은?

① 아산시 염치읍
② 청양군 목면
③ 예산군 대흥면
④ 계룡시 엄사면

26 다음 중 금산군 부리면에 위치한 관광 명소로 옳은 것은?

① 부여가림성
② 청풍서원
③ 쌍계사
④ 용두해수욕장

27 다음 중 난지도해수욕장의 소재지로 옳은 것은?

① 금산군 제원면
② 당진시 신평면
③ 금산군 남이면
④ 당진시 석문면

28 다음 중 천안시에 소재한 백석대학교의 정확한 위치로 옳은 것은?

① 서북구 성환읍
② 동남구 안서동
③ 서북구 직산읍
④ 동남구 청당동

29 다음 중 금산군 금성면에 위치하는 것으로 옳은 것은?

① 석탄박물관
② 명재고택
③ 온양이씨어필각
④ 백제문화단지

30 다음 중 논산역의 소재지로 옳은 것은?

① 연산면
② 벌곡면
③ 부적면
④ 반월동

31 다음 중 논산시청이 위치한 지역으로 옳은 것은?

① 양촌면
② 등화동
③ 내동
④ 화지동

32 다음 중 논산시에 속하는 행정 구역이 아닌 것은?

① 상월면
② 연무읍
③ 취암동
④ 신평면

33 다음 중 논산시 취암동에 소재하지 않는 건물은?

① 논산공고
② 백제종합병원
③ 논산여고
④ 논산세무서

34 다음 중 논산시 강경읍에 위치하는 대학교로 옳은 것은?

① 금강대학교
② 국방대학교
③ 한국폴리텍대학 바이오캠퍼스
④ 중부대학교

35 다음 중 보령시 주포면에 위치한 대학으로 옳은 것은?

① 한서대학교
② 아주자동차대학
③ 연암대학교
④ 순천향대학교

36 다음 중 공주한옥마을의 소재지로 옳은 것은?

① 금학동
② 계룡면
③ 중동
④ 웅진동

37 다음 중 계룡시 두마면에 있는 것으로 옳은 것은?

① 베어트리파크
② 신도내주초석석재
③ 춘장대해수욕장
④ 삽시도

38 다음 중 은진미륵이 있는 사찰로 옳은 것은?

① 쌍계사
② 마곡사
③ 관촉사
④ 문수사

39 다음 중 보령시에 소재하는 도로가 아닌 것은?

① 홍덕로
② 홍곡천변로
③ 성주산로
④ 호수공원로

40 다음 중 강진-영암-함평-고창-김제-논산-천안으로 이어지는 국도는?

① 국도32호선
② 국도34호선
③ 국도29호선
④ 국도23호선

정답
19 ② 20 ③ 21 ① 22 ② 23 ④ 24 ① 25 ③ 26 ② 27 ④ 28 ② 29 ④ 30 ④ 31 ③ 32 ④ 33 ④
34 ③ 35 ② 36 ④ 37 ② 38 ③ 39 ④ 40 ④

41 다음 중 당진시청이 위치한 동은?

① 정미면　　　　　　② 시곡동
③ 수청동　　　　　　④ 합덕읍

42 다음 중 당진우체국이 있는 지역으로 옳은 것은?

① 석문면　　　　　　② 송악읍
③ 읍내동　　　　　　④ 채운동

43 다음 중 당진시 신평면에 위치한 관광 명소로 옳은 것은?

① 충청남도역사박물관　　② 삽교호관광지
③ 용두해수욕장　　　　④ 무창포해수욕장

44 다음 중 청양군민체육관 인근에 있는 것은?

① 고운식물원　　　　② 용현계곡
③ 한서대학교　　　　④ 진충사

45 다음 중 춘장대해수욕장이 소재한 곳으로 옳은 것은?

① 청양군 장평면　　　② 서천군 서면
③ 서산시 음암면　　　④ 아산시 염치읍

46 다음 중 신라스테이천안이 소재한 지역으로 옳은 것은?

① 동남구 광덕면　　　② 동남구 병천면
③ 서북구 성정동　　　④ 서북구 쌍용동

47 다음 지역 중 왜목마을의 소재지로 옳은 것은?

① 서산시 갈산동　　　② 당진시 석문면
③ 태안군 원북면　　　④ 홍성군 결성면

48 다음 중 남이JC-신탄진IC-통영IC로 연결되는 고속도로의 이름은?

① 대전통영고속도로　　② 서천공주고속도로
③ 호남고속도로　　　④ 논산천안고속도로

49 다음 중 세종특별자치시에 소재하는 도로가 아닌 것은?

① 형제고개로　　　　② 도움로
③ 가름로　　　　　　④ 미리내로

50 다음 중 해창터널의 위치로 옳은 것은?

① 논산시 부적면　　　② 공주시 반포면
③ 당진시 고대면　　　④ 계룡시 금암동

51 다음 중 보령시청이 위치한 곳은?

① 궁촌동　　　　　　② 대천동
③ 명천동　　　　　　④ 죽정동

52 다음 중 보령시에 속하는 행정 구역으로 옳은 것은?

① 운산면　　　　　　② 성주면
③ 임천면　　　　　　④ 한산면

53 다음 중 국립세종수목원이 위치한 지역으로 옳은 것은?

① 전동면　　　　　　② 연서면
③ 연기면　　　　　　④ 금남면

54 다음 중 아산시 인주면에 소재한 것으로 옳은 것은?

① 은행나무길　　　　② 온양제일호텔
③ 삽교천방조제　　　④ 지중해마을

55 다음 중 보령시 웅천읍에 소재한 해수욕장으로 옳은 것은?

① 난지도해수욕장　　　② 몽산포해수욕장
③ 천리포해수욕장　　　④ 무창포해수욕장

56 다음 중 대천해수욕장이 소재한 곳으로 옳은 것은?

① 보령시 신흑동　　　② 아산시 도고면
③ 부여군 부여읍　　　④ 홍성군 결성면

57 다음 중 석탄박물관 인근에 위치한 것으로 옳은 것은?

① 온양관광호텔　　　② 신제일병원
③ 세계꽃식물원　　　④ 현충사

58 다음 중 보령시 오천면에 소재한 섬으로 옳은 것은?

① 행담도　　　　　　② 신진도
③ 삽시도　　　　　　④ 도비도

59 다음 중 천장호출렁다리의 소재지로 옳은 것은?

① 서산시 해미면　　　② 예산군 응봉면
③ 청양군 정산면　　　④ 금산군 부리면

60 다음 중 보령-공주-청주-충주-단양-봉화-울진으로 이어지는 국도는?

① 국도36호선　　　　② 국도45호선
③ 국도1호선　　　　④ 국도37호선

61 다음 중 부여군청이 위치한 곳은?

① 규암면　　　　　　② 부여읍
③ 장암면　　　　　　④ 임천면

62 다음 중 부여군 부여읍에 위치하는 기관으로 옳지 않은 것은?

① 부여소방서　　　　② 부여우체국
③ 부여경찰서　　　　④ 부여교육지원청

정답　41 ③　42 ③　43 ②　44 ①　45 ②　46 ③　47 ②　48 ①　49 ①　50 ③　51 ③　52 ②　53 ③　54 ③　55 ④
56 ①　57 ②　58 ③　59 ③　60 ①　61 ②　62 ①

63 다음 중 부여군 부여읍에 위치한 관광 명소로 옳지 않은 것은?

① 국립부여박물관　　　② 부소산성
③ 부여가림성　　　　　④ 부여정림사지

64 다음 중 백제문화단지 인근에 위치한 학교로 옳은 것은?

① 충남외고　　　　　　② 설화고교
③ 서령고교　　　　　　④ 한국전통문화대학교

65 다음 중 농업기술원양념채소연구소가 소재한 지역으로 옳은 것은?

① 청양군 장평면　　　② 청양군 정산면
③ 태안군 남면　　　　④ 태안군 근흥면

66 다음 중 홍성군에 위치한 홍주성역사공원의 정확한 소재지로 옳은 것은?

① 결성면　　　　　　　② 홍성읍
③ 홍북읍　　　　　　　④ 갈산면

67 다음 중 부장대로가 위치한 행정 구역으로 옳은 것은?

① 천안시　　　　　　　② 청양군
③ 논산시　　　　　　　④ 부여군

68 다음 중 서산시청의 소재지로 옳은 것은?

① 읍내동　　　　　　　② 동문동
③ 수석동　　　　　　　④ 지곡면

69 다음 중 서산시청과 같은 지역에 위치한 것으로 옳은 것은?

① 서산우체국　　　　　② 서산의료원
③ 서산교육지원청　　　④ 서산세무서

70 다음 중 서산시에 속하는 행정 구역으로 옳은 것은?

① 신암면　　　　　　　② 예천동
③ 실옥동　　　　　　　④ 보람동

71 다음 중 서산시 석림동에 소재하는 것으로 옳은 것은?

① 신성리갈대밭　　　　② 경찰대학
③ 진충사　　　　　　　④ 서산세무서

72 다음 중 서산시 운산면에 소재한 관광 명소로 옳은 것은?

① 태조산　　　　　　　② 유기방가옥
③ 은행나무길　　　　　④ 예당저수지

73 다음 중 장곡사가 위치한 지역으로 옳은 것은?

① 천안시 서북구 성정동　　② 예산군 삼교읍
③ 청양군 대치면　　　　　④ 아산시 염치읍

74 다음 중 장곡사 인근에 위치한 것으로 옳지 않은 것은?

① 칠갑산　　　　　　　② 모덕사
③ 지천구곡　　　　　　④ 꽃지해수욕장

75 다음 중 공주종합버스터미널의 소재지로 옳은 것은?

① 계룡면　　　　　　　② 신관동
③ 금학동　　　　　　　④ 웅진동

76 다음 중 서천군청이 위치한 곳으로 옳은 것은?

① 서면　　　　　　　　② 장항읍
③ 기산면　　　　　　　④ 서천읍

77 다음 중 서천군에 속하지 않는 행정 구역은?

① 음봉면　　　　　　　② 한산면
③ 서면　　　　　　　　④ 마서면

78 다음 중 남연군묘가 위치한 지역으로 옳은 것은?

① 아산시 온천동　　　② 당진시 송악읍
③ 예산군 덕산면　　　④ 논산시 노성면

79 다음 중 계백장군유적전승지의 소재지로 옳은 것은?

① 논산시 부적면　　　② 서산시 지곡면
③ 부여군 임천면　　　④ 청양군 대치면

80 다음 중 냉천골 인근에 소재한 것으로 옳지 않은 것은?

① 정산서정리구층석탑　　② 충남도립대학교
③ 칠갑산천문대스타파크　④ 정순왕후생가

81 다음 중 서천군을 지나는 국도로 옳은 것은?

① 국도40호선　　　　② 국도36호선
③ 국도21호선　　　　④ 국도32호선

82 다음 중 세종특별자치시청이 소재한 곳은?

① 보람동　　　　　　② 장군면
③ 어진동　　　　　　④ 조치원읍

83 다음 중 세종특별자치시 조치원읍에 소재하지 않는 것은?

① 대전지방법원세종시법원　② 세종시보건소
③ 세종경찰서　　　　　　　④ 세종소방서

정답 63 ③　64 ④　65 ③　66 ②　67 ④　68 ①　69 ③　70 ②　71 ④　72 ②　73 ③　74 ④　75 ②　76 ④　77 ①
78 ③　79 ①　80 ④　81 ③　82 ①　83 ④

84 다음 중 세종특별자치시에 소재한 뒤웅박고을의 정확한 위치로 옳은 것은?

① 연서면　　　　　　② 금남면
③ 전동면　　　　　　④ 연기면

85 다음 중 대곡터널의 소재지로 옳은 것은?

① 아산시 모종동　　　② 아산시 용화동
③ 세종특별자치시 소정면　④ 세종특별자치시 대평동

86 다음 중 화곡터널의 소재지로 옳은 것은?

① 보령시 오천면　　　② 서산시 대산읍
③ 서천군 비인면　　　④ 예산군 봉산면

87 다음 중 어르목터널의 소재지로 옳은 것은?

① 논산시 연산면　　　② 공주시 유구읍
③ 아산시 음봉면　　　④ 태안군 남면

88 다음 중 아산시청의 위치로 옳은 것은?

① 풍기동　　　　　　② 온천동
③ 실옥동　　　　　　④ 모종동

89 다음 중 아산시에 속한 행정 구역으로 옳은 것은?

① 신암면　　　　　　② 온천동
③ 청당동　　　　　　④ 근흥면

90 다음 중 신성대학교의 소재지로 옳은 것은?

① 아산시 음봉면　　　② 보령시 주포면
③ 천안시 서북구 업성동　④ 당진시 정미면

91 다음 중 아산시 온천동에 위치하지 않은 건물은?

① 온양그랜드호텔　　　② 유원대학교 아산캠퍼스
③ 아산고교　　　　　④ 아산우체국

92 다음 중 도고온천역 인근에 위치한 것으로 옳지 않은 것은?

① 설화고교　　　　　② 글로리콘도도고
③ 아산온천호텔　　　④ 충남교육청

93 다음 중 충무공 이순신 사당인 현충사가 소재한 곳은?

① 아산시 인주면　　　② 태안군 원북면
③ 아산시 염치읍　　　④ 태안군 소원면

94 다음 중 예산군에 위치한 호텔이 아닌 것은?

① 가야관광호텔　　　② 스파뷰호텔
③ 오엔시티호텔　　　④ 덕산온천타워호텔

95 다음 중 삽교천방조제 인근에 위치한 관광 명소로 옳은 것은?

① 지중해마을　　　　② 궁남지
③ 정림사지박물관　　④ 낙화암

96 다음 중 충남문화재돌봄사업단이 있는 지역으로 옳은 것은?

① 아산시 신창면　　　② 금산시 추부면
③ 예산군 예산읍　　　④ 보령시 명천동

97 다음 중 우금티터널의 소재지로 옳은 것은?

① 공주시 주미동　　　② 아산시 용화동
③ 당진시 고대면　　　④ 홍성군 광천읍

98 다음 중 홍성종합터미널과 같은 지역에 소재한 터널로 옳은 것은?

① 향천터널　　　　　② 일봉산터널
③ 마온터널　　　　　④ 임해터널

99 다음 중 예산군청이 소재한 지역으로 옳은 것은?

① 오가면　　　　　　② 예산읍
③ 신암면　　　　　　④ 삽교읍

100 다음 중 예산군에 속하는 행정 구역으로 옳지 않은 것은?

① 삽교읍　　　　　　② 응봉면
③ 삼룡동　　　　　　④ 오가면

101 다음 중 예산군 예산읍에 위치하지 않는 기관으로 옳은 것은?

① 충남예산경찰서　　② 예산교육지원청
③ 예산우체국　　　　④ 예산세무서

102 다음 중 충남경찰청의 소재지로 옳은 것은?

① 부여군 홍산면　　　② 예산군 삽교읍
③ 당진시 시곡동　　　④ 아산시 염치읍

정답
84 ③　85 ③　86 ②　87 ③　88 ②　89 ②　90 ④　91 ②　92 ④　93 ③　94 ③　95 ①　96 ③　97 ①　98 ③
99 ②　100 ③　101 ④　102 ②

103 다음 중 서야고교와 동일한 지역에 위치하는 학교로 옳은 것은?

① 북일고교　　　　　② 서령고교
③ 아산고교　　　　　④ 합덕제철고교

104 다음 중 예산군에 위치한 예당호출렁다리의 정확한 소재지로 옳은 것은?

① 대흥면　　　　　② 응봉면
③ 덕산면　　　　　④ 신암면

105 다음 중 덕숭산 인근에 위치하는 것으로 옳지 않은 것은?

① 남연군묘　　　　　② 수덕사
③ 각원사　　　　　④ 충의사

106 다음 중 우산성의 소재지로 옳은 것은?

① 청양군 청양읍　　　　　② 계룡시 엄사면
③ 태안군 원북면　　　　　④ 공주시 반포면

107 다음 중 관광 명소와 그 소재지가 잘못 짝지어진 것은?

① 적벽강 – 금삼군 제원면
② 돈암서원 – 논산시 연산면
③ 갑사 – 공주시 계룡면
④ 충남산림박물관 – 세종특별자치시 금남면

108 다음 중 천안시청의 소재지로 옳은 것은?

① 동남구 목천읍　　　　　② 서북구 불당동
③ 동남구 원성동　　　　　④ 서북구 업성동

109 다음 중 천안시 동남구에 속한 행정 구역으로 옳지 않은 것은?

① 봉명동　　　　　② 어진동
③ 안서동　　　　　④ 신부동

110 다음 중 천안시 서북구에 속한 행정 구역으로 옳지 않은 것은?

① 안면읍　　　　　② 직산읍
③ 부대동　　　　　④ 쌍용동

111 다음 중 천안시 동남구 안서동에 위치하지 않는 대학교는?

① 상명대학교　　　　　② 연암대학교
③ 단국대학교　　　　　④ 백석대학교

112 다음 중 천안상고의 소재지로 옳은 것은?

① 동남구 신부동　　　　　② 서북구 성거읍
③ 동남구 구성동　　　　　④ 서북구 신당동

113 다음 중 천안시에 위치한 관세국경관리연수원의 정확한 행정 구역은?

① 동남구 삼룡동　　　　　② 서북구 직산읍
③ 동남구 병천면　　　　　④ 서북구 성정동

114 다음 중 천안시 서북구에 위치한 학교가 아닌 것은?

① 천안제일고교　　　　　② 공주대학교
③ 성환고교　　　　　④ 나사렛대학교

115 다음 중 천안시 동남구에 소재하는 관광 명소가 아닌 것은?

① 유관순열사유적지　　　　　② 도림계곡
③ 독립기념관　　　　　④ 천안종합휴양관광지

116 다음 중 칠갑산천문대스타파크의 소재지로 옳은 것은?

① 아산시 배방읍　　　　　② 서천군 기산면
③ 청양군 정산면　　　　　④ 보령시 신흑동

117 다음 중 독립기념관 인근에 있는 것으로 옳은 것은?

① 롱비치패밀리호텔　　　　　② 용봉산자연휴양림
③ 신두리해안사구　　　　　④ 아름다운정원화수목

118 다음 중 논산시 연무읍에 위치한 호텔로 옳은 것은?

① 조선호텔　　　　　② 에버그린호텔
③ 썬라이즈호텔　　　　　④ 더시티호텔

119 다음 중 자연 휴양림과 그 소재지가 잘못 짝지어진 것은?

① 봉수산자연휴양림 – 예산군 대흥면
② 용봉산자연휴양림 – 홍성군 홍북읍
③ 금강자연휴양림 – 세종특별자치시 금남면
④ 안면도자연휴양림 – 태안군 소원면

120 다음 중 아산시 권곡동에 소재한 것으로 옳은 것은?

① 아라리오갤러리조각광장　　② 온양민속박물관
③ 병천순대거리　　　　　④ 세심천온천호텔

121 다음 중 청양군청의 위치로 옳은 것은?

① 대치면　　　　　② 정산면
③ 청양읍　　　　　④ 장평면

정답　103 ④　104 ②　105 ③　106 ①　107 ①　108 ②　109 ②　110 ①　111 ②　112 ④　113 ③　114 ①　115 ②
116 ③　117 ④　118 ②　119 ④　120 ②　121 ③

122 다음 중 청양석조삼존불입상이 있는 지역으로 옳은 것은?

① 정산면
② 청양읍
③ 대치면
④ 장평면

123 다음 중 칠갑산샬레호텔 인근에 위치한 것으로 옳은 것은?

① 지천구곡
② 광덕산
③ 용봉산
④ 천호지

124 다음 중 정부세종청사와 행정 구역이 동일한 것은?

① 세종경찰서
② 세종고속시외버스터미널
③ 국립세종도서관
④ 홍익대학교 세종캠퍼스

125 다음 중 청양군에 있는 솔티터널의 행정 구역은?

① 대치면
② 정산면
③ 목면
④ 청양읍

126 다음 중 충청남도청의 소재지로 옳은 것은?

① 논산시 등화동
② 청양군 청양읍
③ 아산시 실옥동
④ 홍성군 홍북읍

127 다음 중 논산에 위치한 육군훈련소의 행정 구역으로 옳은 것은?

① 강경읍
② 연무읍
③ 내동
④ 등화동

128 다음 중 충청남도를 상징하는 새로 옳은 것은?

① 까치
② 비둘기
③ 참매
④ 백로

129 다음 중 국가민방위재난안전교육원의 소재지로 옳은 것은?

① 금산군 추부면
② 계룡시 신도안면
③ 당진시 신평면
④ 공주시 사곡면

130 다음 중 논산계룡교육지원청이 위치한 지역은?

① 강산동
② 취암동
③ 상월면
④ 양촌면

131 다음 중 당진종합병원이 위치한 지역으로 옳은 것은?

① 대덕동
② 읍내동
③ 시곡동
④ 수청동

132 다음 중 금암리염선재와 동일한 지역에 위치한 것은?

① 계룡고교
② 계룡대체력단련장
③ 계룡시보건소
④ 계룡소방서

133 다음 중 무지개다리가 위치한 지역으로 옳은 것은?

① 금산군 부리면
② 서천군 장항읍
③ 논산시 강산동
④ 태안군 근흥면

134 다음 중 태안군청이 위치한 곳으로 옳은 것은?

① 안면읍
② 근흥면
③ 남명
④ 태안읍

135 다음 중 국립수산과학원 서해수산연구소가 있는 지역은?

① 부여군 규암면
② 태안군 근흥면
③ 홍성군 홍성읍
④ 예산군 신암면

136 다음 중 창정교와 동일한 행정 구역에 속한 관광 명소는?

① 안면도자연휴양림
② 신두리해안사구
③ 태안마애삼존불
④ 신진도,

137 다음 중 태안군에 위치한 신두리해안사구가 있는 지역은?

① 원북면
② 남면
③ 소원면
④ 근흥면

138 다음 중 태안군에 소재한 해수욕장이 아닌 것은?

① 만리포해수욕장
② 천리포해수욕장
③ 대천해수욕장
④ 연포해수욕장

139 다음 중 아산스파비스의 소재지로 옳은 것은?

① 권곡동
② 도고면
③ 영인면
④ 음봉면

140 다음 중 고정산터널과 같은 지역에 위치한 교통 시설은?

① 가덕터널
② 부황역
③ 보령항
④ 차령터널

141 다음 중 홍성군청의 소재지로 옳은 것은?

① 홍북읍
② 결성면
③ 홍성읍
④ 갈산면

142 다음 중 한용운선생생가지가 있는 지역으로 옳은 것은?

① 태안군 근흥면
② 예산군 신암면
③ 홍성군 결성면
④ 서산시 지곡면

정답 122 ② 123 ① 124 ③ 125 ② 126 ④ 127 ② 128 ③ 129 ④ 130 ② 131 ③ 132 ③ 133 ① 134 ④
135 ② 136 ① 137 ① 138 ③ 139 ④ 140 ② 141 ③ 142 ③

143 다음 중 홍주의사총이 소재한 지역에 있는 호텔로 옳은 것은?

① 백제관광호텔　　　　② 베이브리즈
③ 스플라스리솜　　　　④ 호텔솔레어

144 홍성군 홍성읍에 소재하는 학교로 옳은 것은?

① 홍성고교　　　　　　② 혜전대학교
③ 한국전통문화대학교　④ 충남예고

145 다음 중 보령소방서의 소재지로 옳은 것은?

① 주포면　　　　　　　② 죽정동
③ 명천동　　　　　　　④ 궁촌동

146 다음 중 한국폴리텍대학이 소재하지 않는 지역은?

① 논산시　　　　　　　② 부여군
③ 홍성군　　　　　　　④ 아산시

147 다음 중 인삼터널의 소재지로 옳은 것은?

① 금산군 금산읍　　　　② 부여군 옥산면
③ 당진시 송악읍　　　　④ 논산시 부적면

148 다음 중 태안군에 소재하지 않는 도로는?

① 동백로　　　　　　　② 송암로
③ 백화로　　　　　　　④ 신방통정로

149 다음 중 청라터널이 있는 지역으로 옳은 것은?

① 당진시　　　　　　　② 보령시
③ 예산군　　　　　　　④ 서산시

150 다음 중 성당터널과 같은 지역에 위치하는 교통시설로 옳은 것은?

① 도고온천역　　　　　② 안흥항
③ 차동터널　　　　　　④ 태안버스터미널

충청북도 주요지리 요점정리

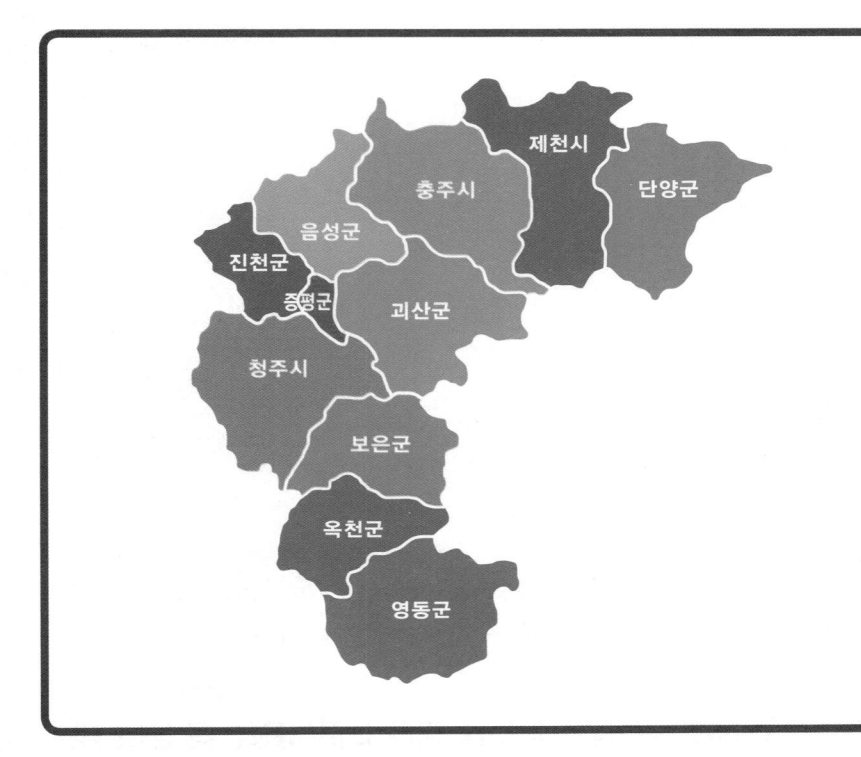

요 약

위 치	한반도 중앙부에 위치한, 남북방향으로 길게 자리 잡은 지역
면 적	7,406,70km²
행 정 구 분	3개시 8개군
도청 소재지	충청북도 청주시 상당구 상당로 82
도 의 꽃	백목련
도 의 나 무	느티나무
도 의 새	까치
인 구	1,597,033명 (2022.05.)

※ 다음의 주요 위치는 통합 검색 사이트에서 검색한 결과를 수록한 것으로 오차가 있을 수 있습니다.

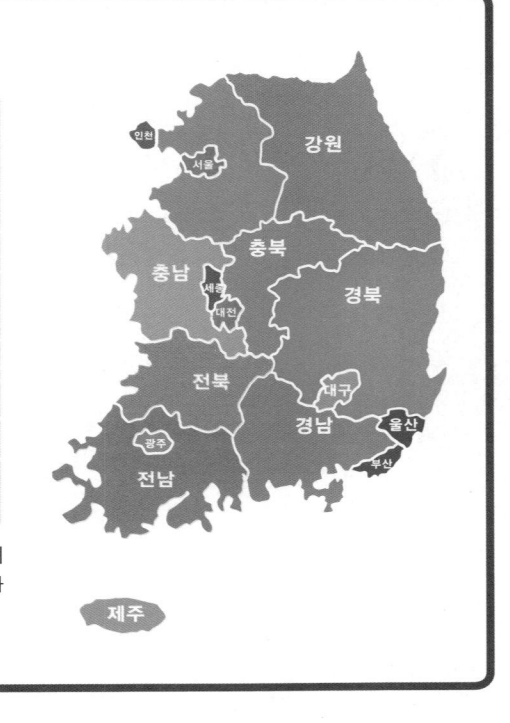

01. 지역별 주요 관공서 및 공공건물 위치

소재지		명 칭
괴산군	감물면	감물우체국
	괴산읍	괴산군청, 괴산경찰서, 괴산우체국, 괴산소방서, 괴산성모병원, 중원대학교, 괴산군농업기술센터, 괴산증평교육지원청, 괴산군선거관리위원회, 괴산서부병원, 국립농산물품질관리원충북지원괴산사무소
	불정면	목도우체국
	사리면	사리우체국
	연풍면	연풍우체국
	청안면	청안우체국
	청천면	청천우체국
단양군	가곡면	가곡우체국
	단성면	단성우체국
	단양읍	단양군청, 단양경찰서, 단양우체국, 단양교육지원청, 단양군법원, 단양소방서, 단양군농업기술센터, 단양국유림관리소, 단양군산림조합, 단양군선거관리위원회
	대강면	대강우체국
	매포읍	매포우체국, 단양아로니아가공센터
	영춘면	영춘우체국
	적성면	적성우체국
보은군	마로면	마로우체국
	보은읍	보은군청, 보은경찰서, 보은우체국, 보은소방서, 보은한양병원, 보은국토관리사무소, 보은군농업기술센터, 중부지방산림청보은국유림관리소, 보은교육지원청, 충청매일
	삼승면	원남우체국
	속리산면	속리산우체국
	장안면	장안우체국
	탄부면	탄부우체국
	회남면	회남우체국
	회인면	회인우체국

소재지		명 칭
영동군	상촌면	상촌우체국
	양산면	양산우체국
	영동읍	영동군청, 영동경찰서, 영동세무서, 영동우체국, 유원대학교, 영동준법지원센터, 영동소방서, 영동병원, 영동교육지원청, 청주지방검찰청영동지청, 영동군선거관리위원회, 계산우체국, 국립농산물품질관리원영동사무소
	용산면	용산우체국
	용화면	용화우체국
	학산면	학산우체국
	황간면	황간우체국
옥천군	군서면	군서우체국
	안내면	안내우체국
	옥천읍	옥천군청, 옥천경찰서, 옥천군보건소, 충북도립대학교, 옥천소방서, 옥천성모병원, 옥천교육지원청, 옥천군농업기술센터, 옥천우체국, 옥천고용복지플러스센터, 금강물환경연구소, 옥천군선거관리위원회, 국립농산물품질관리원옥천사무소, 충청지방통계청옥천사무소
	이원면	이원우체국
	청산면	청산우체국
음성군	감곡면	극동대학교, 강동대학교, 감곡우체국, 대한적십자사혈장분획센터
	금왕읍	금왕태성병원, 음성고용복지플러스센터, 전문건설공제조합기술교육원, 금왕우체국
	대소면	대소우체국
	맹동면	음성꽃동네, 한국고용정보원, 한국소비자원, 국가기술표준원, 음성꽃동네우체국, 음성꽃동네인곡자애병원
	생극면	생극우체국
	소이면	국립원예특작과학원인삼특작부
	음성읍	음성군청, 음성경찰서, 음성우체국, 음성군보건소, 음성교육지원청, 음성군농업기술센터, 음성군수도사업소

소재지		명칭
제천시	강제동	한국폴리텍다솜고교
	고암동	명지병원
	금성면	금성우체국
	덕산면	순복음총회신학교
	모산동	제천소방서
	봉양읍	제천농업기술센터, 봉양우체국
	서부동	제천서울병원
	수산면	수산우체국
	신월동	대원대학교, 세명대학교, 제천세무서
	영천동	영천동우체국
	의림동	청주지방검찰청 제천지청
	장락동	제천시립도서관
	중앙로	중앙동우체국
	천남동	제천시청
	청전동	제천우체국, 제천시보건소, 제천성지병원, 제천교육지원청, 청전동우체국, 제천보호관찰소
	하소동	제천경찰서, 용두동우체국
	화산동	고용노동부제천고용센터
증평군	도안면	증평군영상관제센터, 도안우체국
	증평읍	증평군청, 증평우체국, 증평군보건소, 한국교통대학교 증평캠퍼스, 증평소방서, 증평군농업기술센터, 증평군보훈회관, 충청지방통계청증평사무소, 증평산림공원사업소, 증평군농기계임대은행, 증평선거관리위원회
진천군	광혜원면	국가기상위성센터, 광혜원우체국
	덕산읍	한국교육과정평가원, 정보통신산업진흥원, 법무연수원 진천캠퍼스, 충북혁신도시수질복원센터, 국가공무원인재개발원진천본원
	이월면	이월우체국, 이월파출소
	진천읍	진천군청, 진천경찰서, 진천우체국, 진천군보건소, 진천성모병원, 우석대학교 진천캠퍼스, 진천군선거관리위원회, 진천교육지원청, 충북농산사업소, 진천군산림조합, 진천소방서, 진천군농업기술센터, 디지털서울문화예술대학교 진천캠퍼스
청주시	상당구	가덕면	청주운전면허시험장, 충북자치연수원, 충북교통연수원, 충북유아교육진흥원
		금천동	효성병원
		남일면	공군사관학교, 청주시상당보건소, 상당구청, 남일우체국
		문화동	충청북도청
		문의면	문의우체국
		미원면	미원우체국
		북문로	청주시청제2청사, 청주상공회의소, 청주시청, 청주병원, 성안동우체국
		지북동	청주시립도서관
		영운동	청주동부소방서, 의료법인인화재단한국병원, 영운동우체국
		용담동	대전대학교청주한방병원, 용담동우체국
		용암동	용암동우체국, 용암1동우체국
		운동동	상당경찰서

소재지			명칭
청주시	서원구	개신동	충북대학교, 충북대학교병원, 한국방송통신대학교 충북지역대학, 개신동우체국
		남이면	남이우체국
		모충동	서원대학교
		분평동	청주지방합동청사, 대전지방노동청청주지청, 분평동우체국, 청주보훈지청, YTN청주지국
		사직동	서원보건소, 충북교육도서관, 충북지방병무청, CJB청주방송, 서원구청, 충북청주의료원, 청주종합운동장, 청주교육지원청제2청사, 사직동우체국, 청주시민회관, 청주방송라디오방송국, 청주의료원 건강검진센터
		사창동	청주고용복지플러스센터, 사창동우체국, 청주전파관리소
		성화동	KBS청주방송총국
		산남동	청주지방법원, 청주지방검찰청, 충청북도교육청, 청주교육지원청제1청사
		수곡동	청주교육대학교, 청주우편집중국, 수곡1동우체국, CBS청주방송
		장성동	충북개인택시운송사업조합
		현도면	꽃동네대학교, 충북병원
	청원구	내수읍	충북보건과학대학교, 청주국제공항, 내수우체국
		내덕동	청주대학교, 뿌리병원, 내덕동우체국
		사천동	충청북도소방본부
		오창읍	청원보건소, 오창과학산업단지관리공단, 오창우체국, 충북농업기술원, 오창과학단지우체국, 충북대학교 오창캠퍼스, 국가과학기술인력개발원, 충북지방중소벤처기업청, 오창과학단지, 충북과학기술혁신원, 충북테크노파크선도기업관, 오창중앙병원
		우암동	청원구청, 충북택시운송사업조합, 청원경찰서
		율량동	청주우체국, 동청주세무서, 동양일보
		정상동	TBN충북교통방송(신청사)
		주성동	충북지방경찰청
		주중동	청주성모병원, 충북도로관리사업소
	흥덕구	가경동	MBC충북방송국, 청주서부소방서, 하나병원
		강내면	충청대학교, 한국교원대학교, 흥덕구청
		강서동	강서동우체국
		복대동	청주세무서, 청주기상지청, 충북지방조달청, 서청주우체국, 충청타임즈, 흥덕보건소
		봉명동	흥덕경찰서, 국립농산물품질관리원충북지원, 봉명동우체국
		비하동	TBN충북교통방송(구청사), 청주출입국외국인사무소, 흥덕보건소, 충청북도선거관리위원회
		송정동	한국폴리텍대학교 청주캠퍼스, 청주세관
		신봉동	한국교통안전공단청주자동차검사소, 중부매일
		오송읍	식품의약품안전처, 베스티안병원, 한국보건복지인력개발원, 오송우체국, 충청북도보건환경연구원, 충북대학교 약학대학
		옥산면	옥산우체국
		운천동	운천동우체국, 충청투데이 충북본사
충주시		교현동	충주경찰서, 충주시립도서관, 충주교육지원청, 건국대학교충주병원, 청주지방법원 충주지원, 청주지방검찰청 충주지청, 중원신문, 충주신문사
		금릉동	충주시청, 충주세무서, 충주상공회의소, 금능동우체국, 환경일보, 한국교통안전공단충주자동차검사소
		단월동	건국대학교 글로컬캠퍼스, 충주국유림관리소
		대소원면	한국교통대학교 충주캠퍼스

소재지		명 칭
충주시	동량면	충주시농업기술센터, 충주국토관리사무소
	목행동	한국폴리텍대학교 충주캠퍼스, 충주소방서, 목행동우체국
	문화동	충주우체국, 충주고용복지플러스센터, 충주시보건소, kbs충주방송국
	봉방동	대전지방노동청 충주지청, 세명대학교부속충주한방병원
	성내동	법무부충주준법지원센터, 성내동우체국
	수안보면	중앙경찰학교, 국립산림품종관리센터
	안림동	충주의료원
	연수동	화제신문
	충인동	충주중앙병원
	칠금동	칠금동우체국
	호암동	MBC충북충주방송국, 충주북부보훈지청

02. 문화유적·관광지

소재지		명 칭
괴산군	감물면	성불산, 계담서원
	괴산읍	괴산동헌, 취묵당, 화암서원, 괴산향교, 일완홍범식고택, 성불산자연휴양림
	불정면	정인지묘, 삼방리마애여래좌상
	연풍면	조령산, 조령민속공예촌, 수옥폭포, 연풍레포츠공원
	청천면	도명산, 선녀연못, 선유동계곡, 우암송시열유적, 화양서원, 화양구곡, 청천수변공원
	칠성면	쌍곡계곡, 갈론계곡
단양군	가곡면	단양구낭굴구석기유적, 향산리삼층석탑, 소백산주목군락
	단성면	구담봉, 제비봉, 적성산성, 단양신라적성비, 단양향교
	단양읍	다리안계곡, 고수동굴, 단양구경시장, 소금정공원, 단양수변공원, 도담근린공원, 단양관광호텔, 소노문단양
	대강면	사인암
	영춘면	태화산, 남천계곡, 구인사, 온달산성, 묘법연화경, 온달관광지
	매포읍	도담삼봉
	적성면	만천하스카이워크, 수양개빛터널
보은군	내북면	구룡산
	마로면	고봉정사
	보은읍	삼년산성, 보은동헌
	산외면	충북알프스자연휴양림, 보은미니어처공원
	속리산면	구병산, 속리산, 만수계곡, 정이품송, 세심정, 말티재, 법주사, 팔상전, 금동미륵대불, 둘리의숲속여행, 레이크힐스관광호텔, 라온호텔, 그랜드호텔콘도
	수한면	조중봉후율사
	장안면	서원계곡, 보은우당고택, 선병우고가, 말티재자연휴양림
	탄부면	솔밭공원
	회남면	보은고현재
	회인면	호점산성, 회인서당
영동군	상촌면	물한계곡, 영모재
	심천면	옥계폭포, 관어대, 난계사, 박몽열장군사당, 난계국악박물관
	양강면	자풍서당
	양산면	마니산, 접도골, 천태산삼단폭포
	영동읍	영동향교, 영동와인터널, 용두공원, 과일나라테마공원
	용산면	송담재, 석조여래삼존입상
	용화면	민주지산
	학산면	백하산
	황간면	월류봉, 황간향교, 반야사삼층석탑, 노근리평화공원

소재지		명 칭
옥천군	군북면	양지말골계곡
	군서면	성치산, 금천계곡, 구진벼루, 장령산자연휴양림
	동이면	청마리제신탑, 금강유원지
	안남면	표충사, 덕양서당, 화인산림욕장, 둔주봉
	안내면	옥천후율당, 장계국민관광지
	옥천읍	마성산(군서면), 옥천향교, 옥천선사공원석탄리지석묘, 정지용생가, 옥천선사공원, 향수공원, 지용문학공원, 농심테마공원
	이원면	원덕사, 묘목공원
	청산면	백운리고가
음성군	금왕읍	자린고비조륵선생생가, 백야자연휴양림
	맹동면	선들골, 혁신도시나무호텔, 거성호텔
	삼성면	망이산성, 운곡서원
	생극면	큰바위얼굴조각공원
	소이면	미타사마애여래입상, 지장보살성지
	원남면	태교사, 음성마송리석장승, 반기문생가
	음성읍	보현산, 수정산, 봉화골, 충용사, 수정산성, 음성향교, 설성공원, 봉학골산림욕장
제천시	금성면	제원정원태가옥, 금성중전리고가
	덕산면	월악산, 신륵사삼층석탑
	두학동	박약재
	모산동	충령각, 의림지, 솔밭공원
	백운면	박달재목각공원
	봉양읍	탁사정계곡, 박달재, 자양영당, 배론성지
	송학면	제천점말동굴유적
	수산면	옥순봉
	신백동	신백생활체육공원
	장락동	제천장락동칠층모전석탑
	중앙로	중앙공원
	청풍면	학현계곡, 청풍한벽루, 청풍호관광모노레일, 청풍호반케이블카, 청풍랜드조각공원, 청풍리조트, 충주호관광선 청풍호유람선
	한수면	송계계곡, 덕주산성, 덕주사마애불, 제천사자빈신사지 사사자구층석탑
증평군	도안면	추성산성, 금당서원, 원명연병호생가, 연암지질생태공원
	증평읍	삼보산, 망장골계곡, 까치골계곡, 미암리사지석조관음보살입상, 남하리석조미륵보살입상, 배극렴묘소, 괴산남하리삼층석탑, 천변공원, 증평자전거공원, 보강천미루나무숲, 좌구산자연휴양림, 율리휴양촌, 증평체육공원, 대교잔디구장
진천군	덕산읍	성림사마애여래좌상
	문백면	송강정철묘소
	백곡면	만뢰산, 생거진천자연휴양림
	이월면	노원리석조마애여래입상, 신헌고택
	진천읍	길상사, 대모산성, 진천향교, 김유신탄생지, 이상설선생생가, 용화사석조보살입상, 진천역사테마공원, 화랑공원, 잣고개산림욕장, 만뢰산생태공원
	초평면	두타산, 쓰레골, 진천농다리

소재지		명칭
청주시	상당구	
	남문로	청주중앙공원
	남일면	청주고은리고택
	낭성면	백석정, 단재신채호사당, 단재신채호묘소
	대성동	청주향교
	문의면	구룡산, 소전골, 청남대, 작은용굴, 문의체육공원, 대청호조각공원
	미원면	미동산, 옥화9경, 옥화대
	명암동	상당산성, 국립청주박물관, 청주랜드, 청주나무호텔
	북문로	청주동헌, 옛청주역사공원
	산성동	상당산성, 것대산봉수지
	수 동	상당공원, 삼일공원
	용담동	상당산성
	용암동	원봉공원
	용정동	신항서원
	탑 동	청주탑동양관
서원구	사직동	용화사, 청주아트홀, 청주예술의전당, 청주충혼탑, 무심천체육공원
	수곡동	잠두봉공원
	현도면	구룡산장승공원
청원구	내수읍	초정약수, 세종스파텔
	북이면	손병희선생유허지, 최명길선생묘소
	오창읍	오창호수공원, 미래지농촌테마공원, 중앙공원, 조아호텔
	우암동	우암산, 우암어린이공원
	율량동	그랜드플라자청주호텔, 율봉근린공원
	정북동	정북동토성
	주중동	마로니에시공원
흥덕구	가경동	NC백화점 청주점, 뉴베라관광호텔, 발산공원
	문암동	문암생태공원
	복대동	현대백화점 충청점, 호텔락희청주, 청주메라제인호텔, 미니호텔
	비하동	부모산성
	송정동	솔밭공원
	수의동	송상현충렬사
	신봉동	청주백제유물전시관
	신정동	신전동고가
	오송읍	H호텔세종시티, 오송호수공원
	옥산면	옥산생활체육공원
	운천동	흥덕사지
	휴암동	푸르미환경공원
충주시	교현동	충주향교
	금릉동	충주세계무술공원, 능암늪지생태공원
	노은면	보련산, 수룡폭포
	단월동	임충민공충렬사
	대소원면	가온누리공원, 도담다담공원
	동량면	물레방아공원
	복방동	충주그랜드관광호텔, 호텔리버
	산척면	천등산, 삼탄유원지
	살미면	수주팔봉

소재지		명칭
충주시	성내동	관아공원
	소태면	청룡사지, 청룡사보각국사정혜원륭탑
	수안보면	미륵대원지, 충주미륵리오층석탑, 수안보온천관광협의회, 수안보상록호텔, 한화리조트수안보온천, 수안보파크호텔, 수안보물탕공원
	앙성면	앙성탄산온천
	엄정면	경종대왕태실
	주덕읍	단군전, 서충주생활체육공원
	중앙탑면	봉황계곡, 탑평리7층석탑, 장미산성, 충주박물관, 중원봉황리마애불상군, 중앙탑사적공원, 목계솔밭
	직 동	충주산성
	칠금동	탄금대, 탄금대공원
	풍 동	임경업장군묘소
	호암동	우륵당, 호텔더베이스, 호암지생태공원

03. 주요 도로

1 충청북도 경유 고속도로

명 칭	구 간
1번 경부선	옥산JC−추풍령IC
30번 당진영덕선	청주JC−구병산IC
32번 옥산오창선	옥산JC−오창JC
35번 중부선	남이JC−삼성IC
40번 평택제천선	안진터널(TN)−제천JC
45번 중부내륙선	감곡IC−연풍IC
55번 중앙선	죽령터널(TN)−신림IC

2 충청북도 주요 국도

명 칭	구 간
4번 국도	대전−영동−김천
5번 국도	영주−단양−제천−원주
17번 국도	용인−진천−청주−대전
19번 국도	무주−영동−보은−괴산−충주−원주
21번 국도	장호원−진천−천안
25번 국도	청주−보은−상주
34번 국도	입장−진천−증평−괴산−문경
36번 국도	조치원−청주−증평−음성−충주−단양−영주
37번 국도	장호원−음성−괴산−동속리산−보은−옥천−금산
38번 국도	장호원−충주−제천−영월
59번 국도	문경−단양−영월

3 충청북도 주요 간선도로

명 칭	구 간
1순환로	청원구 율량동 상리교차로−상리교차로 순환
2순환로	청원구 율량동 상리교차로−지북동 지북교차로
3순환로	남일면 효촌 분기점−내수읍 국동교차로

04. 충청북도 주요 교통시설

1 주요 철도역, 공항, 버스터미널, 항구 등 교통시설

구 분		위 치	명 칭
괴산군		괴산읍	괴산시외버스터미널
단양군		단양읍	단양시외버스공영터미널, 단양역
보은군		보은읍	보은시외버스터미널
영동군		영동읍	영동역, 영동정류소
옥천군		옥천읍	옥천시외버스공용정류소, 옥천역
음성군		음성읍	음성공용버스터미널, 음성역
제천시		연천동	제천역
제천시		의림동	제천버스터미널, 제천고속버스터미널
증평군		증평읍	증평시외버스터미널, 증평역
진천군		진천읍	진천종합버스터미널
청주시	서원구	분평동	남청주정류소
	청원구	내수읍	청주국제공항
		오창읍	청주북부오창터미널
		우암동	청주여객북부정류소
	흥덕구	가경동	청주고속버스터미널, 청주시외버스터미널
		오송읍	오송역
		정봉동	청주역
충주시		봉방동	충주역
		칠금동	충주공용버스터미널

1 다음 중 괴산군청의 소재지로 옳은 것은?
① 연풍면　　　　　② 불정면
③ 괴산읍　　　　　④ 청천면

2 다음 중 행정 구역상 괴산군에 위치하지 않는 것은?
① 감물면　　　　　② 사리면
③ 칠성면　　　　　④ 영춘면

3 다음 중 적성산성의 소재지로 옳은 것은?
① 단양군 단성면　　② 음성군 원남면
③ 보은군 장안면　　④ 옥천군 군서면

4 다음 중 금당서원이 위치한 지역으로 옳은 것은?
① 보은군 마로면　　② 증평군 도안면
③ 충주시 성내동　　④ 진천군 문백면

5 다음 지역 중 목도우체국의 소재지로 옳은 것은?
① 영동군 상촌면　　② 보은군 삼승면
③ 옥천군 이원면　　④ 괴산군 불정면

6 다음 중 수옥폭포가 소재한 지역으로 옳은 것은?
① 괴산군 연풍면　　② 진천군 백곡면
③ 제천시 수산면　　④ 음성군 생극면

7 다음 중 조령민속공예촌 인근에 위치한 공원으로 옳은 것은?
① 설성공원　　　　② 연풍레포츠공원
③ 노근리평화공원　④ 과일나라테마공원

8 다음 중 장호원 · 진천 · 천안으로 이어지는 국도로 옳은 것은?
① 21번 국도　　　　② 34번 국도
③ 59번 국도　　　　④ 19번 국도

9 다음 중 마니산의 소재지로 옳은 것은?
① 옥천군 동이면　　② 보은군 속리산면
③ 진천군 초평면　　④ 영동군 양산면

10 다음 중 장령산자연휴양림이 위치한 곳으로 옳은 것은?
① 음성군 소이면　　② 옥천군 군서면
③ 제천시 중앙로　　④ 충주시 수안보면

11 다음 중 단양군청의 소재지로 옳은 것은?
① 영춘면　　　　　② 대강면
③ 가곡면　　　　　④ 단양읍

12 다음 중 단양군이 아닌 행정 구역은?
① 매포읍　　　　　② 동이면
③ 적성면　　　　　④ 단성면

13 다음 중 선사공원석탄리지석묘가 있는 지역으로 옳은 것은?
① 괴산군 칠성면　　② 충주시 풍동
③ 옥천군 옥천읍　　④ 진천군 백곡면

14 다음 중 단양향교의 위치로 옳은 것은?
① 단성면　　　　　② 가곡면
③ 영춘면　　　　　④ 적성면

15 다음 중 온달산성 인근에 위치한 우체국으로 옳은 것은?
① 이월우체국　　　② 학산우체국
③ 회인우체국　　　④ 영춘우체국

16 다음 중 청주교육대학교의 소재지로 옳은 것은?
① 서원구 개신동　　② 청원구 주성동
③ 서원구 수곡동　　④ 청원구 내수읍

17 다음 중 충주역이 위치한 지역으로 옳은 것은?
① 단월동　　　　　② 봉방동
③ 충인동　　　　　④ 금릉동

18 다음 중 만천하스카이워크가 있는 지역은?
① 옥천군 군북면　　② 충주시 살미면
③ 진천군 초평면　　④ 단양군 적성면

19 다음 중 취묵당 인근에서 볼 수 있는 건물이 아닌 것은?
① 금강물환경연구소　② 감물우체국
③ 괴산군농업기술센터　④ 중원대학교

정답　**1** ③　**2** ④　**3** ①　**4** ②　**5** ④　**6** ①　**7** ②　**8** ①　**9** ④　**10** ②　**11** ④　**12** ②　**13** ③　**14** ①　**15** ④　**16** ③　**17** ②
18 ④　**19** ①

20 다음 중 한국고용정보원의 소재지로 옳은 것은?

① 충주시 교현동　　　　② 보은군 수한면
③ 음성군 맹동면　　　　④ 제천시 서부동

21 다음 중 보은군청이 위치한 곳은?

① 삼승면　　　　　　　② 마로면
③ 보은읍　　　　　　　④ 장안면

22 다음 중 보은군에 속한 행정 구역으로 옳은 것은?

① 속리산면　　　　　　② 대소원면
③ 광혜원면　　　　　　④ 중앙탑면

23 다음 중 보은우당고택이 위치한 지역으로 옳은 것은?

① 산외면　　　　　　　② 탄부면
③ 수한면　　　　　　　④ 장안면

24 다음 중 솔밭공원이 위치하지 않은 지역은?

① 보은군 탄부면　　　　② 충주시 호암동
③ 청주시 흥덕구 송정동　④ 제천시 모산동

25 다음 중 수양개빛터널의 소재지로 옳은 것은?

① 단양군 적성면　　　　② 옥천군 안남면
③ 영동군 상촌면　　　　④ 제천시 송학면

26 다음 중 성림사마애여래좌상이 위치한 지역으로 옳은 것은?

① 단양군 매포읍　　　　② 괴산군 불정면
③ 진천군 덕산읍　　　　④ 청주시 청원구 율량동

27 다음 중 청주에 있는 국립청주박물관의 소재지로 옳은 것은?

① 서원구 수곡동　　　　② 청원구 정북동
③ 흥덕구 비하동　　　　④ 상당구 명암동

28 다음 중 청주기상지청과 동일한 행정 구역에 속한 호텔로 옳은 것은?

① 세종스파텔　　　　　② 호텔락희청주
③ 뉴베라관광호텔　　　④ 청주나무호텔

29 다음 중 문경 · 단양−영월로 이어지는 국도로 옳은 것은?

① 19번 국도　　　　　② 4번 국도
③ 34번 국도　　　　　④ 59번 국도

30 다음 국도 중 영주−단양−제천−원주로 이어지는 것은?

① 5번 국도　　　　　② 17번 국도
③ 37번 국도　　　　④ 38번 국도

31 다음 중 영동군청의 소재지로 옳은 것은?

① 상촌면　　　　　　② 용화면
③ 영동읍　　　　　　④ 황간면

32 다음 지역 중 영동군에 포함되는 행정 구역이 아닌 것은?

① 양강면　　　　　　② 안내면
③ 심천면　　　　　　④ 양산면

33 다음 중 천태산삼단폭포가 있는 곳으로 옳은 것은?

① 음성군 삼성면　　　② 영동군 양산면
③ 충주시 살미면　　　④ 진천군 이월면

34 다음 중 청풍한벽루 인근에 있는 것으로 옳은 것은?

① 학현계곡　　　　　② 민주지산
③ 양지말골계곡　　　④ 구병산

35 다음 중 영동군 황간면에 소재한 공원으로 옳은 것은?

① 농심테마공원　　　② 큰바위얼굴조각공원
③ 노근리평화공원　　④ 천변공원

36 다음 중 보은소방서 인근에 위치한 언론 기관으로 옳은 것은?

① 화제신문　　　　　② 충청매일
③ 충청투데이 충북본사　④ 환경일보

37 다음 중 단양군산림조합과 동일한 지역에 위치하지 않은 것은?

① 단양국유림관리소　　② 단양군농업기술센터
③ 단양아로니아가공센터　④ 단양우체국

38 다음 중 명지병원의 소재지로 옳은 것은?

① 진천군 이월면　　　② 증평군 도안면
③ 충주시 목행동　　　④ 제천시 고암동

39 다음 중 단성우체국 주변에서 찾아볼 수 있는 관광 명소는?

① 충북알프스자연휴양림　② 적성산성
③ 회인서당　　　　　④ 말티재자연휴양림

20 ③　21 ③　22 ①　23 ④　24 ②　25 ①　26 ③　27 ④　28 ②　29 ④　30 ①　31 ③　32 ②　33 ②　34 ①
35 ③　36 ②　37 ③　38 ④　39 ②

40 다음 중 과일나라테마공원의 소재지로 옳은 것은?

① 음성군 소이면　　　　② 증평군 도안면
③ 영동군 영동읍　　　　④ 청주시 청원구 주중동

41 다음 중 옥천군청이 위치한 지역으로 옳은 것은?

① 옥천읍　　　　　　　② 군서면
③ 이원면　　　　　　　④ 청산면

42 다음 중 옥천군에 속하는 행정구역으로 옳은 것은?

① 모산동　　　　　　　② 동이면
③ 낭성면　　　　　　　④ 소이면

43 다음 중 좌구산자연휴양림 인근에 소재하는 관광명소로 옳은 것은?

① 탁사정계곡　　　　　② 옥순봉
③ 보강천미루나무숲　　④ 목계솔밭

44 다음 중 중앙공원이 소재하지 않는 지역으로 옳은 것은?

① 청주시 상당구 남문로　② 옥천군 군서면
③ 청주시 청원구 오창읍　④ 제천시 중앙로

45 다음 중 정지용생가의 소재지로 옳은 것은?

① 옥천군 옥천읍　　　　② 충부시 칠금동
③ 음성군 맹동면　　　　④ 단양군 가곡면

46 다음 중 금강유원지가 위치하는 지역으로 옳은 것은?

① 제천시 두학동　　　　② 진천군 덕산읍
③ 옥천군 동이면　　　　④ 충주시 엄정면

47 다음 중 옥천교육지원청 인근에 위치한 학교로 옳은 것은?

① 순복음총회신학교　　② 충북도립대학교
③ 서원대학교　　　　　④ 극동대학교

48 다음 중 CBS청주방송와 동일한 행정 구역에 있는 학교로 옳은 것은?

① 청주교육대학교　　　② 청주대학교
③ 충북대학교　　　　　④ 충청대학교

49 다음 중 다리안계곡의 소재지로 옳은 것은?

① 옥천군 군북면　　　　② 진천군 백곡면
③ 영동군 심천면　　　　④ 단양군 단양읍

50 다음 중 음성군청의 소재지로 옳은 것은?

① 음성읍　　　　　　　② 생극면
③ 맹동면　　　　　　　④ 금왕읍

51 다음 중 음성군에 속한 행정 지역으로 옳은 것은?

① 삼승면　　　　　　　② 화산동
③ 소이면　　　　　　　④ 서운동

52 다음 중 음성군 금왕읍에 위치하는 것으로 옳은 것은?

① 음성우체국　　　　　② 음성공용버스터미널
③ 음성고용복지플러스센터　④ 음성교육지원청

53 다음 중 충주중앙병원의 소재지로 옳은 것은?

① 충인동　　　　　　　② 연수동
③ 목행동　　　　　　　④ 대소원면

54 다음 중 정이품송이 위치한 곳으로 옳은 것은?

① 음성군 원남면　　　　② 단양군 단성면
③ 충주시 직동　　　　　④ 보은군 속리산면

55 다음 중 경종대왕태실의 소재지로 옳은 것은?

① 영동군 양강면　　　　② 충주시 엄정면
③ 영동군 용화면　　　　④ 충주시 노은면

56 다음 중 괴산군에 위치한 자연 명소와 그 소재지가 잘못 짝지어진 것은?

① 선녀연못 – 청천면　　② 조령산 – 연풍면
③ 수옥폭포 – 연풍면　　④ 갈론계곡 – 불정면

57 다음 중 제천시청의 소재지로 옳은 것은?

① 고암동　　　　　　　② 천남동
③ 청전동　　　　　　　④ 모산동

58 다음 중 제천시에 위치한 지역으로 옳지 않은 것은?

① 수산면　　　　　　　② 양산면
③ 장락동　　　　　　　④ 강제동

59 다음 중 제천시의 주요 기관과 그 위치가 잘못 짝지어 진 것은?

① 제천경찰서 – 하소동
② 제천역 – 금성면
② 제천소방서 – 모산동
④ 제천버스터미널 – 의림동

정답 40 ③　41 ①　42 ②　43 ③　44 ②　45 ①　46 ③　47 ②　48 ①　49 ④　50 ①　51 ③　52 ③　53 ①　54 ④
55 ②　56 ④　57 ②　58 ②　59 ②

60 다음 중 영동와인터널과 같은 지역에 소재한 공원으로 옳은 것은?
① 연풍레포츠공원　　② 화랑공원
③ 용두공원　　　　　④ 설성공원

61 다음 중 월악산이 있는 지역으로 옳은 것은?
① 제천시 덕산면　　② 보은군 탄부면
③ 증평군 증평읍　　④ 단양군 가곡면

62 다음 중 망이산성과 같은 지역에 위치한 문화재로 옳은 것은?
① 표충사　　　　　② 운곡서원
③ 청풍한벽루　　　④ 박달재

63 다음 중 충주공용버스터미널의 소재지로 옳은 것은?
① 소태면　　　　　② 칠금동
③ 봉방동　　　　　④ 단월동

64 다음 중 백운리고가가 위치하는 지역으로 옳은 것은?
① 영동군 양산면　　② 보은군 산외면
③ 옥천군 청산면　　④ 제천시 장락동

65 다음 중 배론성지가 소재하는 지역으로 옳은 것은?
① 제천시 봉양읍　　② 청주시 흥덕구 문암동
③ 괴산군 칠성면　　④ 충주시 소태면

66 다음 중 옥천군에 있는 관광 명소와 그 소재지가 잘못 짝지어진 것은?
① 성치산 – 군서면
② 묘목공원 – 이원면
③ 옥천후율당 – 안내면
④ 선사공원석탄리지석묘 – 군북면

67 다음 중 제천점말동굴유적의 소재지로 옳은 것은?
① 장락동　　　　　② 송학면
③ 백운면　　　　　④ 청풍면

68 다음 중 제천시에 위치한 계곡이 아닌 것은?
① 금천계곡　　　　② 송계계곡
③ 학현계곡　　　　④ 탁사정계곡

69 다음 중 송담재 인근에 위치한 문화재로 옳은 것은?
① 구인사　　　　　② 수옥폭포
③ 석조여래삼존입상　④ 삼년산성

70 다음 중 반야사삼층석탑의 소재지로 옳은 것은?
① 진천군 광혜원면　② 충주시 동량면
③ 보은군 탄부면　　④ 영동군 황간면

71 다음 중 증평군청과 행정 구역이 다른 것은?
① 증평군영상관제센터　② 증평군보건소
③ 증평소방서　　　④ 증평우체국

72 다음 중 증평군 증평읍에 위치하는 관광 명소가 아닌 것은?
① 대교잔디구장　　② 율리휴양촌
③ 연암지질생태공원　④ 증평자전거공원

73 다음 중 증평군에 소재한 대학교로 옳은 것은?
① 세명대학교　　　② 한국교통대학교
③ 충북대학교　　　④ 유원대학교

74 다음 중 향산리삼층석탑 인근에 소재하는 것은?
① 충용사　　　　　② 소백산주목군락
③ 향수공원　　　　④ 미타사마애여래입상

75 다음 중 대전-영동-김천으로 이어지는 국도는?
① 17번 국도　　　② 5번 국도
③ 4번 국도　　　　④ 59번 국도

76 다음 중 진천군청의 소재지로 옳은 것은?
① 광혜원면　　　　② 덕산읍
③ 이월면　　　　　④ 진천읍

77 다음 중 진천군의 행정 구역이 아닌 것은?
① 덕산읍　　　　　② 두학동
③ 문백면　　　　　④ 초평면

78 다음 중 난계국악박물관의 소재지로 옳은 것은?
① 보은군 마로면　　② 충주시 동량면
③ 음성군 원남면　　④ 영동군 심천면

79 다음 중 음성군 맹동면에 소재하는 호텔로 옳은 것은?
① 레이크힐스관광호텔　② 호텔리버
③ 혁신도시나무호텔　④ 그랜드호텔콘도

80 다음 중 진천역사테마공원의 소재지로 옳은 것은?
① 덕산읍　　　　　② 진천읍
③ 이월면　　　　　④ 문백면

81 다음 중 청원구청이 위치한 지역으로 옳은 것은?

① 내수읍
② 내덕동
③ 우암동
④ 주중동

82 다음 중 청주시 청원구에 속한 지역이 아닌 것은?

① 오창읍
② 주중동
③ 복대동
④ 율량동

83 다음 중 미래지농촌테마공원과 같은 지역에 소재한 공원은?

① 오창호수공원
② 도담다담공원
③ 호암지생태공원
④ 푸르미환경공원

84 다음 중 율봉근린공원의 소재지로 옳은 것은?

① 청주시 상당구 미원면
② 충주시 살미면
③ 제천시 신백동
④ 청주시 청원구 율량동

85 다음 중 옥순봉이 있는 지역으로 옳은 것은?

① 증평군 도안면
② 충부시 주덕읍
③ 제천시 수산면
④ 보은군 회인면

86 다음 중 남청주정류소가 위치한 곳은?

① 청원구 북이면
② 서원구 분평동
③ 청원구 우암동
④ 서원구 사직동

87 다음 중 청주국제공항의 소재지로 옳은 것은?

① 청원구 우암동
② 흥덕구 정봉동
③ 청원구 내수읍
④ 흥덕구 가경동

88 다음 중 충북도로관리사업소의 소재지로 옳은 것은?

① 청주시 흥덕구 오송읍
② 음성군 음성읍
③ 충주시 단월동
④ 청주시 청원구 주중동

89 다음 중 국가기상위성센터의 소재지로 옳은 것은?

① 진천군 광혜원면
② 영동군 양강면
③ 제천시 모산동
④ 괴산군 감물면

90 다음 중 화양서원과 화양구곡이 위치한 지역으로 옳은 것은?

① 옥천군 군서면
② 괴산군 청천면
③ 단양군 대강면
④ 음성군 금왕읍

91 다음 중 청주시청의 소재지로 옳은 것은?

① 서원구 사직동
② 청원구 주성동
③ 흥덕구 비하동
④ 상당구 북문로

92 다음 중 청주시에 있는 상당구청이 위치한 곳으로 옳은 것은?

① 미원면
② 문화동
③ 남일면
④ 영운동

93 다음 중 청주시 상당구에 속한 지역이 아닌 것은?

① 서운동
② 모충동
③ 북문로
④ 문화동

94 다음 중 대전대학교 청주한방병원이 위치한 지역으로 옳은 것은?

① 서원구 사창동
② 청원구 주성동
③ 상당구 용담동
④ 흥덕구 운천동

95 다음 중 중앙경찰학교의 소재지로 옳은 것은?

① 충주시 수안보면
② 진천군 덕산읍
③ 음성군 대소면
④ 영동군 학산면

96 다음 중 대한적십자사 혈장분획센터가 있는 지역은?

① 단양군 매포읍
② 음성군 감곡면
③ 옥천군 옥천읍
④ 제천시 의림동

97 다음 중 청주시에 있는 흥덕구청이 위치하는 곳으로 옳은 것은?

① 강내면
② 신봉동
③ 운천동
④ 비하동

98 다음 중 청주세관의 위치로 옳은 것은?

① 서원구 산남동
② 흥덕구 송정동
③ 상당구 용담동
④ 청원구 율량동

99 다음 중 청주시 서원구에 있는 청주전파관리소의 정확한 소재지로 옳은 것은?

① 현도면
② 장성동
③ 사창동
④ 성화동

100 다음 중 청주방송 라디오방송국 인근에 있는 것은?

① 도담다담공원
② 충북교육도서관
③ 강동대학교
④ 계산우체국

정답

81 ③ 82 ③ 83 ① 84 ④ 85 ③ 86 ② 87 ③ 88 ④ 89 ① 90 ② 91 ④ 92 ③ 93 ② 94 ③ 95 ①

96 ② 97 ① 98 ② 99 ③ 100 ②

101 다음 중 제천세무서 인근에서 찾을 수 있는 명소로 옳지 않은 것은?

① 청풍호반케이블카　② 금성중전리고가
③ 박달재목각공원　④ 양지말골계곡

102 다음 중 지장보살성지의 소재지로 옳은 것은?

① 충주시 소태면　② 옥천군 군북면
③ 증평군 도안면　④ 음성군 소이면

103 다음 중 청주시 흥덕구 오송읍에 위치한 병원으로 옳은 것은?

① 청주성모병원　② 하나병원
③ 베스티안병원　④ 충북청주의료원

104 다음 중 KBS청주방송총국이 소재한 지역으로 옳은 것은?

① 상당구 금천동　② 서원구 성화동
③ 상당구 용암동　④ 서원구 분평동

105 다음 중 MBC충북방송국의 소재지로 옳은 것은?

① 진천군 진천읍　② 보은군 장안면
③ 청주시 흥덕구 가경동　④ 옥천군 이원면

106 다음 중 국립산림품종관리센터가 위치한 지역으로 옳은 것은?

① 영동군 용화면　② 충주시 수안보면
③ 제천시 강제동　④ 괴산군 불정면

107 다음 중 음성군 맹동면에 소재한 기관으로 옳지 않은 것은?

① 한국교육과정평가원　② 한국소비자원
③ 한국고용정보원　④ 국가기술표준원

108 다음 중 법무연수원 진천캠퍼스의 소재지로 옳은 것은?

① 진천읍　② 이월면
③ 광혜원면　④ 덕산읍

109 다음 중 청주고속버스터미널이 위치한 곳으로 옳은 것은?

① 상당구 명암동　② 흥덕구 가경동
③ 청원구 정북동　④ 서원구 사직동

110 다음 중 까치골계곡의 소재지로 옳은 것은?

① 단양군 매포읍　② 청주시 서원구 수곡동
③ 보은군 산외면　④ 증평군 증평읍

111 다음 중 청주시에 있는 무심천체육공원과 동일한 지역에 위치하지 않는 것은?

① 청주충혼탑　② 청주중앙공원
③ 청주아트홀　④ 청주예술의전당

112 다음 중 장호원-음성-괴산-동속리산-보은-옥천-금산으로 이어지는 국도는?

① 37번 국도　② 5번 국도
③ 38번 국도　④ 19번 국도

113 다음 중 수주팔봉이 위치하는 지역으로 옳은 것은?

① 괴산군 연풍면　② 진천군 문백면
③ 옥천군 안내면　④ 충주시 살미면

114 다음 중 충주세계무술공원과 동일한 지역에 위치한 공원으로 옳은 것은?

① 중앙탑사적공원　② 물레방아공원
③ 능암늪지생태공원　④ 수안보물탕공원

115 다음 중 충청북도를 상징하는 꽃으로 옳은 것은?

① 백합　② 백목련
③ 장미　④ 목화

116 다음 중 충주시 중앙탑면에 소재하지 않는 것은?

① 충주박물관　② 장미산성
③ 중원봉황리마애불상군　④ 미륵대원지

117 다음 중 목행동우체국 인근에 소재한 학교로 옳은 것은?

① 충북도립대학교　② 한국폴리텍대학교
③ 한국교원대학교　④ 서원대학교

118 다음 중 충북택시운송사업조합이 위치한 곳으로 옳은 것은?

① 청주시 청원구 우암동　② 음성군 금왕읍
③ 청주시 상당구 문의면　④ 단양군 적성면

119 다음 중 보은군에 위치한 우체국이 아닌 것은?

① 원남우체국　② 대강우체국
③ 장안우체국　④ 회남우체국

120 다음 중 괴산군에 소재하지 않은 우체국은?

① 용산우체국　② 청천우체국
③ 청안우체국　④ 사리우체국

정답　101 ④　102 ④　103 ③　104 ②　105 ③　106 ②　107 ①　108 ④　109 ②　110 ④　111 ②　112 ①　113 ④
114 ③　115 ②　116 ④　117 ②　118 ①　119 ②　120 ①

121 다음 중 음성군 소재의 우체국이 아닌 것은?

① 생극우체국　　　　　② 대소우체국
③ 금성우체국　　　　　④ 금왕우체국

122 다음 중 감곡IC−연풍IC를 지나는 고속도로는?

① 32번 옥산오창선　　　② 30번 당진영덕선
③ 45번 중부내륙선　　　④ 55번 중앙선

123 다음 중 남이JC−삼성IC를 지나는 고속도로로 옳은 것은?

① 1번 경부선　　　　　② 35번 중부선
③ 32번 옥산오창선　　　④ 45번 중부내륙선

124 다음 중 행정 구역상 소재지가 다른 하나는?

① 제천우체국　　　　　② 제천보호관찰소
③ 제천경찰서　　　　　④ 제천성지병원

125 다음 우체국 중 옥천군에 속하지 않은 것은?

① 이원우체국　　　　　② 청산우체국
③ 군서우체국　　　　　④ 이월우체국

126 다음 중 충주시청이 위치한 소재지로 옳은 것은?

① 교현동　　　　　　　② 단월동
③ 금릉동　　　　　　　④ 안림동

127 다음 중 충주시에 속한 행정 구역이 아닌 것은?

① 동량면　　　　　　　② 강내면
③ 성내동　　　　　　　④ 칠금동

128 다음 중 청주시에 위치한 것대산봉수지의 소재지로 옳은 것은?

① 서원구 사직동　　　　② 상당구 수동
③ 서원구 현도면　　　　④ 상당구 산성동

129 다음 중 청주시 서원구에 소재하는 공원이 아닌 것은?

① 신백생활체육공원　　② 잠두봉공원
③ 무심천체육공원　　　④ 구룡산장승공원

130 다음 지역 중 우륵당이 위치한 지역으로 옳은 것은?

① 진천군 백곡면　　　　② 음성군 생극면
③ 충주시 호암동　　　　④ 보은군 수한면

131 다음 대학교 중 충주시에 속하지 않은 것은?

① 세명대학교　　　　　② 한국폴리텍대학교
③ 한국교통대학교　　　④ 건국대학교

132 다음 중 영동병원과 동일한 지역에 위치하지 않은 것은?

① 영동군선거관리위원회　② 계산우체국
③ 유원대학교　　　　　④ 전문건설공제조합기술교육원

133 다음 중 수안보온천관광협의회 인근에 위치하지 않는 것은?

① 탄금대공원　　　　　② 조중봉후율사
③ 미륵대원지　　　　　④ 수주팔봉

134 다음 중 박몽열장군사당 인근에 있는 자연 명소로 옳은 것은?

① 수룡폭포　　　　　　② 송계계곡
③ 옥계폭포　　　　　　④ 학현계곡

135 다음 중 오창과학단지 인근에 위치한 터미널로 옳은 것은?

① 청주북부오창터미널　② 진천종합버스터미널
③ 충주공용버스터미널　④ 보은시외버스터미널

136 다음 중 안진터널(TN)−제천JC를 지나는 고속도로는?

① 32번 옥산오창선　　　② 1번 경부선
③ 30번 당진영덕선　　　④ 40번 평택제천선

137 다음 중 용인−진천−청주−대전으로 연결되는 도로의 명칭은?

① 5번 국도　　　　　　② 17번 국도
③ 36번 국도　　　　　④ 25번 국도

138 다음 중 입장−진천−증평−괴산−문경으로 이어지는 도로로 옳은 것은?

① 38번 국도　　　　　② 17번 국도
③ 34번 국도　　　　　④ 59번 국도

139 다음 중 충북의 괴산시외버스공용터미널의 소재지로 옳은 것은?

① 칠성면　　　　　　　② 불정면
③ 연풍면　　　　　　　④ 괴산읍

140 다음 중 제천고속버스터미널의 소재지로 옳은 것은?

① 한수면　　　　　　　② 봉양읍
③ 의림동　　　　　　　④ 중앙로

정답　121 ③　122 ③　123 ②　124 ③　125 ④　126 ③　127 ②　128 ④　129 ①　130 ③　131 ①　132 ④　133 ②
134 ③　135 ①　136 ④　137 ②　138 ③　139 ④　140 ③

한번에 끝내주기
택시운전 자격시험 총정리문제
(대전 · 충남 · 충북)

발 행 일 2025년 1월 10일 개정3판 1쇄 발행
2025년 2월 10일 개정3판 2쇄 발행

저 자 대한교통안전연구회

발 행 처 크라운출판사
http://www.crownbook.com

발 행 인 李尙原
신고번호 제 300-2007-143호
주 소 서울시 종로구 율곡로13길 21
공 급 처 02) 765-4787, 1566-5937
전 화 02) 745-0311~3
팩 스 02) 743-2688, (02) 741-3231
홈페이지 www.crownbook.co.kr
I S B N 978-89-406-4895-7 / 13550

특별판매정가 12,000원

 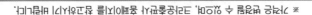

크라운출판사 도서 안내